"十三五"国家重点出版物出版规划项目 | 星空译丛
世界名校名家基础教育系列 | 通识教育丛书

今日天文
星系世界和宇宙的一生

翻译版·原书第8版

[美] 埃里克·蔡森（Eric Chaisson）（Harvard University） 著
史蒂夫·麦克米伦（Steve McMillan）（Drexel University）

高健 詹想 译

机械工业出版社
CHINA MACHINE PRESS

本书主要讲述了星系和宇宙学相关内容。对广大天文爱好者来说,本书是不可多得的经典佳作。同时,本书可作为高校天文学专业的教材或教学参考书,也可作为天文通识教育选修课教材。

Authorized translation from the English language edition, entitled *Astronomy Today Volume* 2: *Stars and Galaxies*(8th Edition), 9780321909725 by Eric Chaisson and Steve McMillan, published by Pearson Education, Inc., publishing as Addison-Wesley, Copyright©2014.

All rights reserved. No part of this book may be reproduced or transmitted in any form or by any means, electronic or mechanical, including photocopying, recording or by any information storage retrieval system, without permission from Pearson Education, Inc.

CHINESE SIMPLIFIED language edition published by PEARSON EDUCATION ASIA LTD., and China Machine Press Copyright©2016.

本书中文简体字版由培生教育出版公司授权机械工业出版社合作出版,未经出版者书面许可,不得以任何形式复制或抄袭本书的任何部分。

本书封面贴有Pearson Education(培生教育出版集团)激光防伪标签。无标签者不得销售。

北京市版权局著作权合同登记　图字:01-2014-0460号。

图书在版编目(CIP)数据

今日天文.星系世界和宇宙的一生:翻译版:原书第8版/(美)蔡森(Chaisson, E.),(美)麦克米伦(McMillan, S.)著;高健,詹想译.—北京:机械工业出版社,2016.5(2025.11重印)

书名原文:Astronomy Today Volume 2: Stars and Galaxies(8th Edition)

"十三五"国家重点出版物出版规划项目.世界名校名家基础教育系列

ISBN 978-7-111-53606-2

Ⅰ.①今… Ⅱ.①蔡…②麦…③高…④詹… Ⅲ.①天文学—普及读物②星系–普及读物③宇宙–普及读物　Ⅳ.①P1-49

中国版本图书馆CIP数据核字(2016)第083609号

机械工业出版社(北京市百万庄大街22号　邮政编码100037)
策划编辑:张金奎　　责任编辑:张金奎　於　薇　任正一
责任校对:张　薇　　责任印制:李　飞
北京瑞禾彩色印刷有限公司印刷
2025年11月第1版第9次印刷
184mm×260mm・13印张・395千字
标准书号:ISBN 978-7-111-53606-2
定价:68.00元

凡购本书,如有缺页、倒页、脱页,由本社发行部调换

电话服务　　　　　　　　　　网络服务
服务咨询热线:010-88361066　机工官网:www.cmpbook.com
读者购书热线:010-68326294　机工官博:weibo.com/cmp1952
　　　　　　　010-88379203　金 书 网:www.golden-book.com
封面无防伪标均为盗版　　　　教育服务网:www.cmpedu.com

作者简介

埃里克·蔡森

埃里克拥有哈佛大学的天体物理学博士学位,在哈佛大学艺术与科学系工作了10年。在其后二十多年的时间里,他在空间望远镜科学研究所担任高级科学工作人员,并且拥有约翰·霍普金斯大学和塔夫茨大学的多种教职。现在他又回到哈佛,在哈佛–史密松天体物理中心任教并进行研究。埃里克撰写了12本有关天文学的书,在专业期刊上发表了近200篇科学论文。

史蒂夫·麦克米伦

史蒂夫拥有剑桥大学的数学学士和硕士学位,以及哈佛大学的天文学博士学位。他在伊利诺伊大学和西北大学从事博士后科研工作,在那里继续有关理论天体物理、星团和高性能计算的研究。史蒂夫现在是德雷塞尔大学的杰出教授,并且是普林斯顿高级研究所和莱顿大学的长期访问学者。他在专业期刊上发表了超过100篇文章和科学论文。

推荐序一

（国家天文台副台长，中国天文学会第十一届理事会理事长　赵刚）

当人类文明发轫之际，就认识到日月经天和斗转星移这类最自然的天文现象，由此催生了最古老的天文学。然而天文学也是常新的，望远镜的发明和指向星空使人类对宇宙的认识日新月异，不断产生出一些突破性的重大发现。随着天文学向全波段的扩展和延伸，除了带给我们对宇宙更多的惊奇之外，是更新的认识和更深的理解。《今日天文》这部鸿篇巨著正是系统地介绍人类的认识是如何一步步从我们所在的太阳系向宇宙深处不断展开的美丽画卷，唤醒读者关注我们所处的不可思议的神秘星空。

《今日天文》作者Eric Chaisson和Steve McMillan都是长期从事天文学研究和教学工作的资深学者。他们的研究著述等身，《今日天文》是其中最突出的代表作，是当今最为畅销的天文学通识课程教材。全书气势恢宏，洋洋洒洒，蔚为大观，几乎涵盖了当今天文学的方方面面。作者为了展现天文学的广阔视野，省略了那些复杂的数学运算，但对所有概念和现象的描述十分严谨，许多地方均配以精美的彩图和注释，将博大精深的天文学栩栩如生地展现在人们面前。阅读此书，犹如跟随作者经历了一次人类逐步认识宇宙的过程，是一部不可多得的全面介绍天文学基础知识和最新研究进展的优秀科普作品。

《今日天文》自1993年首次出版后，与时俱进，一版再版，至今已经刊出第8版。本书译者高健和詹想就是在第7版的基础上开始利用业余时间将其翻译成文，历时两年多，最终完成时已是第8版的译本，其付出的心血是难以想象的。高健和詹想均毕业于北京师范大学天文系，他们天文专业背景扎实，有很好的英文功底，其译作基本上完全保留了原书风貌，同时保持了作者的行文风格，译文通顺流畅，是一部值得推荐的好作品。得知这部译作即将由机械工业出版社发行，在此向他们表示由衷的祝贺。

《今日天文》以广阔的时空视角，深入浅出、图文并茂地展示了当代天文学的基本概念、观测现象和研究发展的历程。我相信，无论是高中生、非物理或非天文专业的学生及广大天文爱好者，甚至是天文专业的学生，都将开卷有益，从中找到自己有兴趣的内容，感受天文学的奇妙与魅力！

2016年4月于北京

推荐序二

《今日天文》——一部非常详尽的全景式天文科普图书

（北京天文馆馆长、天文科普专家 朱进）

还记得两年前，机械工业出版社的张金奎编辑谈到他们签下了美国天文教材《Astronomy Today》的版权，正在找译者翻译。当时听到这个消息时很激动。《Astronomy Today》是一本经典的天文学教材，几十年来长期用于美国大学低年级的非天文专业的学生学习天文。十五年前我在给北京大学地球物理系大一的本科生上基础天文课的时候，这本教材就是主要的参考书。

今天，中文版的《Astronomy Today》，也就是《今日天文》（中译本分"太阳系和地外生命探索""恒星：从诞生到死亡"及"星系世界和宇宙的一生"三卷），终于翻译完成，即将出版。当手里拿着这部书的中文版样稿时，我的心情除了激动，更多了一份欣慰——国内的广大天文爱好者们，终于可以零障碍地阅读这部天文科普巨著了。

你也许注意到了，我在这里没有再把它称为教材，而将其称为了天文科普书。这部书的定位并不是给天文系的学生的，所以全书对涉及的物理和数学概念，基本上都是用生动而详尽的描述，结合绘制精良的插图来进行讲解，很少出现公式。基本上，只要你是一个科学爱好者，对科学概念有一些基本的了解，阅读这部书就不会有什么困难。

本书科学知识不难，但是涉及的知识面却非常广，基本包括了天文学的方方面面，从业余爱好者关注的星座、望远镜，到比较专业的星系团、宇宙学等，完全称得上是全景式展现天文学各个领域的一部巨著。如果你想只看一部书就对天文学有最大程度的了解，那么她是非常合适的选择。

本书的两位译者我都非常熟悉。高健是北京师范大学天文系一位优秀的青年天文教师，长期从事专业的天文基础教育和科研工作，并已经取得了不俗的成绩。詹想是我馆的一位优秀天文科普工作者，长期从事面向中小学生和公众的天文科普工作，同时参与一些科研项目。他们二位既有专业深度的保证，又有科学传播的经验，由他们共同翻译这部书对于保证翻译质量是非常重要的。

向所有人，尤其是热爱科学的高中生和初中生推荐这部书！

2016年4月于北京

推荐序三

（北京大学教授　徐仁新）

作为人类文明长河中一颗璀璨明珠，天文学对世界文化发展和社会进步的推动作用不可或缺。四百多年前，在伽利略第一次用自制的望远镜指向之前亚里士多德等先哲从未清晰审视的天穹之后，人类才逐渐形成崭新的宇宙观：不仅地球非宇宙中心，而且太阳在银河系内也并不起眼，甚至银河系也再普通不过了。不经过这样的世界观洗礼，很难想象会产生当今的科学和社会。此外，宇宙中各种极端物理环境是检验和发现自然基本规律的理想场所，以探测微弱天体信号为目的而发展起来的若干先进探测手段，促进了技术的提升、社会的现代化。

经过前几十年的经济发展，我国正处于社会转型期，而天文知识普及尤需加强。尽管目前直接参与专业天文教育和研究的人员规模较小，但天文学试图回答的问题往往是基本而终极的。这一特点奠定了天文通识教育在提升中华民族整体素质方面的独特地位。随着我国经济实力的增强，包括LAMOST、FAST、DAMPE、HMXT等国内地面和空间天文观测设备已经或即将建成，重要科学的产出越来越依赖于专业天文学者的加盟。普及天文知识是培养一支优质后备专业队伍的有力保障。

《今日天文》一书的作者Eric Chaisson和Steve McMillan擅长向大众介绍天文知识。该书第8版兼顾最新天文发现和理论解释，图文并茂，是初学者的理想读物。北京师范大学高健老师和北京天文馆詹想老师花大量精力翻译此著乃明智之举，势将有效地改善我国天文通用教材的现状！

相信《今日天文》亦将在华人文化圈内产生积极反响！

2016年4月于北京

译者的话

《今日天文》可能是世界上排名第一的、最为畅销的天文学通识课程教材，它的写作流畅、不拘一格，但却具有严肃的科学性，书籍配有令人赏心悦目的艺术性插图，并且致力于用新颖的媒体手段来传播推陈出新的天文内容。中译本分为三卷：第一卷"太阳系和地外生命探索"、第二卷"恒星：从诞生到死亡"及第三卷"星系世界和宇宙的一生"。全书涵盖了天文学的发展史、天文研究的物理基础和工具，带领读者探索地球、太阳系、恒星、星系和宇宙本身，引导读者超越地球的限制，跨越当前的时间，向外触及遥远的太空和宇宙，甚至是另一个地球、另一个文明。不仅如此，作者还通过引入科学研究的循环，让读者了解科学研究是如何进行的，我们如何利用这种科学方法来知晓宇宙的运作及各种天文现象的相互联系。

二十多年来，结合几乎是全世界使用最广泛的、最先进的在线天文教学和考核系统"MasteringAstronomy（精通天文学）"，《今日天文》占据了众多美国大学及部分欧洲大学天文通识课程的讲台，同时也积极推动了美国大学天文通识教育的普及。《今日天文》的影响也遍及我国，目前国内广泛使用的《天文学基础》《天文学概论》及《天文学教程》等教材都在一定程度上受到了该书的影响。如此好书，在之前二十多年里，由于种种原因没有得以引进，而绝大多数中国读者也因语言问题而无缘一读，实在是一大憾事。译者曾在上世纪90年代末得到过该书的第3版，由此得以窥见许多当时天文学的新发现。如今，机械工业出版社首次在国内引进该书纸质版，期望通过发行此书能促进天文科学在国内中学和普通高校内的普及。我们很高兴也很荣幸能够作为本书的译者向大家推荐这部对天文爱好者而言堪称鸿篇巨著的《今日天文》。虽然国内各类天文科普图书并不少，但非常系统又非常详细地把整个现代天文学全貌用图文并茂的生动形式彻底展示出来的可以说是凤毛麟角。这一点正是《今日天文》在国外流行多年的原因之一。

《今日天文》的定位主要是面向国外（美国）大学以前没有学习过大学数理基础类课程的、非物理或非天文专业的学生，它依靠定性推理并通过与学生熟悉的物体和现象进行类比来展示广阔的天文学，并在叙述中尽量避免复杂的数学和物理运算。鉴于国内中学物理和数学的教学已接近甚至超过美国普通大学的本科低年级，本书其实也很适合作为国内中学天文科学课程的教材使用。实际上，本书不只是教材，更是一部天文大全的科普书：有大量第一手的照片和精心绘制的彩图，行文生动活泼，用很多读者熟悉的日常事例来讲述天文知识。本书同样非常适合广大天文爱好者，尤其是爱好天文学的中学生和大学生阅读，不同年龄段和知识层次的读者都能从本书中获益良多。

本书的两位作者都非常专业。Eric Chaisson是哈佛大学的天体物理学博士，现在在著名的哈佛-史密森天体物理中心从事天体物理学的教学和研究工作。另一位作者Steve McMillan也是哈佛的天文学博士，现在是德雷克塞尔大学的物理学教授。两位作者都有丰富的科学论文和科学普及著作的写作经验，并曾获得过文学方面的奖项。他们的这部心血巨作，不仅向我们传达了他们对天文学的热情，也唤醒了我们对自己所处的不可思议的宇宙的关注。两位作者都非常勤奋，每隔几年就会结合当时最新的天文发现和理论，把全书内容更新再版。原书几乎每隔三年就会再版一次，如今已经是第8版。这一更新绝非简单地修改字词或者加上一两句话那么简单，而是内容的更新，甚至许多次会将整个章节体系重新编排。这样的编排再版也为我们的翻译工作带来了"麻烦"。当我们刚开始着手翻译时，参照的还是第7版。但当翻译工作进行了一大半时，编辑突然告知第8版已经出版，版权刚刚拿到，已经完成的翻译工作几乎要完全重新校排甚至是重新翻译……很难述说当时内心的感受！

拨云见日，经过近两年的翻译工作，《今日天文》的最新版（第8版）终于能够呈现在读者面前了。在这里我们非常感谢机械工业出版社的张金奎编辑，正是他的策划才使得《今日天文》的中译本得以付梓面世。如今，信息传播已经进入"互联网+"时代，我们也期望《今日天文》的电子版、网络版在不远的将来也能与读者会面。本书的出版还得到了北京师范大学天文系及北京天文馆领导的大力支持，北京师范大学的张同杰教授也十分关心本书的翻译工作。

《今日天文》翻译分工如下："太阳系和地外生命探索"卷第1、2章由高健翻译，第3~12章由詹想翻译；"恒星：从诞生到死亡"卷第1~11章由高健翻译；"星系世界和宇宙的一生"卷第1章由高健翻译，第2~6章由詹想翻译；原书序言由高健、詹想共同翻译，附录内容由高健翻译，全书最后由高健统校。当然，《今日天文》几乎涵盖了天文学的方方面面，内容博大精深，两位译者熟悉的天文领域不可能如此全面，加上自身才疏学浅，书中难免有翻译错漏、表达不及的地方，甚至谬误之处也在所难免，恳请各位专家和读者不吝批评指正。欢迎给我们发邮件进行交流：jiangao@bnu.edu.cn，universezx@bjp.org.cn，我们非常希望得到您的反馈和建议！

译 者
2016年4月于北京

原书序

天文学是一门充盈着新发现的科学。在新技术和新颖理论见解的推动下，对宇宙的研究不断地改变着我们对宇宙的理解。我们很高兴能有机会在这本书中呈现一些具有代表性的当今天文学中已知的事实、不断发展的思想和前沿发现的事例。

《今日天文》面向以前没有学习过大学科学课程和不主修物理或天文专业的学生，可用于一个或两个学期的非技术性的天文学课程。我们展示天文学的广阔视野，直截了当地进行描述，省略了复杂的数学运算。然而，复杂数学运算的缺失，却并不会妨碍我们讨论重要的概念。相反，我们依靠定性推理并用学生熟悉的物体和现象进行类比，用于解释问题的复杂性，以避免过分简化。我们试图向学生传达我们对天文学的热情，唤醒学生关注我们所处的不可思议的宇宙。

我们非常高兴地看到，本书的前七版深受众多天文教育团体的喜爱。很多老师和学生在使用本书的早期版本后，给了我们有益的反馈和建设性的批评，我们从中学会了如何更好地表达天文学的原理和兴奋点。许多受这些意见启发而得到的改进已被纳入了这个新版本中。

第8版的关注点

从第1版开始，我们便遇到了挑战：这本书需要既准确又简单易懂。对学生而言，天文有时看上去似乎意味着一个长长的清单，清单上充满了需要不断记忆和重复的陌生术语。本书将介绍许多新名词和新概念，但我们还希望学生们学习和记住科学是如何进行的，宇宙是如何运行的，以及事情是如何互相联系的。在第8版中，我们特意强化表现了天文学家是如何知其所知的，并强调构成其工作基础的科学原理，以及在发现过程中所使用的工序。

新的和经过修订的内容

天文学是一个快速发展的领域，在《今日天文》第7版出版至今的三年中，我们领略了大量覆盖天文研究全部领域的新发现。第8版中几乎每一章都大幅更新了内容。有几章还重新编排了顺序，以精简总体介绍，强化我们的关注点——科学过程，反映当代天文学新的认识和重点。

除了更新全书众多天文对象的数字和性质外，我们还做出了许多实质性的改变：
- 在第1章中，更新了对银河系中心附近的活动的描写。
- 在第3章中，极大地更新了对星系的描述，包括对来自星系际空间的气体内流的新讨论。
- 扩展了对银河系晕中潮汐流的讨论。
- 在第5章中，显著扩展了对早期宇宙中的重子声学振荡以及它们与微波背景辐射的波动的联系的讨论。
- 在第6章中，更新了关于行星系统频繁性以及每一系统的宜居行星数量的讨论。
- 添加了有用的注释，现在书中大约一半的图片都采用了这种非常有益于教学的工具。
- 在很多图中加入了距离标尺，以帮助学生了解和感受宇宙的浩瀚。
- 为了保持与时俱进和清晰起见，更换了一些较旧的图片。
- 更新了全书的艺术设计。
- 为网上资料（在线内容）增加了新的目录表，其中按章节列出了本书提供的所有在线资料：解说图、互动图、动画或视频，以及自学指南。

其他教学特色

正如本书的其他许多地方一样，教师引导我们明白了什么对学生的学习效果是最有帮助的。在他们的帮助下，我们修改了每一章的章首与章末，以提高其对学生的有用性。

学习目标（新） 研究表明，初学的学生都怕大段的文字内容。出于这个原因，在每章的开始，我们提出了一些（一般5个或6个）明确的"学习目标"。它们能帮助学生开始本章的阅读，还能测试他们对关键概念的掌握程度。这些"学习目标"都进行了编号，是每章小结中的关键点，而小结又相应地再次提到了书中的段落。突出每章最重要的内

图解说明

可视化在天文教学和实践中具有重要作用，我们将继续在书中大力强化这一方面。我们尝试在书中点缀的艺术概念图中结合美学和科学性、准确性，力求呈现最佳的和最新的宇宙天体的大尺度影像。每幅图都经过精心雕琢以促进学生的学习，并在教学法上与相关的重要科学事实和思想讨论紧密联系。这个版本包含超过100幅修订的图像，显示了最新的影像以及从中观察得到的成果。

复合艺术图

一幅单一的图像——无论是照片还是艺术概念图——都很难展示复杂问题的所有方面。只要有可能，我们会使用多图组合，以最生动的方式来传达最大量的信息：

- 可见光图像往往伴随着与其对应的在其他波长处拍摄的图像。
- 解释性线条往往叠加或并列在真实的天文照片上，以让读者真正"明白"照片揭示了什么。
- 多图分级显示，用于从大视场照片到放大的近距离详细图片，这样可以在更大的范围内理解展示的内容。

互动图像和照片

书中这个图标引导学生在"Mastering Astronomy"网站⊖中找到艺术图和照片的互动版本。使用网上的小程序，学生可以控制一些元素，如时间、波长、尺度和角度，以提高对这些图像的理解。

解说图（新）

解说图配有简短的视频，将学生从书中复杂的图像里解放出来，通过描述来扩展学生对基本概念的理解，包括讲述、增强的视觉效果，以及一到两个嵌入式问题，并伴随经过分级的一到两个解决问题的实践。教师可以根据它们在课堂上讲解主题，也可以指定它们为家庭作业、自学材料或是作为预习内容的一部分。

图注（改进）

第8版在图片的关键点上策略性地配上注释（总是呈现为蓝色字体），培养学生阅读和解释复杂图像的能力，让学生专注于最相关的信息，整合文字和图像知识。

全波段光谱覆盖和光谱图标

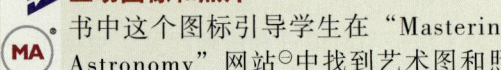

天文学家利用电磁波谱的整个范围来收集有关宇宙的信息。本书采用在射电、红外、紫外、X射线或伽马射线波段拍摄的图像来补充可见光图像。由于有时很难（即使对专业人员来说）一眼识别出是可见光照片还是由其他波段生成的伪彩色图像，所以书中每幅照片都配以一个图标，以识别用于拍摄图像的电磁波的波长。

⊖ 网站资源仅限原版书用户免费使用。采用本书其他版本授课的教师可通过填写书后所附"教学支持申请表"获取部分免费资源。

学习目标

本章的学习将使你能够：

❶ 总结星际介质的组成和物理性质。
❷ 描述发射星云的性质，并说明其在恒星生命周期中的重要性。
❸ 列举出一些星际暗云的基本性质。
❹ 列举出探测星际物质性质所需的射电天文技术。
❺ 说明星际分子的性质和重要性。

容有助于学生按优先顺序区分信息，并且也有助于复习。"学习目标"按照可客观测试的方式组织和措辞，为学生提供衡量自己学习进程的手段。

知识全景（改进）

每章开篇的"知识全景"板块概述这一章所传授的总体信息，帮助学生了解该章内容如何与对宇宙的广泛理解发生联系。

终极问题（新）

每章以一个广泛的、开放式的问题结尾，旨在点燃学生对天文学研究最前沿中仍然悬而未决的问题的好奇心。"终极问题"建立在这一章所介绍的内容的基础上，邀请学生们思考比所学范围更广阔的领域。

知识全景 夜空中到处都是恒星。肉眼大约可见6000颗恒星，分布在88个星座中。如果使用双筒望远镜或小型天文望远镜，就可见更多的（上百万颗）恒星。恒星的总数是无法计量的，而且只有相当少的恒星被详细研究过。然而，相比宇宙中其他任何天体，恒星告诉了我们更多有关天文学的基础知识。

终极问题 我们的太阳将随着年龄的增大而膨胀，大约在50亿年内，它会耗尽燃料，并注定会迅速膨胀成为一颗红巨星。目前最吸引人的问题是，成为红巨星的太阳是否膨胀得足以吞噬掉地球？这一问题经常被提起，但由于时间还很遥远，所以很快又被忽视掉。没有人能确定这一点。我们知道的是，太阳正在失去大量的物质，从而使其引力变小。也许这将会使地球最终退后到相对安全的轨道上。

概念理解检查 我们在每一章中纳入了一些"概念理解检查"——这是一些关键性问题，需要读者重新思考一些刚刚讲述过的内容或尝试将这些知识放到一个更广阔的背景里去。"概念理解检查"中问题的答案附在书的后面。

概念理解 检查

✓ 为什么天文学家在内行星和外行星之间做出如此分明的区别？

科学过程理解检查 现在，每章还包括一个或两个"科学过程理解检查"，类似"概念理解检查"，但明确澄清下列问题：科学是如何进行的，科学家是如何得到结论的。"科学过程理解检查"中问题的答案也附在书的后面。

科学过程理解 检查

✓ 在哪种情况下我们能看到不同于一般的特殊彗星？

概念链接 和许多科学学科一样，天文学中几乎每个话题都可能会牵涉几乎所有其他的话题。特别是，书中提前对天文内容和物理原理之间的联系进行详细解释是非常重要的。提醒学生回想这些联系是很重要的，他们因此可以回忆起那些原理，以让后面的讨论更为轻松；而且，如果有必要，还可以进行复习。因此，我们在整本书中插入了"概念链接"——标记出不同章节内容之间的关键知识链接的记号。该链接以符号"∞"加上章节序号表示，说明正在讨论的内容在某些关键点上与前面提出的观点相关，并在继续学习前为复习提供方向。

关键术语 和所有学科一样，天文学也有自己的专业词汇。为了帮助学生学习，最重要的天文学术语在书中首次亮相时以粗体显示。在每章的小结里，粗体显示的关键术语链接着定义该术语的页码。此外，本书结尾有一个扩展的按字母顺序排列的词汇表，定义了所有的关键术语，并指出它们在书中第一次被使用的位置。

赫罗图和透明片叠图 本书中所有的赫罗图均按照统一的格式绘制，并且使用真实的数据。此外，一组独特的透明叠加图醒目地向学生们演示了如何使用赫罗图来帮助我们整理有关恒星的信息，并追踪恒星的演化历史。

详细说明模块 这类文本框对正文中定性讨论的主题提供更定量的处理。把这些更具挑战性的话题从正文中移出，将它们放置在位于对应章节中的一个独立设计的模块内（以便在课堂上涉及它们，作为补充内容安排给学生，或者干脆留给那些感兴趣的学生选读），这样的设计将使得教师在设计课程深度时有更大的灵活性。

探索模块 探索各种有趣的补充内容，探索模块使读者能更深入地了解科学知识的发展，并强调科学过程。

章末问题、问答和实践活动（新） 大幅改组了章末内容的许多元素：
- 每一章都包含**复习和讨论**，可以用于课堂内复

- 习或者布置为作业。同"概念自测"一样,这些复习题的答案可以在本章中找到。讨论题更深入地探讨特定的主题,通常需要给出观点,而不仅仅是列出事实。和所有讨论一样,这些问题通常没有一个"正确"的答案。以**POS**图标标记的问题,鼓励学生探索"科学过程",每一个"学习目标"都体现在某个"复习和讨论"题中,并以**LO**标记出来。
- 每章还包含了选择题形式的**概念自测题**,包括挑选出来的直接与文中具体图片或图表绑定的问题,允许学生评估他们对本章内容的理解。这些问题均标记有**VIS**图标。本书的结尾会给出所有这些问题的答案。
- 章末的内容包括一些基于本章内容、需要一些数值计算的**问答**。在许多情况下,这类问题都与书中做出的定量描述(但没有详细的计算)直接相关。这些问题的解决方法并没有完整地包含在章节中,但解决这些问题所需的信息已在文中提及。本书末尾给出了奇数编号的问题的答案。
- 这一版还有一个新的内容,章末内容以与文中内容相关的协作和独立的**实践活动**结束。这些活动的范围从基本的肉眼和望远镜观测项目,到民意调查、问卷调查、小组讨论,以及网上天文研究。

章节回顾小结 "章节回顾小结"是主要的复习工具,与每章开头的"学习目标"相联系。每章介绍的一些关键术语再次被列出,贯穿上下文并以粗体表示,并且伴有关键图片及其出现在正文中的页码。

教师资源

 精通天文学网站
www.masteringastronomy.com

"MasteringAstronomy(精通天文学)"是全世界使用最广泛的、最先进的天文教学和考核系统。通过吸引全国(译者注:美国全国)学生按部就班地学习,"精通天文学"建立了无与伦比的关于学习挑战和学习模式的数据库。利用这些学生数据,一个知名的天文教育研究团队细化了每一项实践活动和每一个问题,结果得到了一个具有独特教育效力和评价精确度的实践活动库。"精通天文学"为学生提供了两种学习系统:动态自学区和参与网上协作的能力。

"精通天文学"也为教师提供了一个快速而有效的方式,既能保证网上家庭作业的数量、质量和较为广泛的覆盖范围,又能恰到好处地协调作业难度和花在作业上的时间。学习指南指导90%的学生从错误答案反馈中得到正确的答案。强大的后续诊断系统使得教师能够评估其班级的整体进步,或是快速确定个别学生遇到的困难。学习指南围绕本书的内容编写,书中所有的章末问题在"精通天文学"中都能找到。那里还包括一个有丰富媒体资源的自学区域,不管教师是否将其布置为作业,学生都可以使用。

教学指导 经过詹姆斯·希思(奥斯汀社区大学)的修订,该在线指南提供:教学大纲样板和课程安排,每一章的概述,教学技巧,有用的类比,课堂演示的建议,有关每章末尾"复习和讨论"题的写作问题、选读材料和答案及解法,其他参考资料和资源。

ISBN 0-321-91021-4

试题库 我们为第8版重新编辑和修订了大约2800道试题。这些试题是按章节和题目类型进行编排的。第8版的试题库已经被彻底修改,包括许多为增加的重点概念而编写的新选择题和问答题。这个试题库可用微软的Word格式和TestGen格式(见教师资源DVD中的描述)读取。

ISBN 0-321-91008-7

"精通天文学"中的教师资源区 "精通天文学"系统还有教师资源区,为教师提供课上或课下需要的所有电子资源。该区域不仅包含了教师资源手册,还包含了本书所有的图片,以JPEG和PowerPoint格式存储;并包含了额外的图像、星图，以及来自"精通天文学"学习区的动画和视频。该区域还包含TestGen，这是一个易于使用的、完全联网的程序，可以用于创建小测验以及期末考试。这里也提供试题库中的试题，教师可以用"试题编辑器"来修改现有的试题或是创建新的试题。它还包含分章节的讲解大纲以及概念性的"随堂"问题，都是PowerPoint格式的。这样的格式在个人计算机和苹果计算机中都能使用。

教师资源中心 培生教师资源中心包括"精通天文学"的教师资源区和教师DVD中的一切，不过没有书中的JPEG和PowerPoint格式的图片，因为它们太大了，无法下载。

教师资源DVD 该DVD包含"精通天文学"教师资源区中的所有资源，并给教师提供在课上或课下所需的几乎所有电子资源。该光盘包含本书中所有的图片，以JPEG和PowerPoint格式存储，另外还包含来自"精通天文学"学习区的动画和视频。教师资源IR-DVD还包含TestGen，这是一个易于使用的、完全联网的程序，可以用于创建小测验以及期末考试。该DVD中还提供试题库中的试题，教师可以用"试题编辑器"来修改现有的试题或是创建新的试题。该光盘还包含分章节的讲解大纲以及概念性的"随堂"问题，也都是PowerPoint格式的。

ISBN 0-321-90974-7

《以学习者为中心的天文学教学：ASTRO101策略》

蒂莫西 F. 斯莱特，怀俄明州立大学
杰弗里 P. 亚当斯，米拉斯维尔大学

"ASTRO101策略"是非科学专业的天文学入门课程的教师指导。这本书由天文学教育研究的两位领军人物撰写，详细介绍了各种技术——教师可以用它们来提高学生对天文主题的理解和记忆，重点强调使课堂讲授成为学生积极参与的论坛。根据最近旨在发现学生是如何学习的大样本研究，本书介绍了多种应用于天文学教学的随堂测验方法，主要针对非科学专业的学生。

ISBN 0-13-046630-1

《天文学的同伴教学法》

保罗J.格林，哈佛-史密松天体物理中心

同伴教学法是一个简单而有效的教授科学的方法。同伴教学法由哈佛大学在物理学导论等课程中进行了初步开发，并已经在物理教育界引起了关注和兴趣。这种方法让学生参与到教学过程中，使科学更容易理解。这本书针对不同年级提供了大量令人深思的、概念性的简答题。虽然已有数量显著的这类问题被用于物理教学中，但《天文学的同伴教学法》仍然提供了第一个这样的天文学样本。

ISBN 0-13-026310-9

学生资源

精通天文学网站
www.masteringastronomy.com

网站中的作业、指南、评价体系是独特的，能够独立指教每个学生，针对他们的错误答案提供即时的反馈。当他们遇到困难时，可以先解决比较容易的次要问题，这时采用的方法能为他们带来提高。学生也可以使用自学区，它包含测试练习、自学指南、新的解说和互动图、动画、视频等。

"精通天文学"提供"培生电子文本"，当与新书一起购买"精通天文学"时，它会自动提供，你也可以在线升级购买。培生电子文本包括文本，以及可以放大以便于更好观看的图片，当学生有机会上网时，他们就可以使用培生电子文本。通过培生电子文本，学生还能够熟悉定义和术语，以帮助他们记忆词汇和阅读材料。学生还可以使用注释功能在培生电子文本里做笔记。

《星光灿烂学院》 学生授权码卡片，第7版

这款最畅销的天文软件可以让你逃离银河系，到7亿光年之外的太空深处去旅行。你可以在极其逼真的星域里欣赏超过1600万颗恒星，并放大成千上万的星系、星云和星团。你还能前后穿越20万年的时间，欣赏一个动态的、不断变化的宇宙中的关键性天文事件。你可以离开地球，从崭新的视角观赏行星的运动。基于其惊人的虚拟现实、强大的套件功能和直观易用性，《星光灿烂学院》没有辜负它是"天文软件中最闪亮的"这一声誉。

ISBN 0-321-71295-1

《星光灿烂学院》实践活动、观测和研究项目

这个可下载的补丁包含由艾琳·奥康纳

（圣巴巴拉城市学院）为Starry Night College天文软件编写的实践活动，以及由史蒂夫·麦克米兰编制的观测和研究项目。它能从"精通天文学"的学习区和培生Starry Night College《星光灿烂学院》下载站点上免费下载。

ISBN 0-321-75307-0

《天空凝望者5.0》学生授权码卡片

提供SkyGazer5.0的一次性下载——它结合了特殊的天文馆软件和预先打包的、信息广博的教程。基于广受欢迎的Voyager软件，该授权码卡片与天文学入门教科书的新副本打包在了一起，不收取额外费用。使用该软件，该授权码卡片还可以让用户下载Michael LoPresto的天文学媒体工作簿。

ISBN 0-321-76518-4

（也以CD的形式提供，ISBN 0-321-89843-5）

《天空和望远镜》

来源于最流行的业余天文学杂志，这个特别的学生增刊包含9篇埃文·斯基尔曼（Evan Skillman）的文章，每一篇包含1个总体概述和4个问题，聚焦于教授们最希望在课堂中解决的问题：综述、科学过程、宇宙的尺度以及我们在宇宙中的位置。

ISBN 0-321-70620-X

《埃德蒙科学恒星和行星定位器》

这是著名的旋转活动星图，显示了恒星、星座和行星相对于地平线的位置——在你确定时间和日期之后。这幅八角形的星图由已故的天文学家和制图师乔治·洛维（George Lovi）绘制。定位器的背面挤满了有关行星、流星雨和明亮恒星的额外数据。每份星图附带一本16页的口袋大小的详细说明书。

ISBN 0-13-140235-8

《天文学导论讲座教程》第3版

爱德华 E. 普拉瑟，亚利桑那大学
蒂莫西 F. 斯莱特，怀俄明州立大学
杰弗里 P. 亚当斯，米拉斯维尔大学
吉娜·布瑞森登，亚利桑那大学

由美国国家科学基金会资助，《天文学导论讲座教程》一书的目的是让长篇大论的讲座有更多的互动。第3版的主要特色是6个新的教程：温室效应，暗物质，理解宇宙和膨胀，哈勃定律，膨胀、回溯时间和距离，大爆炸。这44个讲座教程中的每一个都按课堂准备的形式呈现出来，让学生以两到三个小组的形式讨论10至15分钟，且不需要任何的设备。这些讲座教程用一系列精心设计的问题挑战学生，引发课堂讨论，让学生用批判推理的形式思考。

ISBN 0-321-82046-0

《天文观测练习》

这个由劳伦·琼斯制作的工作手册包含一系列技术性的、集成了天文馆软件的天文观测练习，这些软件包括Stellarium、Starry Night College、WorldWide Telescope，以及SkyGazer。使用这些在线产品增加了学生学习的互动层面。

ISBN: 0-321-63812-3

致谢

纵观最终成就这本书的许多草稿，我们一直依靠着很多同伴的批判性分析。他们建议的范围非常广泛，从全书整体组织的宏观问题，到每个句子的技术准确性的细微之处。我们还得益于来自本书第7版的用户的许多很好的意见和反馈。对许多帮助了我们的同伴，我们致以最诚挚的感谢。

第8版的审阅者

Brett Bochner
Hofstra University
James Brau
University of Oregon
Christina Cavalli
Austin Community College
Asifud–Doula
Pennsylvania State University
Robert Egler
North Carolina State University
David Ennis
The Ohio State University

Erika Gibb
University of Missouri, St.Louis
James Higdon
Georgia Southern University
Steve Kawaler
Iowa State University
Kristine Larsen
Central Connecticut State University
George Nock
Northeast Mississippi Community College
Ron Olowin
Saint Mary's College

John Scalo
University of Texas, Austin
Trace Tessier
Central New Mexico Community College
Robert K.Tyson
University of North Carolina at Charlotte
Grant Wilson
University of Massachusetts, Amherst

之前版本的审阅者

Stephen G. Alexander
Miami University of Ohio
William Alexander
James Madison University
Robert H. Allen
University of Wisconsin, La Crosse
Barlow H. Allen
University of Wisconsin, La Crosse
Nadine G. Barlow
Northern Arizona University
Cecilia Barnbaum
Valdosta State University
Peter A. Becker
George Mason University
Timothy C. Beers
University of Evansville
William J. Boardman
Birmingham Southern College
Donald J. Bord
University of Michigan, Dearborn
Elizabeth P. Bozyan
University of Rhode Island
Malcolm Cleaveland
University of Arkansas
Anne Cowley
Arizona State University
Bruce Cragin
Richland College
Ed Coppola

Community College of Southern Nevada
David Curott
University of North Alabama
Norman Derby
Bennington College
John Dykla
Loyola University, Chicago
Kimberly Engle
Drexel University
Michael N. Fanelli
University of North Texas
Richard Gelderman
Western Kentucky University
Harold A. Geller
George Mason University
David Goldberg
Drexel University
Martin Goodson
Delta College
David G. Griffiths
Oregon State University
Donald Gudehus
Georgia State University
Thomasanna Hail
Parkland College
Clint D. Harper
Moorpark College
Marilynn Harper
Delaware County Community

College
Susan Hartley
University of Minnesota, Duluth
Joseph Heafner
Catawaba Valley Community College
James Heath
Austin Community College
Fred Hickok
Catonsville Community College
Lynn Higgs
University of Utah
Darren L. Hitt
Loyola College, Maryland
F. Duane Ingram
Rock Valley College
Steven D. Kawaler
Iowa State University
William Keel
University of Alabama
Marvin Kemple
Indiana University–Purdue University, Indianapolis
Mario Klairc
Midlands Technical College
Kristine Larsen
Central Connecticut State University
Andrew R. Lazarewicz
Boston College

Robert J. Leacock
University of Florida
Larry A. Lebofsky
University of Arizona
Matthew Lister
Purdue University
M. A. Lohdi
Texas Tech University
Michael C. LoPresto
Henry Ford Community College
Phillip Lu
Western Connecticut State University
Fred Marschak
Santa Barbara College
Matthew Malkan
University of California, Los Angeles
Steve Mellema
GustavusAdolphus College
Chris Mihos
Case Western Reserve University
Milan Mijic
California State University, Los Angeles
Scott Miller
Pennsylvania State University
Mark Moldwin
University of California, Los

Angeles	Andreas Quirrenback	Metropolitan State College of Denver	Arkansas State University
Richard Nolthenius	*University of California, San Diego*		Donald Terndrup
Cabrillo College			*The Ohio State University*
Edward Oberhofer	Richard Rand	Harry L. Shipman	Craig Tyler
University of North Carolina, Charlotte	*University of New Mexico*	*University of Delaware*	*Fort Lewis College*
	James A. Roberts	C. G. Pete Shugart	Stephen R. Walton
Andrew P. Odell	*University of North Texas*	*Memphis State University*	*California State University, Northridge*
Northern Arizona University	Gerald Royce	Stephen J. Shulik	
Gregory W. Ojakangas	*Mary Washington College*	*Clarion University*	Peter A. Wehinger
University of Minnesota, Duluth	Dwight Russell	Tim Slater	*University of Arizona*
Ronald Olowin	*Baylor University*	*University of Arizona*	Louis Winkler
Saint Mary's College of California	Vicki Sarajedini	Don Sparks	*Pennsylvania State University*
	University of Florida	*Los Angeles Pierce College*	Jie Zhang
Robert S. Patterson	Malcolm P. Savedoff	George Stanley, Jr.	*George Mason University*
Southwest Missouri State University	*University of Rochester*	*San Antonio College*	Robert Zimmerman
	John Scalo	Maurice Stewart	*University of Oregon*
Cynthia W. Peterson	*University of Texas at Austin*	*Williamette University*	
University of Connecticut	John C. Schneider	Jack W. Sulentic	
Lawrence Pinsky	*Catonsville Community College*	*University of Alabama*	
University of Houston	Larry Sessions	Andrew Sustich	

培生公司的出版团队在我们撰写这本书的每一步中都在协助我们。特别要感谢特马·古德温（Tema Goodwin），他果断刚毅的管理解决了众多矛盾，其人格魅力是这本出版物的一部分。执行主编南希·威尔顿（Nancy Whilton）领导本版本通过各个阶段，开发主编芭芭拉·普赖斯（Barbara Price）贡献了她的专业媒体知识。Thistle Hill出版服务公司的制片经理安德烈娅·阿彻（Andrea Archer）和安吉拉·厄克特（Angela Urquhart）做出了非常出色的工作，把这个非常复杂的项目的线索紧紧捆绑在一起，将文字、艺术和电子媒体组合成为一个有机的整体。特别感谢封面和版式设计师珍妮·卡拉布雷西（Jeanne Calabrese）——她的制作令第8版看起来更加美观；献给马克·翁（Mark Ong）——他指导了书的整体外观。我们也向下列人员表达我们的感谢：凯特·布雷敦（Kate Brayton）——更新和维护"精通天文学"学习区的媒体资源；克里斯蒂娜·卡瓦里（Christina Cavalli）——"精通天文学"中解说图的作者。

最后，我们要感谢著名的太空艺术家达那·贝里（Dana Berry），他允许我们使用他的许多美丽的天文艺术作品；我们还要感谢洛拉·朱迪丝·蔡森（Lola Judith Chaisson），她组织和绘制了这一版本中所有的赫罗图（包括透明叠加图片）。

埃里克·蔡森
史蒂夫·麦克米伦

目 录

推荐序一
推荐序二
推荐序三
译者的话
原书序

引言

第1章　银河系　太空中的旋涡　5

1.1　我们的星系家园　6
1.2　丈量银河系　7
　　　探索1-1　早期"计算机"　12
1.3　银河系结构　14
1.4　银河系形成　17
1.5　银河系的旋臂　19
　　　探索1-2　密度波　22
1.6　银河系的质量　23
1.7　银河系中心　27
　　　章节回顾　31

第2章　星系　宇宙的基本成分　35

2.1　星系的哈勃分类　36
2.2　星系在太空的分布　43
2.3　哈勃定律　47
　　　详细说明2-1　相对论红移和回溯时间　50
2.4　活动星系核　50
2.5　活动星系的中央引擎　58
　　　章节回顾　63

第3章　星系和暗物质　宇宙的大尺度结构　67

3.1　宇宙中的暗物质　68
3.2　星系碰撞　71
3.3　星系的形成与演化　73
　　探索3-1　斯隆数字化巡天　79
3.4　星系中的黑洞　80
3.5　大尺度上的宇宙　84
　　章节回顾　91

第4章　宇宙学　大爆炸和宇宙的命运　95

4.1　最大尺度上的宇宙　96
4.2　膨胀的宇宙　98
4.3　宇宙的结局　101
4.4　空间的几何学　103
　　详细说明4-1　弯曲的空间　105
4.5　宇宙会永远膨胀吗?　106
4.6　暗能量和宇宙学　108
　　探索4-1　爱因斯坦和宇宙学常数　109
4.7　宇宙微波背景　111
　　章节回顾　113

第5章　早期宇宙　回到时间的起源　117

5.1　回到大爆炸　118
5.2　宇宙的演化　121
　　探索5-1　关于基本力的更多知识　122
5.3　原子核和原子的形成　125
5.4　暴胀的宇宙　128
5.5　宇宙中结构的形成　133
5.6　宇宙结构和微波背景　135
　　章节回顾　139

第6章　宇宙中的生命　我们是孤独的吗?　143

6.1　宇宙演化　144
　　探索6-1　病毒　145
6.2　太阳系中的生命　150
6.3　银河系中的智慧生命　152

6.4　寻找外星智慧　**157**
　　　章节回顾　**161**

附录
附录1　科学计数法　**164**
附录2　天文测量　**165**
附录3　表格　**166**
检查题答案　**171**
概念自测答案　**173**
图片/文字授权　**174**
星图　**177**
教学支持申请表　**187**

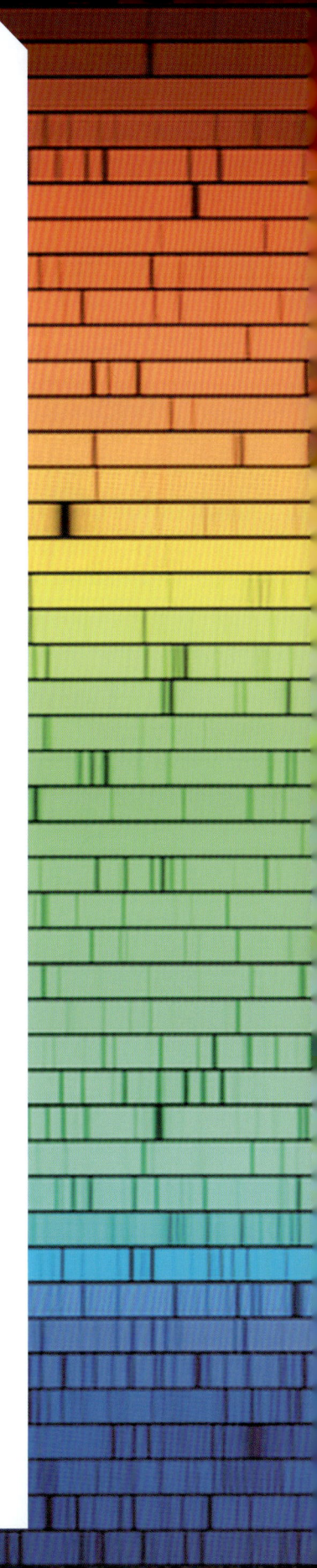

今日天文

星系世界和宇宙的一生

1890年观测到的仙女星系 [J.罗伯茨（J. Roberts）]

引 言

哈罗·沙普利
在他的旋转八角桌边工作 [哈佛（Harvard）]

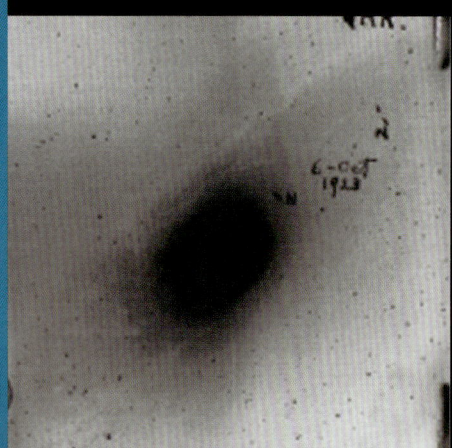

埃德温·哈勃
在仙女座里发现变星
[卡耐基研究所（Carneigie Institude）]

尽管很难想象，但是在不到100年前，人类始终认为太阳是宇宙的中心。哥白尼、开普勒、伽利略和其他学者的早期研究废黜了地球的中心位置，但是作为太阳系的中心，太阳本身仍然被当作是银河系的中心。对于一个世纪前的人类来说，银河系就相当于整个宇宙。而至于我们在宇宙中的真实位置，以及存在无数其他与银河系相似星系的事实，是完全未知的。

美国天文学家哈罗·沙普利（1885—1972）通过研究球状星团中的变星，推断出了银河系的大小和尺度，以及我们在银河系中的位置。1918年，他发表了这项成果，不仅表明了我们在太空中的家园跨越10万光年，远比此前认为的尺度大得多；而且也证实了地球位于他称为"星系远郊"的位置上，今天，我们知道了这里距离银河系中心大约25 000光年。沙普利证明了太阳从任何角度来说都不是中心、不是独一无二的、也不是特殊的。他的这项工作是人类认识自身在宇宙中位置的里程碑，无疑也是20世纪最重要的天文发现之一。

具有讽刺意味的是，沙普利举世瞩目的扩大银河系大小和尺度的发现，却导致他在对当时另一个更为深刻和先进的重大发现的认知上误入歧途——认识到银河系仅仅是宇宙众多星系中的一个。他的观测表明，银河系具有庞大的尺度，这也使他不能接受存在一个更广大宇宙的观点——他无法相信存在与我们的银河系一样巨大的其他遥远星系。即使对于如此杰出的科学家，个人偏见有时也会蒙蔽科学的判断。

这直接引发了1920年在华盛顿国家科学院发生的"大论战"。论题是关于"旋涡星云"（也就是今天所说的星系）的谜团：它们究竟是"近邻"银河系的一部分，还是因足够遥远而自成星系？沙普利认为，既然他的研究已经增大了银河系的大小，那么旋涡星云必然是银河系的一部分。而他的对手，来自加利福

今天观测到的仙女星系 R.根德勒（R.Gendle）

尼亚利克天文台的希伯·柯蒂斯，虽然错误地拒绝认同银河系的巨大尺度，但是却正确地指出了旋涡星云其实是与银河系相似的遥远恒星的集合体。两人分别列举了支持自己观点的其他科学依据（1.2节），但是也都被自己的偏见干扰了对银河系的完整理解。由于没有对星云真实距离的客观测量，所以这场论战以平局告终。

仅仅几年后，利用当时最先进的光学望远镜——威尔逊山上的2.5m反射镜，沙普利的竞争对手——加州理工学院的天文学家埃德温·哈勃（1884—1953）打破了僵局。他第一次分辨出仙女座星云中的单颗恒星，并仔细测量了其中的变星，从而证明了仙女座星云是一个坐落在银河系外数百万光年的真实星系。具有讽刺意味的是，哈勃采用的正是沙普利及其哈佛大学的同事所开创的基本方法。这是在扩展哥白尼原理道路上的又一里程碑：无论地球还是太阳都丝毫不特殊，甚至连我们所生存的银河系也只是更广袤宇宙中无数星系里的一员。

今天，天文学家全面测量了仙女星系中变星的分布。令人费解的是，我们仍然在竭尽全力将这个星系的距离测量精度提高到10%以内。即便是在这本教科书启用至今的数十年里，所引用的仙女星系的距离也在220万～290万光年之间反复变动；在这一版中，我们选取了最新测量结果的平均值——250万光年。正确的距离数值非常重要，因为它对确定所谓的距离阶梯具有关键作用。这个宇宙标准可以用来测量数十亿更遥远星系的距离，从而测定宇宙本身更为广大的领域。

昔日的沙普利—柯蒂斯论战，还有今天我们为准确测定真正遥远星系的距离所付出的努力，都能成为科学方法如何工作的经典实例。科学是人类进行的实践，而科学家与常人无异，也都拥有强烈的感情和个人价值观。然而，随着时间的推移，经历这般批判与辩论，研究课题才最终得到客观的量度。通过不断的试验和事实证明，科学界逐渐削弱了个人的主观意识，而在一个批判性思考者的群体中形成更加客观的视角。合理怀疑和重复试验是现代科学方法的标志。

哈勃超深空[空间望远镜科学研究所（STScI）]

第1章 银河系

太空中的旋涡

在晴朗的黑夜仰望天空，我们会被夜空的两个特征所震撼。第一，我们看到的恒星几乎均匀地分布在天空中的各个方向。它们似乎距离我们很近，描绘出太阳周围数百秒差距之内的本地近邻成员。但这不过是局部印象，是有些偏狭的观念。除了那些近邻恒星，我们注意到的第二件事情就是一道跨越夜空的模糊光带，这就是银河系。

我们观察的角度是从星系内部出发，看到的是无数遥远恒星汇集而成的光。当我们站在比近邻恒星遥远得多的尺度、考虑更大的空间范围时，银河系的大尺度结构就会展现出来，一个新的组织结构便呼之欲出。

知识全景 我们的银河系只是可见宇宙中千亿星系中的一员——注意，是一千亿个星系！对于天文学家来说，银河系对星系的重要性就如同太阳对于恒星。我们对拥有大量形形色色恒星的这个自己所处的大系统的大小、尺度、结构和动力学的了解，直接决定了我们对于遍布宇宙的星系的认知。

学习目标

本章的学习将使你能够：

❶ 描述银河系的整体结构，以及不同区域之间的差异。

❷ 解释变星对于测量银河系尺寸和形状的重要意义。

❸ 银河系不同区域恒星的轨道运动的比较和反差。

❹ 通过现有的银河系形成理论来理解盘星和晕星的差异。

❺ 解释银河系与其他星系中观测到的旋臂。

❻ 解释关于银河系的自转的何种研究揭示了银河系的尺寸和质量，并探讨暗物质的本质。

❼ 描述银河系中心超大质量黑洞的证据以及其他的观测现象。

精通天文学

访问MasteringAstronomy网站的学习板块，获取小测验、动画、视频、互动图，以及自学教程。

左图：名为NGC1232的真彩色图片。像这样的星系大约拥有上千亿颗因引力而束缚在一起的恒星。当我们从大尺度上看去，这个距离我们6000万光年的壮观的旋涡星系，将其旋臂优雅的伸展至10万光年的空间中。它的尺度、形状和质量都与银河系非常接近。由于我们身处银河系中，所以无法完整地拍摄到它的宏伟全貌。如果看到的这张图是我们的银河系，那么太阳就将位于其中一条旋臂上，大约距离中心三分之二的位置。［欧洲南方天文台（ESO）］

1.1 我们的星系家园

星系是庞大数量的恒星与星际物质——恒星、气体、尘埃、中子星、黑洞等构成的集团,它们独立于宇宙空间中,同时被自身引力所束缚。天文学家发现除了银河系以外,实际上还存在数以十亿计的星系。这个我们恰巧居住的星系被称作Milky Way Galaxy(**银河系**),或者就用 Galaxy 来指代(大写的G)。

银河系盘是银河系中一个广阔的、圆形的、扁平的区域,它包含银河系中大部分亮星和星际物质(几乎就是目前为止这本书所提到的一切物质)。我们的太阳就位于银盘上。如图1.1所示,从里向外看去,银盘就像是一道穿越夜空的光束,也就是我们熟知的"银河"。就像图中所展示的,如果我们朝着背向银盘的方向看去(红色箭头),只能看到为数不多的一些星。但是,如果我们的视线方向正好落在银盘内(白色和蓝色箭头),我们就会看到非常多的星星,以至于它们的光融汇成一片连绵的光影。

自相矛盾的是,虽然我们可以细致研究太阳附近的单颗恒星和星际云,但是我们在银盘上的位置使得从地球破解银河系的大尺度结构成为一件极为困难的任务——有点像是不能离开公园的长椅,却要阐明公园道路、灌木和树丛的布局。从某些方向上,我们还无法明确地解释所看到的现象;而在另一些方向上,前景天体会完全遮挡我们的视线,而且我们也无法通过移动它们而得到更好的视角。因此,天文学家常常不得不通过与更遥远但却更容易观测的系统进行比较来研究银河系。

图1.2和图1.3展示了三个星系,它们的整体结构与我们的银河系相似。图1.2是仙女星系,距离我们800kpc(大约250万光年),是最近邻的大星系。我们从一个特殊的角度看过去,仙女座星系的形状明显被拉长了。实际上,我们的银河系和它很像,是由一个圆形的星系物质盘以及中心的**核球**所组成。盘和核球被嵌埋在一个由暗弱年老恒星组成的球中,这就是**银晕**。图中标明了这三个基本的星系区域。(晕星非常暗弱,以至于在图中无法辨认。)图1.3(a)和图1.3(b)展示了另外两个星系的视图——一个正面图、一个侧向图——凸显了上述结构。

科学过程理解 检查

✓ 为什么我们看到的银河系是划过夜空的一道的光带?

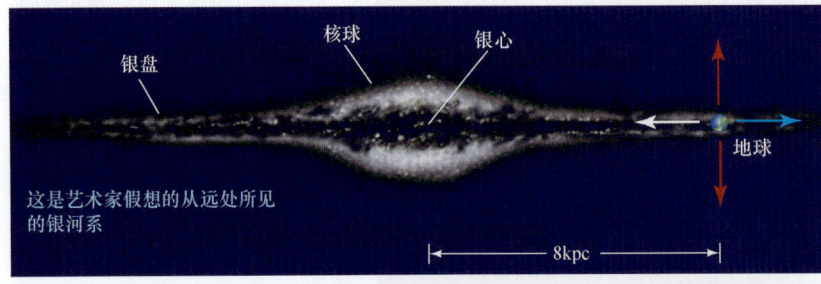

◀ **图1.1 我们的星系家园**

(a)在这幅想象图中,从地球向银河系中心(白色箭头方向)看去,我们可以看到无数恒星在被称为银河的稀疏光带中堆叠。往相反的方向(蓝色箭头方向)看去,我们只能看到银河系的很少一部分。而向垂直于银盘的方向(红色箭头方向)看去,会看到更为稀疏的恒星。(b)在这幅夜空的真实光学图像(在地球上一个非常暗的地方拍摄)中,白色箭头指向的模糊(几乎是白色和乳状的)光带就是银河系的银盘。[A. 梅林格(A. Mellinger)]

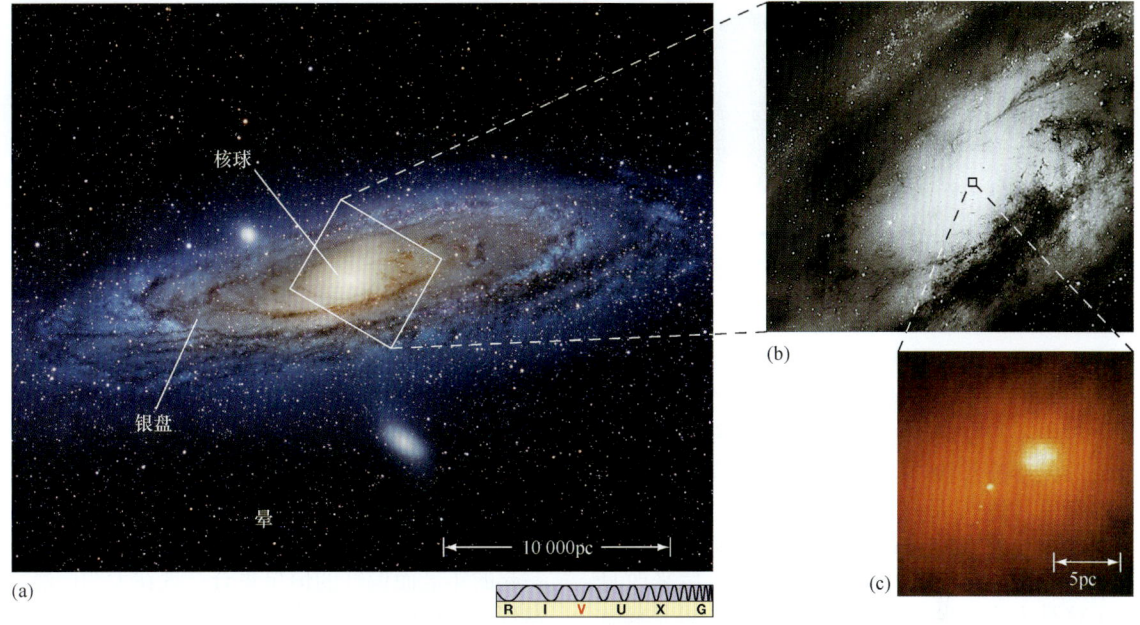

▲ 图1.2 仙女星系的结构

（a）仙女星系的外观与我们的银河系非常相似。图中可以清晰地看到它的盘和核球，但是严密包围盘与核球的暗弱晕星却不那么容易看到。图中闪烁的白色恒星都是来自银河系的前景星，它们与仙女星系分布在相同的天区范围内，但是距离要近大约1000倍。（b）这个星系内部的细节展示，包括（c）它独特而且有待揭示的双核结构。[R. 根德勒（R.Gendler）、帕洛玛天文台（Paloma Observatory）、加州理工学院（Caltech）、美国国家航空航天局（NASA）]

1.2 丈量银河系

20世纪以前，天文学家关于宇宙的概念与现代观点截然不同。当时，人们完全不知道自己所生活的空间只是无数巨大物质"岛屿"中的一个，这些岛屿被更广阔的近乎真空的空间所分隔。当然，那时的人们也根本不能区分"我们的银河系"与"宇宙"。太阳不是银河系的中心与银河系不是宇宙的中心这两个紧密相连的观点需要时间和可靠的观测证据才能得到广泛的认可。关于银河系的知识以及还存在许多与其相似的其他星系的事实，与宇宙距离尺度的发展息息相关。

◀ 图1.3 盘星系

（a）这个侧向星系叫作M101，与银河系和仙女星系的整体结构相似。（b）星系NGC 4565侧向对着我们，因此可以清楚地看到它的盘和中心核球。[美国国家航空航天局（NASA）]

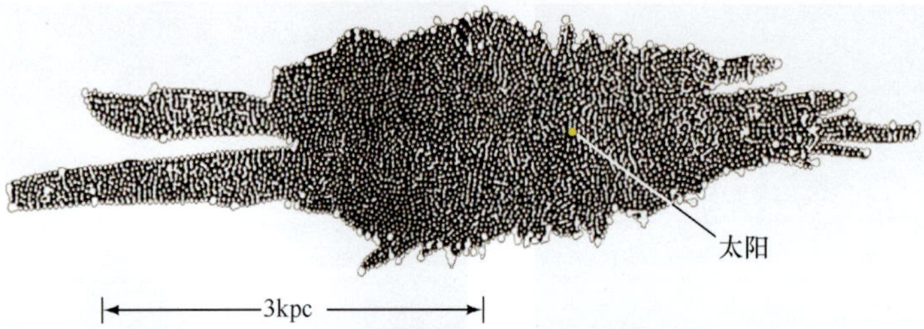

◀ **图1.4　赫歇尔的星系模型**
18世纪的天文学家威廉·赫歇尔通过统计天空中不同方向的恒星数目绘制了这幅银河系的"地图"。太阳（黄点）看似位于分布的中心附近。图像的长轴与银盘面基本平行。（这个尺寸并不是来自赫歇尔的测量，而是对他当时观点的估计。）

太阳

3kpc

恒星计数

18世纪晚期，人们还不知道任何恒星的距离。英国天文学家威廉·赫歇尔试图通过计算天空中不同方向可见恒星数目的简单方法来估计银河系的形状。假设所有的恒星都具有相同的亮度，他推断，银河系有些扁平，基本上呈盘状分布的恒星汇集在银道面上，而太阳就在银河系 中心 附近，如图1.4所示。后来改良了这种方法，也得出了相同的结论，可是赫歇尔无法利用这种方法测量银河系的尺寸。但是在20世纪初，随着对于恒星性质的不断深入了解，一些天文学家进一步估算出银河系的尺度大约是直径10kpc、厚度2kpc。

今天我们知道了银河系跨越数十kpc，而太阳的位置远不在其中心。为什么过去的观点会存在如此严重的错误呢？原因在于早期的观测都是通过可见光波段进行的，而天文学家没有考虑到（当时未知的）星际气体和尘埃对于可见光的吸收。直到20世纪30年代，天文学家才开始意识到星际介质的真实范围和重要性。

由于星际尘埃的作用，银盘中任何距离我们数千秒差距之外的天体都被隐藏了起来（可见光波段）。因此，我们看到的银盘上随距离衰减的恒星密度并不是空间中恒星数目的真实减少，而仅仅是银盘自身环境的作用。赫歇尔图上狭长的"手指"是遮挡效应比其他方向稍微严重一些的方向。然而，由于部分遮挡在盘的各个方向上都存在，所以衰减应当与观测的方向没有太大关系，因此太阳看起来基本上就是在银河系的中心位置。图1.4的水平延展大致对应着图1.1中蓝色和白色箭头的延伸。

来自银道面上面或者下面的辐射在视线方向上经过了较少的气体和尘埃，因此在到达地球途中遇到的削弱也相对较少。虽然仍然存在着一些成团的遮挡物，但是从银盘外部看太阳的位置恰巧没有受到星际云的严重遮挡。

旋涡星云和球状星团

我们已经了解到，星际介质的存在阻碍了天文学家通过光学手段研究银盘的尝试，但是，从银盘以外的其他方向，我们仍然能够看到更远的距离。20世纪初，关于银河系大尺度结构的研究主要关注两大类远离银河系的特殊天体。第一类是球状星团，也就是紧密束缚在一起的年老而偏红的恒星集合；现在大约已经发现了150个这类星团。第二类是由当时被称作 旋涡星云 的天体。图1.2（a）和图1.3（a）中是这两类天体的实例。今天，我们把它们称为 **旋涡星系**，与银河系大小相当。

20世纪早期，天文学家没有办法确定这些天体的距离。它们的距离非常遥远以至于无法观测其视差，而现在的技术仍然无法清楚地辨识和测量主序星（自1911年发现主序之后）。基于这些原因，三角和分光视差都不适用。因此，即使是球状星团和旋涡星云最基本的性质——大小、质量和恒星以及星际物质，都是未知的。这些都建立在球状星团位于银河系内部的假设之上，而人们当时认为银河系相对较小（利用前文描述的估算尺寸）。旋涡星云的位置则更不确定。

了解一颗天体的距离对于认识其本质至关重要。我们不妨再次以仙女座"星云"为例（见图1.2）。19世纪晚期，望远镜和拍照技术得到改进，天文学家也因此得到比图1.2（a）更翔实的图像。新发布的照片极大地振奋了天文学家，他们认为自己看到了在一团旋转的气体盘中形成恒星的过程！将图1.2（a）与《今日天文——太阳系和地外生命探索》第12章中的图［尤其是图12.2（b）］相比，如果我们认为自己看到的是一个相对距离较近、恒星大小的天体，那么就有可能理解为什么会出现那样的错误了。那么新的观测数据似乎只能证实仙女星云仅仅是银河系的一小部分，而远不能表明它是遥远而庞大的。

进一步的观测很快就证明了仙女星云并不是一个恒星形成区。仙女星云的视差太小以至于无法测量,这就表明它距离地球至少有上百秒差距,并且即使是100pc——现在我们知道仙女星云的真实距离远不止这个数,是不可能分辨出一个具有太阳星云大小的天体的,而且显然也不会像图1.2(a)所描绘的那样。

在20世纪的第一个25年里,天文界就银河系的大小和旋涡星云的距离展开了激烈的辩论(见后文及第2页的讨论)。其中一派认为,旋涡星云是位于银河系内部的相对较小的系统;另一些天文学家则相信旋涡星云是较大的天体,位于银河系外遥远的地方,并且和银河系具有可比拟的大小。但是,由于没有确凿的距离信息,两种观点都无法定论。只有通过一种新的距离测量技术(接下来要介绍到),才最终表明第二种观点更为准确。然而在这个过程中,天文学家对于银河系的认识发生了根本的变化。

一种新标准

20世纪耗费大量人力编纂恒星目录的一个重要副产品就是对**变星**的系统研究——变星是光度随着时间变化的恒星,有一些变化并不十分有规律,而另外一些的变化则非常有规律。只有很小一部分恒星属于这类天体,它们对于天文学具有非常重要的意义。

在本套书前面的章节中就已经出现过变星的例子。例如,在掩食双星中,由于双星系统中的一颗恒星的光会被另一颗周期性地遮挡,因此总亮度会发生变化。双星的成员在新星爆发时会产生更加剧烈的结果,因此也因其亮度的突然剧烈变化而被称为激变变星。

然而,在其他情况下,恒星的光变是其基本的特征,并不依赖于它是否是双星系统的一部分。我们将这样的恒星称作内因变星。有一类特别重要的内因变星叫作**脉动变星**,它们的光度呈现出周期性的特征变化(见图1.5)。有两种**脉动变星**对于揭示银河系的真实外延以及近邻天体的距离具有至关重要的作用,它们就是**天琴座RR变星**和**造父变星**。沿用天文学长久以来的惯例,天体的名称都来源于第一颗被发现的此类天体。对这两类变星而言,它们的名字来源于天琴座(RR)以及仙王座第四亮的星——仙王座δ星(造父一)。

通过它们具有独特性状的光变曲线可以识别天琴RR变星和造父变星。天琴RR变星的脉动规律非常相似[见图1.5(b)],只是周期上略有差异,观测到的周期范围大约在0.5~1天之间。造父变星的脉动方式也非常独特[图1.5(c)中规律性的锯齿形状],但是不同造父变星的脉动周期差异很大,跨度从1天到100天。任何特定天琴RR变星和造父变星的周期都精确地往复出现。脉动变星的关键意义在于,可以仅通过观测它们发出的光来识别和认证这些天体。

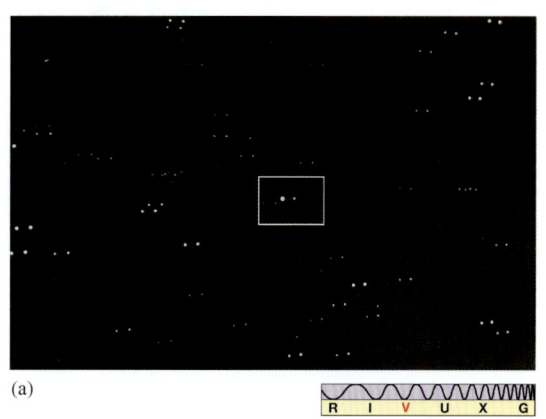

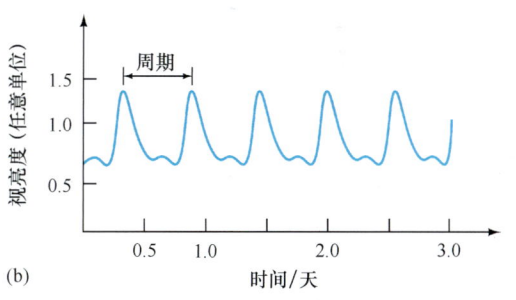

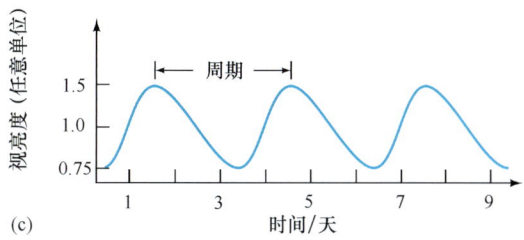

▲图1.5 **变星**

(a)这里展示的是连续拍摄的造父变星天鹅座WW(黑框)的亮度极大和极小值;两幅分别在两天拍摄的照片被叠加起来,并稍加错位。(b)脉动变星天琴座RR的光变曲线。所有天琴座RR变星都具有基本相同的光变曲线,它们的周期不到一天。(c)天鹅座WW的光变曲线,其周期大约为3天。[哈佛大学天文台(Harvard College Observatory)]

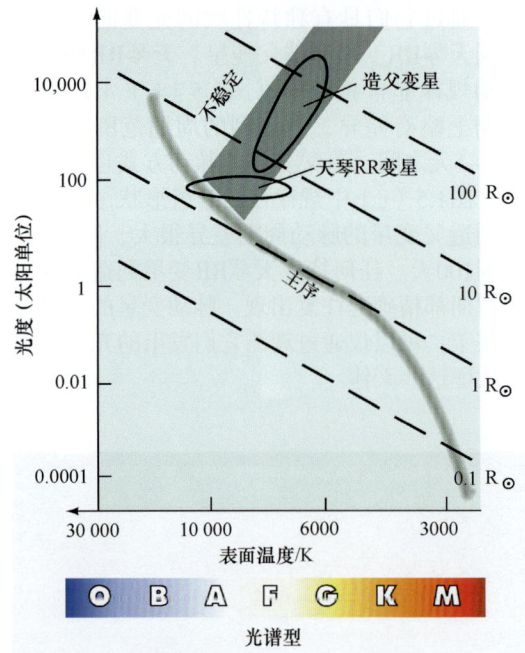

▲图1.6　赫罗图上的变星
赫罗图中不稳定带上的脉动变星。当一颗大质量恒星的演化经过不稳定带时，就会成为一颗造父变星。不稳定带上的低质量水平支恒星就是天琴RR变星。

相反地，脉动发生在演化到主序后的恒星中，这些恒星会经过赫罗图上被称为不稳定带的区域（见图1.6）。当一颗恒星的温度与光度达到这个带时，恒星内部会变得不稳定。恒星的温度和半径都会有规律地变化，导致我们看到的脉动。基于上述原因，当恒星变亮时，它的半径收缩且表面温度升高；当其光度降低时，恒星膨胀并降温。大质量恒星的演化经过赫罗图的上部。当它们的演化轨迹到达不稳定带时，它们就被称为造父变星。天琴RR变星则是位于不稳定带下部的小质量水平支星。因此，脉动变星是正在经历一个短暂的——通常百万年——不稳定阶段的普通恒星，这是恒星演化的必然过程。（参见《今日天文——恒星：从诞生到死亡》第9章内容）

宇宙距离尺度

对于星系天文学，这类恒星的重要性在于，如果我们确认了一颗天琴RR变星或者造父变星，就可以得到它的光度，从而能够测量其距离。通过比较恒星光度（已知）和视亮度（观测得到），便可以根据平方反比的关系推算其距离：

$$视亮度 \propto \frac{光度}{距离^2}$$

通过这种方法，天文学家能将脉动变星作为确定距离的一种手段，既可以应用在银河系内，也可以应用在银河系外。

如何推算一颗变星的光度？对于天琴RR变星，方法很简单。所有的水平支星基本上都具有相同的光度（一个完整脉动周期的平均值）——大约是太阳的100倍。因此，一旦确定了一颗变星是天琴RR变星，就能立刻得到其光度。对于造父变星，需要利用一个平均光度和脉动周期的相关性，这个关系是1908年由哈佛大学的亨利埃塔·莱维特发现的（参见探索1–1），简称为周期–光度关系（**周光关系**）。变化非常缓慢的，亦即长周期造父变星的光度很大；相反地，短周期造父变星的光度较低。

值得注意的是，脉动变星与脉冲星没有任何关系！脉冲星是快速自转的中子星，它们自转时会将能量传播到周围的空间中；在某个时刻我们将看到，脉动变星作为"普通"恒星正在经历一个演化过程中暂时的不稳定时期。

为什么造父变星和天琴座RR变星会脉动？它们的基本机制是英国天体物理学家亚瑟·爱丁顿爵士在1941年提出的。任何一颗恒星的结构很大程度上是由辐射从核心传播到光球层的难易程度决定的——也就是说，由内部的<u>不透明度</u>以及光转播过程中气体对其的阻碍程度决定。如果不透明度增加，辐射受到阻碍，内部压强增加，恒星就会"膨胀"；如果不透明度降低，辐射就能够轻易穿过，恒星就会收缩。根据理论研究，在特定的条件下，一颗恒星会失去平衡并会进入辐射流引起不透明度升高的状态——使得恒星膨胀、降温、光度减小——随后收缩，导致我们所看到的脉动。

主序星中很难满足产生脉动的必要条件。

第1章 银河系　11

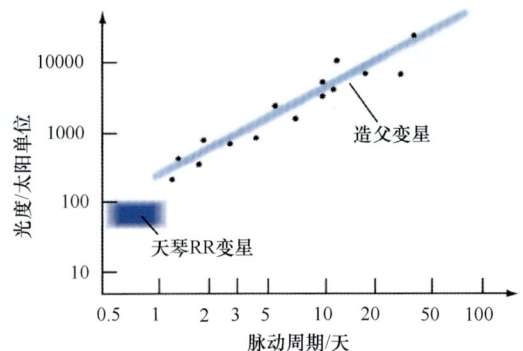

▲图1.7　周光关系图
一组造父变星脉动周期与平均绝对亮度（即光度）的关系图。这两个物理量的相关性非常密切。图中同时也展示了部分天琴RR变星的脉动周期。

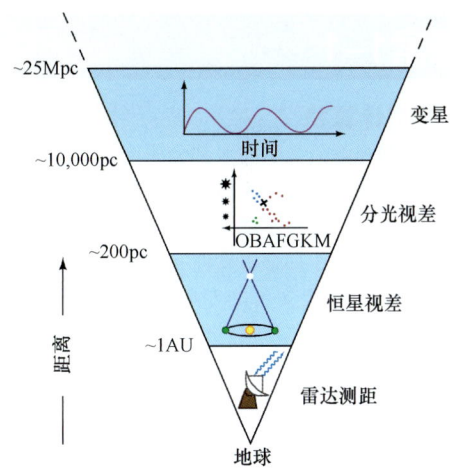

▲图1.8　距离阶梯上的变星
利用造父变星的周光关系可以在一定的精度内测量约25Mpc的距离。

图1.7展示了在地球1kpc以内发现的造父变星的周光关系。通过恒星或分光视差测量距离，天文学家可以为相对邻近的恒星绘制类似的图。一旦确定了距离，就可以计算这些恒星的光度。我们还没有发现不符合周光关系的例子，而且这个关系与演化恒星脉动的理论计算也是吻合的。因此，我们假定这一关系对于所有距离范围的造父变星都适用，所以简单地测量造父变星的脉动周期，就能够给出其光度——从图1.7也能看出来。（图中同样也能看到天琴RR变星的光度几乎为一个常数。）

只要能够识别变星并测量其脉动周期，这种距离测量技术就是非常有效的。利用造父变星，天文学家可以测量250万pc的距离，足以达到最邻近的星系。光度较低的天琴RR变星则没有造父变星那么容易被观测到，因此它们的应用范围也没有那么广。但是，天琴RR变星更为常见，所以在其有限的范围内，它们其实比造父变星更有用。

从太阳系内部的雷达测距到恒星视差和分光视差，变星成为第四种确定距离的方法，扩展了我们的宇宙距离阶梯，如图1.8所示。注意，由于周光关系是利用近邻恒星来定标，因此这种方法的误差和不确定性都较高。不确定

性同样来自于图1.7中数据点的"弥散"。尽管周期与光度之间的整体联系是准确无误的，但单个数据点并不是完全在一条直线上；相反，任意周期都对应着一定范围的可能光度。

银河系的尺寸和形状

许多天琴RR变星都是在球状星团中发现的。20世纪初期，美国天文学家哈洛·沙普利利用变星的观测数据取得了关于银河系球状星团的两大重要发现。第一，他的研究表明大多数球状星团距离太阳都非常遥远——达到上万秒差距。第二，通过测量每一个星团的方向和距离，可以确定空间中星团的三维分布（见图1.9）。沙普利证明了球状星团分布在一个大约30kpc的巨大的邻近球状空间中⊖。然而，这一分布的中心并不在太阳附近；相反，它距离我们8kpc，在人马座方向上。

⊖ 银晕和作为银河系其中一部分的球状星团系统，在垂直于银盘的方向上有些扁平，但是扁平的程度并不确定。不过，银晕显然没有银盘扁平。

探索1-1

早期"计算机"

早期观测天文学的大部分研究都致力于监测恒星光度和分析恒星光谱。这些先驱工作很大程度上是利用照相技术来完成的。并不广为人知的是,大部分工作都是由女性完成的。20世纪初,一批哈佛大学天文台的专职助手通过观测、分类、测量和录入照片信息创建了一个巨大的数据库,推动了现代天文学基础的建立。她们中有一些甚至完成了几项基础天文发现,虽然今天很多人认为是理所应当的,但实际上却远远超出了她们的实验室职责。

右上面的照片拍摄于1910年,图片里这些女性中的几位正在细致地检查恒星图像并测量光度或者谱线波长的变化。在哈佛大学天文台狭小的工作间里,她们一幅接一幅地检查图像,对成千上万颗恒星进行了数百万次测量,从而收集了大量的数据。注意墙的左边贴着恒星光度变化的图,图中的模式十分规律,很可能来自一颗造父变星。被称作"计算员"(当年还没有电子设备)的这些女性每小时的收入为25美分。

左下照片摄于1913年。这幅较为正式的图片中展示的是另一组工作人员和她们的主任,E. C. 皮克林。虽然看起来很严厉,但皮克林常常被描述为一位维多利亚时代的真正的绅士。当时,他独树一帜地支持接收女性员工的政策。图中同样显眼的(对称位于皮克林的左边)是早期女性团队里最有成就的一位,安妮·坎农。自1880年起,她开展了一项历时半个多世纪的巡天工作,也为她赢得了牛津大学颁发给女性的第一个荣誉学位。

巡天工作的主要结果之一是记录了成千上万颗恒星的亮度和光谱,1890年,在威廉明那·弗

莱明(右上照片中站着的那位)的指导下,这一成果得到正式发表。在这项统计工作的基础之上,这些女性中的好几位为天文学做出了重大贡献。1897年,安东尼娅·莫里(第一幅照片的左后方)开展了当时最细致的恒星光谱研究,使得赫兹普隆和罗素分别独立地建立了今天人们所熟知的赫罗图。1898年,安妮·卡农提出光谱分类系统,这一系统在今天是用于恒星分类的国际标准。1908年,亨丽埃塔·莱维特发现了造父变星的周光关系,使得皮克林的继任者哈罗·沙普利(见引言部分)意识到了太阳在宇宙中的真实位置。

然而,所有这一切不是都在工作,因为社交在这一代天文学家中颇为常见。第三幅照片(下)展示了一幅20世纪20年代描绘的天文台生活的幽默剧场景。主演(中间)是"女性计算员"中最年轻的塞西莉亚·佩恩,后来她成为20世纪最重要的天文学家之一。

[哈佛大学天文台(Harvard College Observatory)]

起,天文学家就在银晕中确认了许多独立的恒星——也就是不属于任何球状星团的恒星。

沙普利用球状星团定义银河系恒星分布的大胆解读,是人类理解自己在宇宙中的位置方面迈出的巨大一步。500年前,人们还认为地球是所有物质的中心,但哥白尼认为地球并不处在特殊的位置,也不是太阳系的中心。正如我们看到的,在沙普利所处的时代,主流思想认为太阳不仅仅是银河系的中心,也是宇宙的中心。但是沙普利却不苟同。通过球状星团的观测数据,就在一夜之间,他将银河系的大小比之前的估计提高了将近10倍,同时也将太阳放逐到银河系边缘!

沙普利-柯蒂斯之争

沙普利对银河系的大小以及我们所处的位置做出了巨大修正。奇怪的是,这一修正仅仅强化了他认为旋涡星云是银河系的一部分,而银河系基本上就是整个宇宙的错误观点。他认为存在其他与银河系一样大小的结构是难以置信的。1920年,在沙普利与利克天文台天文学家赫伯·柯蒂斯之间,展开了关于旋涡星云本质的著名科学论战。(也参见第2页)。这里我们列举了几条这次论战的关键内容,以阐释科学知识发展过程中有时必经的弯路:

1)**银河系的大小**。沙普利正确地断定银河系的直径远比基于恒星计数得到的"传统"数值要大得多,但是却错误地认为,除了银河系,不存在其他相似大小的星系。柯蒂斯错误地接受了银河系的较小的尺寸,但是却正确地认为可能存在其他与银河系相似的星系。

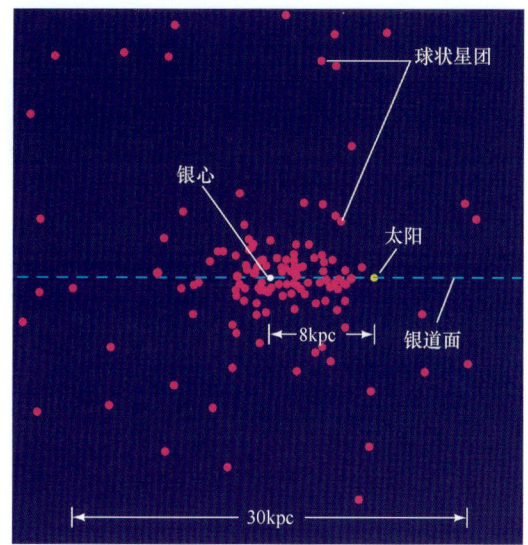

解说图1.9 球状星团分布
太阳与大量球状星团(粉色点)的中心并不重合。相反,在一个方向上发现的球状星团比其他方向要多。太阳的位置距离这个直径大约为30kpc的集合体的边缘很近。球状星团描绘出银晕中恒星的真实分布。

作为一次知识的卓越飞跃,沙普利意识到了球状星团的分布能够描绘出银河系恒星的真实外延——也就是我们所说的银晕。在大量物质的包围中,距离太阳8kpc的位置就是**银心**。图1.9展示了基于现代观测数据的距离银心20kpc范围内的138个球状星团的分布。如图1.10所示,我们生活在这个巨大集合体的"郊区"——由穿过晕中心的一层薄薄的年轻恒星、气体和尘埃组成的银盘。自沙普利时代

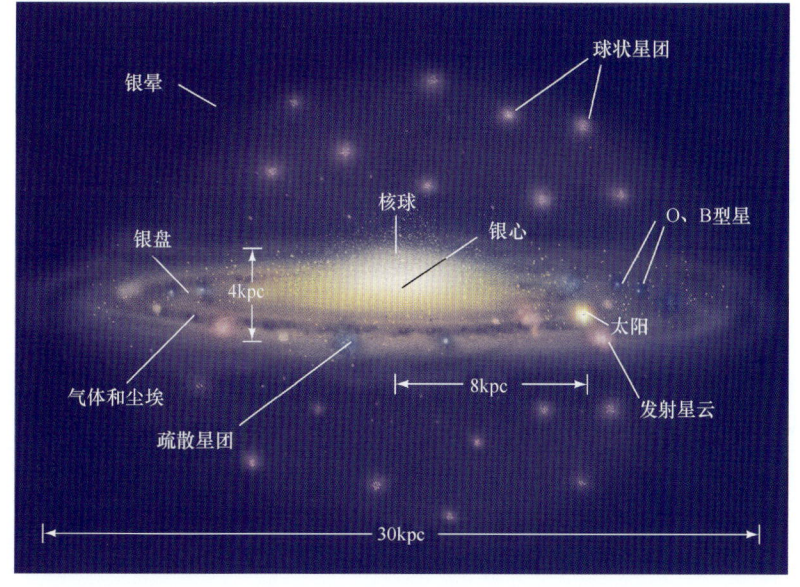

互动图1.10 银河系中的星族
基于对银盘内的年轻恒星和气体,以及银晕里年老恒星和球状星团的观测,天文学家建立了一个银河系结构的完整图像。这幅银河系(几乎)的侧向艺术假想图展示了年轻的蓝星和疏散星团、年老的红星以及球状星团的分布。(为清晰起见,太阳的亮度和大小被大幅度夸大了。)

2）**星云的分布**。柯蒂斯在银盘以外发现了旋涡星云，并指出就像在许多侧向的旋涡星云中看到的一样，银盘面上有"环状"的神秘物质遮挡了我们在银盘内的视线。沙普利简单地认为，由于某些未知的原因，没有在银盘面上发现旋涡星云。在这点上，柯蒂斯几乎是完全正确的。但是请注意，当时的人们并不清楚星际尘埃的吸收效应。

3）**新星的观测**。沙普利（正确地）认为，在旋涡星云中看到的一些新星的视亮度表明，如果这一星云处在较远的位置，就会具有极高的光度。柯蒂斯指出（同样正确地），这些反常事件有可能是更亮的另一类新星——今天，我们把它们称为超新星。

4）**星云的亮度和光谱**。沙普利指出，如果是从远处观测银河系，那么测量得到的旋涡星云的亮度和颜色不应该是这样的，这也表明星云从本质上和银河系是不一样的。柯蒂斯没有找到答案。今天我们知道了这些差异是由于星际吸收和红化造成的，它们的存在使天文学家无法得到银河系的完整图像。柯蒂斯没有正确地注意到，如果星云是由大量恒星组成的，旋涡星云中的谱线和这些恒星集合体的谱线就大体相同。这也支持他关于存在与银河系相当的恒星系统的论断。

5）**星云的旋转**。沙普利引用了部分旋涡星云的角自转速度的测量，结果表明，如果这些星云非常遥远、非常大，那么星云的自转速度就将超过光速。柯蒂斯简单地认为观测是错误的，但是他当时无法证明这一点。

由此我们看到，对于这个问题，两人都做出了一些正确的和不正确的判断（或结论）。但是，当时的观测结果无法解决他们的分歧，而这场论战也无疾而终。不过，随着技术的大幅度发展，仅仅在数年之后的1925年，美国天文学家埃德温·哈勃便声称他观测到了仙女星系里的造父变星，并最终成功地测定了其距离。他的研究成果明确地证实了仙女星云是银河系之外的一个独立星系，并将哥白尼原理推广到了银河系。

概念理解 检查

✓ 变星是否可以用来描绘银盘结构？

1.3 银河系结构

基于对恒星、气体与尘埃在光学、红外和射电波段的观测，图1.10显示了银河系盘、核球和晕不同的空间分布。银晕的外延很大程度上依赖于球状星团和其他晕星的光学观测。但是，正如我们所看到的，光学技术只能覆盖被尘埃包围的银盘的很小一部分。对于银盘结构更大尺度的认识很大一部分是来自于射电观测，尤其是原子氢产生的21厘米射电发射线。

气体分布的中心与球状星团系统的中心大致重合，大约位于距离太阳8kpc的地方。事实上，最准确的银心位置是通过银河系气体的射电观测得到的。银盘内恒星与气体的密度在距离银盘中心大约15kpc后开始急剧下降（尽管在距离50kpc的地方也已经观测到一些射电发射气体）。

恒星的空间分布

太阳近邻的银盘在垂直方向上较薄——厚度"仅仅"300pc，或者说大约是银河系直径（30kpc）的1%。不过，千万不要被迷惑了：即使你以光速行驶，也要花上一千年才能穿过银盘的厚度。对于银河系半径来说，银盘也许是薄的，但是对于人类而言，它却是巨大的。

实际上，银盘的厚度取决于测量对象。与类太阳恒星相比，年轻恒星和星际气体与银盘面的关系更紧密；而类太阳恒星比更年老的K型和M型矮星更靠近银盘面。这些差别的原因在于，恒星是在距离银盘面较近的星际云内部形成的，但随着时间的推移，由于与其他恒星和分子云之间的相互作用，恒星会向盘外部运动。因此，随着恒星年龄的增长，银盘面上面和下面的恒星丰度会逐渐增加。值得注意的是，这些理论并不适用于银晕，银晕内年老的恒星和球状星团的分布一直延伸到距离银盘面很远的空间。随后我们将看到，银晕似乎是银河系演化早期阶段的遗迹，并且比银盘的形成要更早。

近年来，不断进步的观测技术揭示了一类无论年龄还是空间分布，都介于年老的晕星与年轻的盘星之间的银河系恒星。它们是由年龄70~100亿年间的恒星组成的。这个被称为银河系厚盘的成分的分布范围大约有2~3kpc。前文提到的缓慢移动机制无法解释它较大的厚度。与银晕相似，这一成分似乎是银河系遥远过去的遗迹。

图1.10中也展示了银河系中心的核球，在银盘面内直径大约6kpc，垂直银盘面厚度约为4kpc。星际尘埃的遮挡使人们无法从光学图像中研究银河系核球的细致结构。但是，星际物质对长波段的影响较小，能够给出更清晰的图像［见图1.11及图1.3（b）］。对于核球内部及附近气体与恒星的细致测量表明，核球实际上形如一个橄榄球，宽度大约是长度的一半，长轴位于银盘面内。在这些观测的基础上，天文学家分析银河系内部有可能存在一个明显拉长或棒状的形态，而我们则可能生活在一个"棒旋"星系中。第2章将深入讨论这个问题。

星族

除了空间的分布之外，银河系的三个成分——盘、核球和晕在其他一些性质上也有显著的区别。第一，银晕几乎不含有气体或者尘埃——这与充满星际物质的盘和核球恰好相反。第二，盘、核球和晕星的外观和组成都存在明显的不同——银河系核球和晕中的恒星比盘星明显要更红一些。对其他旋涡星系的观测也表明有相同的趋势。在图1.2（a）与图1.3（a）中能够清楚地看到青白色彩的盘和淡黄色的核球。

在天空中能看到的所有明亮的蓝色恒星都是银盘的一部分，年轻的疏散星团和恒星形成区也是。相反地，较冷较红的恒星——包括那些年老的球状星团里的恒星在盘、核球和晕里的分布更加均匀。尽管矮星的数量要大得多，但是因为主序O型和B型蓝超巨星比G、K和M型矮星要亮得多，因此银盘偏蓝。

对于盘和晕的恒星成分的区别可以这样解释：鉴于富气体的银盘是发生恒星形成的地点，因此银盘中包含各种年龄的恒星，而所有

晕星都是年老的。晕里面缺少尘埃和气体就意味着没有新的恒星会在那里诞生，而恒星形成已经在很久以前就停止了——从我们今天观测到的晕星类型判断，至少是在100亿年以前。（大部分球状星团的年龄都在100亿~120亿年）。银河系核球内部的气体密度非常高，使这个区域成为发生剧烈恒星形成的地点，而且年老和年轻的恒星都混合在那里。核球缺少气体的外部区域具有与晕相似的性质。

这张图片的证据来自于晕星的光谱研究。研究表明，这些恒星的重元素（即比氢重的元素）丰度远比盘里的近邻恒星要低得多。每一颗恒星形成与演化的连续循环通过恒星核合成的产物增丰星际介质，并使得重元素随着时间稳步增加。因此，晕星中这些元素的匮乏与银晕形成于很久以前的观点是一致的。

天文学家经常把年轻的盘星称为星族Ⅰ，而把晕星称为星族Ⅱ。两个星族的想法最早出现在20世纪40年代，也就是人们第一次发现盘星与晕星的区别时。这些名字是过于简单化的，因为实际上在银河系中，恒星的年龄是连续变化的，不应把恒星简单地分成两个完全不同的"年轻"和"年老"的类别。不过，这已经成为广泛使用的专业术语了。

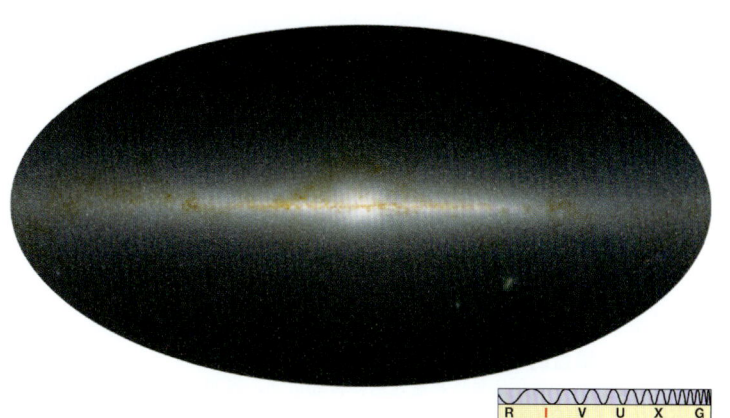

▶ 互动图1.11 **银河系的红外图像**
2μm全天巡天观测到的银河系盘与核球的广角红外图像。与图1.3（b）比较。［马萨诸塞大学（UMass）/加州理工学院（Caltech）］

轨道运动

现在让我们把注意力转到银河系的<u>动力学</u>——也就是银河系包含的恒星、尘埃与气体的运动。银河系成员的内部运动是否是无序和随机的？或者是一个巨型"交通场景"的一部分？答案取决于我们的视角。我们在小尺度（太阳附近几十秒差距以内）上看到的恒星和云团的运动似乎是随机的，但是大尺度（成千上万秒差距）上的运动却更加规则有序。

当我们从不同的方向看银盘时，会发现一种清晰的运动模式（见图1.12）。图中右上和左下来自于恒星和星际气体云的辐射基本上是<u>蓝移</u>的。与此同时，左上与右下的恒星和气体的辐射则是<u>红移</u>的。换句话说，银河系中有些区域（蓝移方向）是朝向太阳运动的，而另外一些区域（红移方向）则是远离我们的。

对太阳近邻恒星和气体云的位置和速度的研究得到了两个关于银盘运动的重要结论。

第一，整个银盘在<u>旋转</u>——恒星、气体和尘埃几乎都在绕着银心做圆周运动，其轨道受到银河系引力场的控制。太阳邻域的轨道速度大约是220km/s。因此，在距离银心8kpc的太阳位置处的物质需要花上2亿2500万年（这个时间间隔有时被称为1<u>银河年</u>）才能完成一周的绕转。

第二，银河系的自转周期取决于相对于银心的距离，距离越近，周期越短；反之越长。也就是说，银盘的旋转不是刚体的，而是<u>较差的</u>。依巴谷卫星对太阳邻域数百pc以内的恒星进行了精确的测量，这对测量银河系的这些重要性质具有特殊的价值。在仙女星系和许多其他旋涡星系中还观测到了相似的较差自转。

这张相对银心进行有序圆周运动的图只对银盘适用——银晕和核球中的恒星并不那么守规矩。银晕中年老的球状星团和银晕以及核球中暗弱偏红的独立恒星<u>并不</u>遵守银盘中定义明确的运动模式。相反，它们的轨道方向在很大程度上是随机的[⊖]。尽管这些天体围绕银心运动，但是运动方向各异，运动轨迹充满了整个<u>三维空间</u>，而不是一个近似的二维<u>盘</u>。

图1.13将核球和晕星的运动与银盘恒星更加规则有序运动进行了对比。在距离银心任意距离的位置，核球或者银晕的恒星的运动速度与相同半径的盘星的旋转速度相当，只是朝向<u>各个</u>方向而不是单一方向。它们的轨道会反复穿过银盘面。（因为相对于单颗恒星的直径，星际距离太大，因此它们不会与盘星相撞——一颗恒星甚至一个星团穿过银盘时就好像银盘根本不存在——见3.2节）。太阳近邻的一些著名的恒星——例如，明亮的巨星大角星——实际上就是"恰好路过"银盘的晕星，轨道带着它们远离银盘而去。

最近，天文学家在银晕中发现了无数的<u>潮汐流</u>——这些成群的恒星被认为是球状星团甚至是小卫星星系被银河系的潮汐场撕裂后的遗迹（见2.1节）。就像彗星消失后，微流星体沿着被瓦解的母彗星的轨道涌入太阳系一样，潮汐流里的恒星在其母星团或者母星系原来的轨道周围分散开来。我们将在第3章更详细地讨论相关过程。

表1.1比较了银河系三个基本成分的部分关键特性。

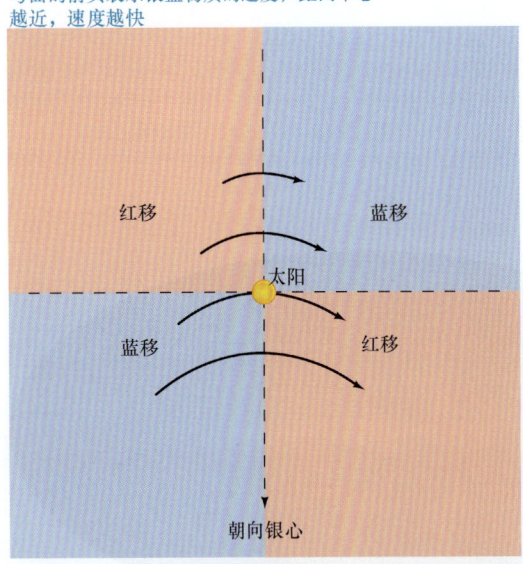

弯曲的箭头表示银盘物质的速度，距离中心越近，速度越快

▲图1.12 **银盘的轨道运动**
太阳近邻的恒星和星际云呈现系统性的多普勒运动，表明银盘是按照某种特定的方式自转的。这四个银河系象限是以太阳而不是银心为参照点划分的，这主要是由观测地点决定的。因为太阳的轨道速度位于更大半径的恒星和气体要快，因此它的运动方向远离左上的物质，而接近右上，就导致了上面所说的多普勒移动。同样，左下象限的恒星与气体在朝向我们运动，而右下则在远离。

⊖ 事实上，晕星也存在围绕银心的整体旋转，但是它们的旋转成分被更大的随机运动成分给淹没了。核球恒星的运动也存在一个旋转成分，而且比晕星的要大，但相对核球，恒星运动的随机成分还是比较小的。

表1.1 银盘、银晕及核球的特性概览

银 盘	银 晕	核 球
高度扁平	接近球状——轻微扁平	有些扁平，在银盘面内被拉长（"橄榄球形状"）
包含年轻和年老的恒星	只包含年老恒星	包含年轻和年老恒星；距离银心越远，年老恒星越多
包含气体和尘埃	不含气体和尘埃	包含气体和尘埃，尤其是在内部区域
持续恒星形成区	在过去100亿年里没有恒星形成	内部区域持续有恒星形成
气体和恒星在银道面内做圆周运动	恒星存在三维随机运动	恒星有随机运动，同时也有围绕银心的整体旋转
旋臂	没有明显的子结构	中心区域极有可能被拉长成棒状；中心附近存在气体和尘埃环
整体呈白色，伴有蓝色旋臂	颜色偏红	淡黄色

概念理解 检查

✓ 为什么天文学家把银河系的盘和晕看成是不同的成分？

1.4 银河系形成

是否存在演化图像能够自然地解释我们今天看到的银河系结构呢？答案是肯定的。而且它能够将我们带回到100多亿年前的银河系诞生之初。虽然不是所有的天文学家都认同演化中的全部细节，但是整体图像已经得到了广泛认可。为了简化，我们在这里把讨论内容限制在银盘和银晕上；在很多方面，核球的性质都介于这两种极端状态之间。图1.14阐释了目前关于银河系演化的观点，起点是一团收缩的原星系气体云。

当第一代银河系恒星以及球状星团形成时，银河系内的气体还没有堆积成盘。相反，它弥漫在一个不规则且非常延展的空间区域内，在各个方向的跨度都达到几十kpc，如图1.14（b）所示。当第一代恒星形成时，这些恒星分布在整个空间中。今天，它们的分布（银晕）就反映了这一点——也就对应着它们诞生时的印记。许多天文学家认为，在一些的更小的系统内，更早地形成了最早一代的恒星，而这些系统后来就并合形成了银河系，如图1.14（a）所示。许多恒星很可能都是在并合过程中，随着星际气体云的碰撞和坍缩而诞生的。无论细节如何，任意一种机制产生的银晕在今天看起来都差不多。

从演化早期开始，自转使得银河系内的气体变得扁平并形成一个相对较薄的盘，如图1.14（c）所示。从物理上来说，这个过程与太阳星云在太阳系形成时的扁平过程相似，只是发生在一个相对极大的尺度上。银晕中的恒星形成在数十亿年前就停止了，那时的原初物质——气体和尘埃冷却并掉落到银盘上。银盘上持续的恒星形成使它呈现蓝色的光泽，但是银晕中生命短暂的明亮蓝星早已熄灭，只剩下寿命较长的红色恒星使银晕呈现出典型的粉色光晕。银晕非常古老，而银盘却充满年轻的活

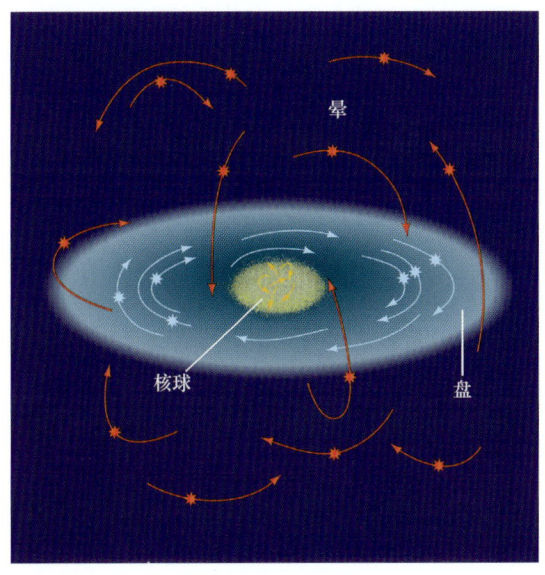

▲ 互动图1.13 **银河系的恒星轨道**
银盘内的恒星（蓝色曲线）围绕银心做有序的圆周运动。相反，晕星（橙色曲线）则围绕中心做随机运动。典型的晕星轨道会到达银盘以上很高的位置，经过银盘面从另一侧穿出，并远离银盘运动。核球恒星的轨道性质介于盘星与晕星之间。

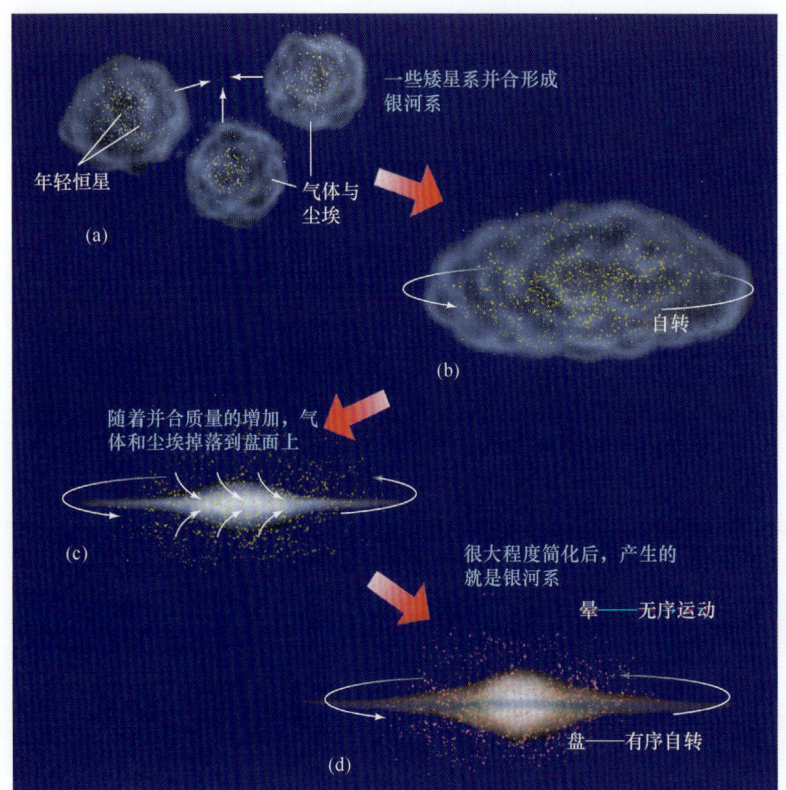

图1.14 银河系的形成
(a)银河系可能是由几个较小的系统并合形成的。(b)早期，银河系的形状不规则，气体遍布整个体积中。当恒星在这一阶段形成时，它们的运动轨道将其带入一个绕转新生银河系的三维空间中。(c)那时，气体和尘埃掉落到银道面上，从而形成旋转的盘。已经形成的恒星则被留在银晕中。(d)在盘上形成的新恒星继承了它的整体自转，因此会围绕银心做有序的圆周运动。

力。包含中等年龄恒星的厚盘也许能代表，当气体仍然在逐渐形成扁平盘面的过程中，恒星形成的一个中间阶段。

最近关于银盘恒星组成的研究表明，银晕气体的掉落直到今天还在继续。目前，最好的恒星形成和恒星核合成的模型预言，除非银盘中的气体仍然在被来自于银晕的、相对尚未演化的气体，以每年5~10倍太阳质量的速度"稀释"，否则盘星中重元素的比例应该比实际观测到的要高。看似并没有多少质量，但是经过数十亿年的积累，实际上已经累积占据了银盘总质量中的相当显著的比例。（见1.6节）

这一理论同时也揭示了晕星的随机运动与盘星更加有序的运动［见图1.14（d）］。当银晕形成时，形状不规则的银河系只是在做非常缓慢的自转，因此不存在物质集中运动的方向。所以，晕星在形成之时（或者它们的母系统并合时）能够自由地在几乎任意的方向上运动，导致我们今天所看到的银晕的随机运动。但是，在银盘形成之后，在它的气体和尘埃中形成的恒星继承了它的自转运动，因而会沿着明确的圆轨道运动。而厚盘的轨道性质则再次印证了当它们形成时，仍然有气体在掉落银盘面。

原则上，银河系的结构能够印证形成这个星系的条件，但是实际上，我们的生存系统的复杂性以及这一系统形成后多种竞争性物理过程对其观测外观的改变，都为解释观测增加了难度。因此，我们对银河系的早期演化阶段仍然知之甚少。我们将在第2章和3章回到星系形成这一课题。

概念理解 检查

✓ 为什么没有年轻的晕星？

1.5 银河系的旋臂

如果我们想要看到近邻空间之外，并全面地研究银盘，就不能只依靠光学观测，因为星际吸收会严重限制我们的视野。20世纪50年代，天文学家发明了一种非常重要的工具来探究银河系内气体的分布：分光射电天文学。

银河系的射电图

观测银河系星际气体的关键手段是21厘米射电发射线，这种发射线是由原子氢和分子云复合体中形成的许多射电分子谱线产生的。长波段射电波基本上不受星际尘埃的影响，因此它们几乎能够畅通无阻地穿过银盘，使我们"看到"更远的距离。因为氢是目前为止星际空间中丰度最高的元素，所以21厘米信号的强度足以观测到大部分的银盘。观测包括一氧化碳在内的"示踪体"分子的谱线，能够用于研究最致密星际云的分布。

早些时候，我们提到过观测太阳附近数百秒差距内的恒星，使天文学家能够测量银河系内太阳邻域的自转速度。如图1.15所示，为了探测更远的距离，天文学家通常会利用射电观测（这里以21厘米辐射为例），因为长波段射电波几乎不受星际尘埃的影响，从而能够用来研究整个银盘的本质。

然而，发射射电辐射的云团的距离很难确定。为了确定云团在盘上的位置，天文学家利用所有可能的数据，并结合牛顿力学的知识，构造了一个银盘内恒星和气体自转的数学模型。假定为圆轨道，通过这一模型就能够将测得的视向速度转化为视线方向上的距离。与天文学许多其他领域一样，理论与观测相辅相成：数据限制理论模型，而模型反过来为进一步解释观测提供了理论框架。

射电天文学家把观测与银河系模型相结合，将测量结果转换成沿视线方向气体分布的具体信息。考虑到1.3节提到的较差自转，测量得到的云团速度取决于它与太阳之间的距离（见图1.15），而银河系模型则将这两者联系了起来。此外，观测信号的强度也是测量云团气体密度的一种手段——更致密的云团包含更多的气体，从而发出更多的辐射。因此，已知方向、距离和密度，天文学家就可以利用沿不同视线方向的观测数据来描绘银河系的射电辐射气体。

旋涡结构

在大尺度上，银盘内的星际气体呈现出有组织的模式。在中心区域，银盘气体在核球内部显著膨胀。已经在距离银心至少50kpc的地方观测到射电发射气体。在银盘内大约20kpc的范围内，气体被束缚在距离银盘面大约100pc的空间内。在这个距离之外，气体的

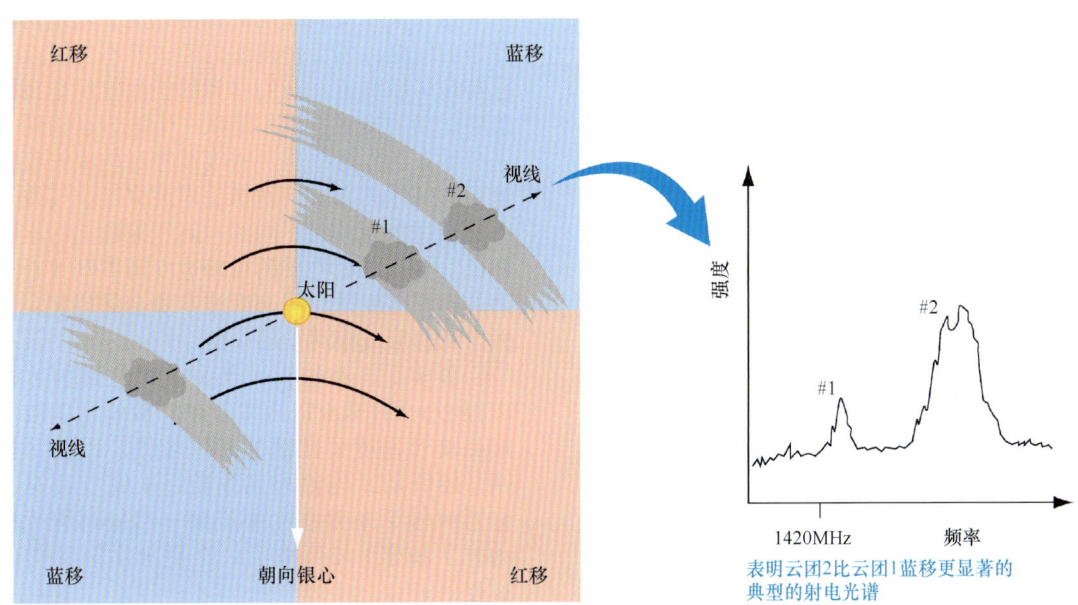

表明云团2比云团1蓝移更显著的典型的射电光谱

▲图1.15　银盘中的气体
因为银盘在较差自转（内部转动比外部快），所以来自视线方向上不同的氢物质团的21厘米射电信号会存在不同的多普勒频移量。在多个不同方向的重复观测可以让天文学家了解银河系中气体的分布。

互动图1.16　银河系的旋涡结构
这幅银河系的假想图展示了银盘的旋涡结构。它是以过去几十年的许多天文学团队的观测数据为基础的，包括恒星、气体和尘埃的射电及红外图。从银盘面以上 100kpc的视角出发，是观察旋臂最好的位置。很显然，旋臂是从一个长度比宽度大两倍的棒状结构中延伸出来的。所有的物体都是按比例绘制的（除了接近顶端代表太阳的黄点被放大之外）。左侧的两个小斑点是被称为麦哲伦云的矮星系，我们会在第2章介绍它们。〔改编自喷气推进实验室（JPL）〕

分布有些弥散，达到几kpc的厚度，并且呈现出一定程度的被"扭曲"的迹象，这可能是因为一对近邻星系的引力影响（在第2章中将讨论；同时参见图1.16）。

射电波段研究可能提供了我们生活在一个旋涡星系里的最有力的直接证据。图1.16是从银盘上方远处看到的银河系外观的艺术想象图（基于观测数据）。这幅图清晰地展示了**银河系旋臂**，风车状结构始于核球并延伸到银盘外部。太阳位于这些缠绕着大部分银盘的旋臂中的一条的边缘。顺便提一下图1.9、图1.10和图1.16的尺度标识：银河系球状星团分布（见图1.9）、银盘的亮星成分（见图1.10）以及已知旋臂结构（见图1.16）的直径大体<u>相同</u>——大约为30kpc。这是在宇宙中观测到的相当典型的旋涡星系尺度。

旋臂的幸存

银河系旋臂的构成绝不仅仅是星际气体和尘埃。对太阳附近1kpc左右的银盘研究表明，年轻恒星和原恒星——发射星云、O型和B型星，以及最近形成的疏散星团——也都分布在与星际云分布紧密相关的旋涡结构中，这显然可以推断，旋臂是银盘的一部分，在这里发生了恒星形成。前面列出的几类明亮的年轻恒星是能够很容易看到远处其他星系旋臂的主要原因，如图1.3（a）所示。

理解旋涡结构的一个核心问题是如何解释这一结构持续了这么长的时间。基本问题很简单：较差自转使得任何"绑"在银盘物质上的大尺度结构都不可能幸存。图1.17展示了由同样一组恒星与气体晕组成的旋涡结构必然会在几亿年的时间里消失。那么，为什么尽管存在较差自转，银河系的旋臂仍然能在这么长的时间内保持其结构呢？

关于旋臂存在的一个主要解释是认为它们是**旋涡密度波**——螺旋形的气压波在银盘中运动，并且在运动过程中挤压星际气体云并触发了恒星的形成过程。我们所看到的旋臂被定义为由密度波产生的比普通气体云更致密的云团，以及旋臂波通道上所形成的新生恒星。

这一关于旋涡结构的解释避免了较差自转带来的问题，因为密度波的模式并不与银盘任意特定区域绑定。我们看到的旋涡仅仅是在银盘中运动的模式，而不是从一个地方运输到另一个地方的大量物质。密度波穿过构成银盘的恒星和气体的方式，就像是声波穿过空气或是海浪穿过水面，在不同的时间压缩盘上的不同部位。尽管银盘物质的自转速度随着到银心距离的不同而变化，但密度波本身会保持其完整性，从而形成银河系的旋臂。

事实上，在银盘大部分可见区域内（距离银心大约15kpc以内），预计旋臂密度波模式的旋转速度要比恒星和气体<u>慢</u>。因此，如图1.18所示，当银河系物质赶上密度波时，会暂时慢下来并在途中压缩，然后再继续运动。（探索1-2列举了一个更加实际的类似过程。）

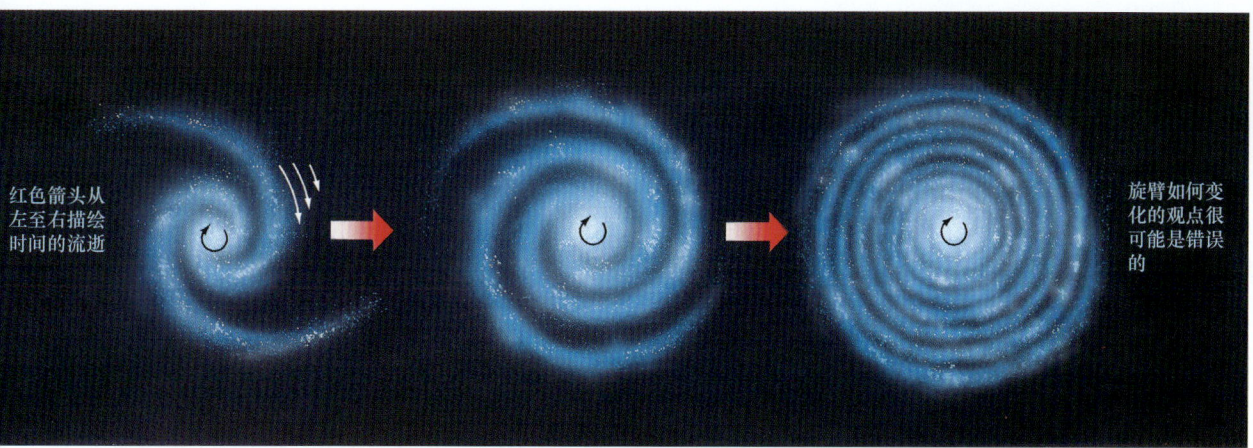

互动图1.17 银河系的较差自转
银河系的盘以较差方式自转,图中白色小箭头表示银盘的角速度。如果旋臂与银盘物质以某种方式绑定,这种不均匀的自转就会使旋涡模式结束,并在数亿年的时间内消失。旋臂的寿命因太短而无法解释今天观测到的旋涡星系的数目。

随着物质从后面进入密度波,气体受到压缩并形成恒星。尘埃带标志着密度最高的气体区域。最突出的恒星——明亮的O型和B型蓝巨星寿命非常短,因此年轻的星协、发射星云以及包含长主序的疏散星团只能在旋臂中被观测到,也就是它们的诞生地,正好位于尘埃带前方。这些年轻系统的亮度强调了旋涡结构。顺流而下,在旋臂的前方,我们主要能看到较为年老的恒星与星团。这些天体有足够长的时间在形成之后向密度波外部运动并挣脱出来。经过数百万年的时间,它们的随机运动加上围绕银心的整体自转,扭曲并最终瓦解了它们原初的旋涡形态,成为普通盘星的一部分。

顺便注意一下,虽然图1.18所示的旋涡各存在两条旋臂,但天文学家并不确定银河系的旋涡结构究竟是由几条旋臂构成的(见图1.16)。理论并没有在这一点上给出有力的预言。

互动图1.18 旋涡密度波
密度波理论认为,在银河系及许多其他星系中看到的旋臂是在银盘物质中运动的气体压缩和恒星形成的波。气体从旋臂后方进入,受到压缩并形成恒星。尘埃带、高密度气体区域和新形成的O、B型星勾画出旋涡的模式。右边的插入图展示了旋涡星系NGC1566,它具有许多前文所描述的特征。[美国大学天文联盟(AURA)]

探索1-2

密度波

20世纪60年代,美国天体物理学家C.C.林和徐遐生提出了一种方式,使银河系旋臂能在多次银河系自转后保持下来。他们认为旋臂本身并不包含"永恒的"物质,因此也不应该被视为整体穿过银盘的恒星、气体和尘埃的集合体——这样的集合很容易会被较差自转摧毁。相反,应当把旋臂假定为密度波——一种横扫过银河系的波的压缩和膨胀。

水中的波会在一些地方暂时堆积物质(波峰),同时在另一些地方降低(波谷)。尽管组成波峰和波谷的水不会随波运动,但波动模式却得以在水中传播。类似地,当旋涡密度波遇到星系物质时,气体被压缩并形成密度稍高的区域。当星系物质遇到密度波,就会在波经过时暂时地减速并被压缩,随后继续运动。压缩会触发新的恒星与星云的形成。以这种方式,旋臂重复地形成再形成,但不会完全消失。C.C.林和徐遐生表示,这个过程实际上可以使旋涡模式保持很长一段时间。

结果就是在不同时间、银盘上的不同位置,存在一个恒星和气体高密度的运动区域。同时值得注意的是,就像银河系一样,密度波的运动要比整体的交通流要更慢,而且完全无关。

我们可以进一步地扩展交通的类比。大部分司机都很清楚,即使施工队在夜间停止工作、回家之后,对交通的滞留影响仍然会持续很久。相似地,在产生密度波的扰动减退之后,旋涡密度波仍然会在盘内继续运动。根据旋涡密度波理论,这与银河系中发生的情况完全一样。一些过去的扰动产生了密度波,而密度波此后会持续在银盘中运动。

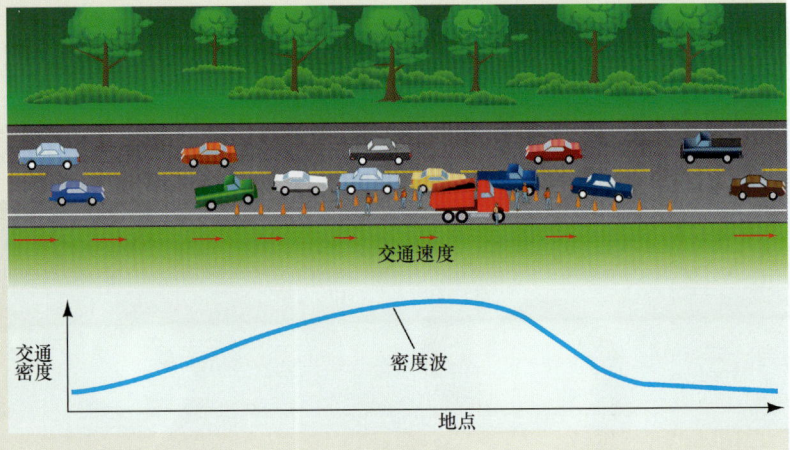

附图以一种更加熟悉的方式说明了密度波的形成:一队维修人员的缓慢行驶造成高速路上的交通堵塞。当汽车接近维修队时会短时间减速。当经过施工地点后再次加速并继续前进。结果就会像一架在高空飞行的监控直升机看到的那样,一个交通高密度区存在于维修队施工地点附近并随着施工地点移动。但是,在路边的观察者会看到堵塞地点的车一直在变化。汽车不断追上交通瓶颈,缓慢地通过,然后再次加速,随后被后面到达的车辆所替代。

交通堵塞与银河系旋臂中恒星的高密度区域相似。就像交通密度波并未与某一批特定车辆联系在一起一样,旋臂也不附属于某一块特定的银盘物质。恒星和气体进入一条旋臂,出现一段时间的减速,然后继续沿着围绕银心的轨道运动。

另一种可能是恒星的形成驱动了密度波,而不是后者驱动前者。想象在银盘某处存在一排新形成的大质量恒星。这些恒星形成时产生发射星云,它们死亡时产生超新星,并将激波发散到周围气体中,从而触发新的恒星形成。因此,如图1.19(a)所示,一组恒星的形成提供了另一些恒星的形成机制。计算机模拟表明,以这种方式产生的恒星形成波有可能显现出部分旋涡的形态,并且能将其模式保持一段时间。这一过程有时也被称为**自传播恒星形成**。但这个过程只能产生在部分星系中看到的旋涡碎片(图1.19b)。显然不能产生在其他星系和银河系中看到的星系尺度的旋臂。很可能是多个过程的作用产生了我们所看到的壮观旋涡。

同样，时间从左至右沿流逝，产生一代又一代新的恒星

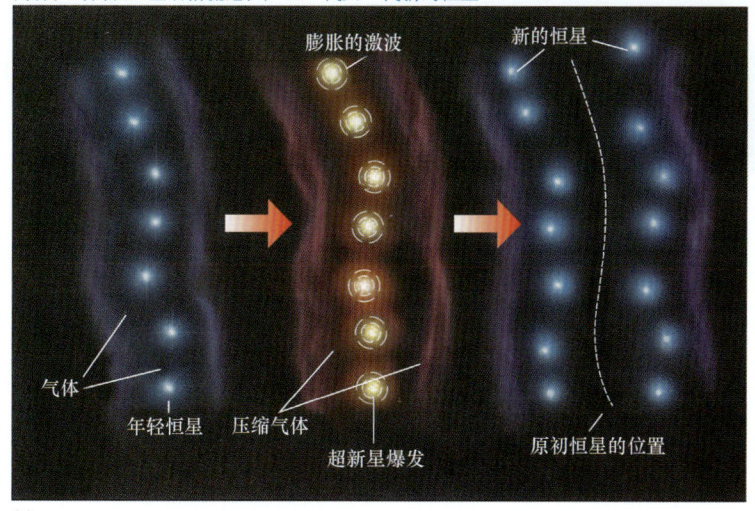

▲图1.19　自传播恒星形成
（a）按照这种旋臂形成理论，一组恒星的形成及后期演化产生的激波触发新一轮的恒星形成。这里利用超新星爆发来说明问题，但发射星云和行星状星云的形成同样重要。（b）这一过程很可能产生了一些星系中的旋臂，如图中真彩色展示的星系NGC4314中看到的部分旋臂。[R. 根德勒（R. Gendler）]

旋涡结构的起源

一个重要的问题（很不幸，不能被前文描述的两种理论解释）是这些旋涡从何而来？是什么产生了最初的密度波，抑或是产生了以演化驱动旋臂的新生恒星？科学家猜测是：①卫星星系（麦哲伦云，将在第2章中探讨）的引力作用，②核球附近气体的不稳定性，或是③核球本身棒状的不对称性可能会对盘产生足够的影响以至于产生这样的过程。

越来越多的证据支持第一种可能性，因为许多其他的旋涡星系在不太遥远的过去似乎都受到了近邻系统的引力相互作用（见第2章）。然而，许多天文学家仍然认为另外两种推断具有相同的可能性。例如，他们指出存在孤立的旋涡，其结构显然不可能是外部相互作用的结果。事实上我们仍然不确定星系——包括银河系究竟是如何拥有如此美丽的旋臂的。

概念理解　检查

✓ 为什么不能简单地认为旋臂是环绕银心运动的气体和年轻恒星？

1.6　银河系的质量

我们可以通过研究银盘内气体云和恒星的运动来测量银河系的质量。回顾牛顿引力定律（开普勒第三定律的修订形式）将互相绕转的两个物体的周期、轨道大小和质量联系起来：

$$总质量(太阳质量) = \frac{轨道半径(AU)^3}{轨道周期(年)^2}$$

正如我们在前面看到的，太阳与银心的距离大约为8kpc，而太阳的轨道周期为2亿2500万年。将这些数字代入上述公式，我们得到的质量为$(8000 \times 206\,000)^3 / (225\,000\,000)^2$，将近$9 \times 10^{10}$太阳质量——太阳质量的900亿倍！

但我们刚才测量是什么质量？如果我们将类似的计算应用在绕转太阳的行星上，那么就不存在歧义：计算的结果就是太阳的质量。但是，银河系的质量并不集中在银心（不像太阳的质量集中在太阳系的中心）；相反，银河系物质分布在一个很大的空间里。其中一些位于太阳的轨道内（也就是距离银心8kpc以内）。究竟有多大比例的银河系质量控制着太阳的轨道呢？300年前，艾萨克·牛顿回答了这个问题：太阳的轨道周期是由位于太阳轨道内的那部分银河系决定的（见图1.20）。这就是上述公式计算出来的质量。

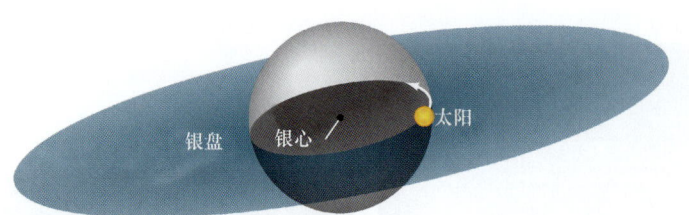

▲ **图1.20　为银河系称重**
围绕银心运动的恒星或气体云的轨道速度仅仅是由轨道内部（灰色阴影球内部）的银河系质量决定的。因此，为了测量银河系的总质量，我们必须观测距离银心更远的天体。

银河系的自转

太阳围绕银心的运动告诉我们，位于太阳轨道内的银河系的总质量约为900亿个太阳质量，但却没能告诉我们太阳轨道之外的质量——距离中心8kpc以外的质量。如果要确定更大尺度的银河系质量，我们必须测量距离银心较远的恒星和气体的轨道运动。天文学家发现，完成这项任务最有效的方法就是对银盘上的气体进行射电波段的观测，因为射电波相对而言不会受到星际吸收的影响，因此可以让我们探测到太阳轨道之外更远的距离。在这些研究的基础上，射电天文学家确定了到银心不同距离的银河系的自转速度。因此得到旋转速度与到中心距离的关系图（见图1.21），图中的曲线被称为银河系的**自转曲线**。

获得了银河系的自转曲线之后，我们就可以重复前面对银心任意距离内总质量的计算。例如，我们发现了距离银心15kpc以内的质量——球状星团和已知旋涡结构确定的尺度——大约是2×10^{11}倍太阳质量，大约是太阳轨道内质量的两倍。银河系的物质分布是否在光度骤减的15kpc外存在"截断"呢？答案出人意料地是"不"。

牛顿运动定律预言，银河系所有的质量都在可见结构的边缘以内，而15kpc以外的恒星和气体的轨道速度会随着到银心距离的增加而减小，就像距离太阳越远的行星的轨道速度会减小一样。图1.21中的虚线表明这种情况下应该看到的自转曲线，但真实的自转曲线却截然不同：不但没有在较大距离处减少，反而呈现轻微的上

升，一直延伸到测量极限。这种轻微的上升表明，在太阳轨道之外，逐渐增大的半径范围内包含的总质量也在继续增加，明显能够持续到至少40kpc或50kpc的距离处。

根据这一节开始时列出的方程，40kpc以内的质量大约为6×10^{11}倍太阳质量。既然距离银心15kpc以内的质量是2×10^{11}倍太阳质量，那么我们可以推断在银河系发光的部分——恒星、星团和旋臂组成的部分*之外*，还存在至少比内部大两倍的质量！

暗物质

以这些银河系自转曲线的观测为基础，现代天文学家认为，银河系的发光部分——由球状星团和旋臂描绘的部分，仅仅是"银河系的冰山一角"，银河系实际上要大得多。这个可见光区域被一个延展的不可见**暗晕**包围着，这个暗晕让包含恒星与球状星团的内晕相形见绌，同时也延伸到曾经被认为是银河系边界的15kpc以外非常遥远的区域。但这一暗晕是由什么组成的？我们所探测到的恒星或者星际物质不足以解释计算所得到的那么多质量。显而易见，我们只能得到这样的结论：银河系中的大部分质量是以不可见的**暗物质**形式存在的，而目前我们还无法理解这种物质。

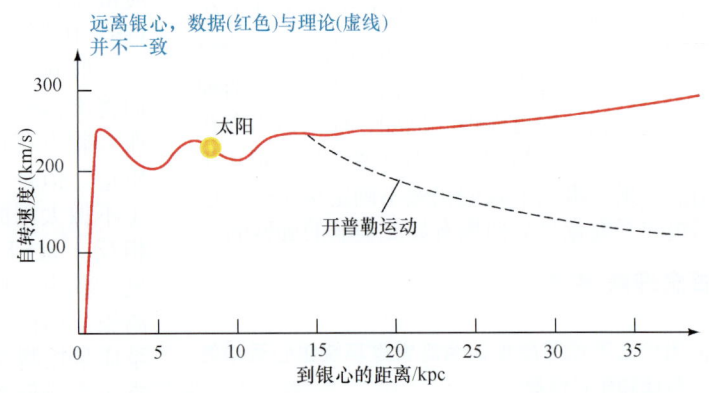

▲ **图1.21　银河系的自转曲线**
银河系自转曲线就是将自转速度与银心距离在图中进行比较。如果银河系在大部分已知旋涡结构边界的15kpc处突然"中断"，那么对应的自转曲线应如虚线所示。事实上，红色曲线并不符合这条虚线，而是在这条虚线上方，表明在这一半径之外必然存在其他看不见的物质。

值得一提的是，即使是银河系的"可见"部分也包含大量的暗物质。通过直接测量恒星光度以及星际介质的射电辐射，可以估算出距离银心15kpc以内的恒星和气体的总质量大约是6×10^{10}倍太阳质量。其中大部分的质量都分布在银盘中。将这一质量与利用银河系自转曲线推算的结果相比较，我们可以看到，即使在这一可见区域，暗物质仍然占据了银河系总质量的三分之二。

这里的术语dark（暗）并不仅仅指代在可见光波段不可探测的物质：（到目前为止）这种物质逃过了从射电波段到伽马射线所有波段的探测。我们只能通过它的引力作用才能知道其存在。暗物质不是氢气（原子或分子），也不是由普通恒星组成的。考虑到它必须占据的总质量，如果这种物质是以上述任意一种方式存在的话，那我们早就应该探测到了。其本质和对星系及宇宙演化的影响是当今天文学最重要的问题之一。

科学家们提出了许多此类暗物质的候选体，尽管无一得到证实。恒星质量大小的黑洞可能提供一些不可见的质量，但考虑到它们是（相对稀少的）大质量恒星演化的产物，因此不大可能有足够多的此类天体隐藏有如此大量的银河系物质。目前，最有力的"恒星类"竞争者是褐矮星——从未到达核心核燃烧阶段的低质量原恒星天体——白矮星和暗弱、低质量的红矮星。用专业术语来说，这些天体被统一称为晕族大质量致密天体，或者简称为MACHOs。原则上，它们大量存在于银河系中，但因它们非常暗弱而极难观测到。

哈勃太空望远镜观测到的球状星团似乎并不支持第三种晕族大质量致密天体的可能性。图1.22展示了一幅哈勃拍摄的相对较近的球状星团的图像——它的距离非常近，如果其中存在非常暗弱的红矮星，我们就能够探测到。哈勃数据表明，在0.2太阳质量处存在截断，质量低于这一数值的恒星数量比此前预想的要少得多。由此可见，至少在银晕中，极低质量的恒星非常罕见。

一种完全不同的可能性是，暗物质是由弥漫整个宇宙空间的奇异亚原子粒子组成的。为了解释暗物质的性质，这些粒子必须具有质量（才能产生观测到的引力效应），但同时又几乎不和"普通"物质发生相互作用（否则我们就能够看到它们）。满足上述要求的一类候选粒子被称为弱相互作用大质量粒子，或者WIMPs。许多天体物理学家认为，这种"暗物质粒子"可能是在宇宙极早期大量形成的。如果有足够数量的此类粒子存活到今天，就有可能解释所有存在的暗物质。我们将在第5章详细讨论这种可能性及其深远意义。但是，由于探测难度非常大，所以很难验证这些观点。地面上已经开展了一些探测试验，但是至今无果。

有几位天文学家针对"暗物质难题"提出了一种截然不同的解释。他们指出，解决问题的答案也许并不在于暗物质的本质，而是需要修改牛顿引力定律，增加大尺度（星系层面的）引力，从而在根本上避免暗物质存在的必要性。需要强调的是，绝大部分科学家并不认同这种观点。但是，这种非正统答案的提出反映了目前水平的不确定性。暗物质是天文学领域至今悬而未决的谜团之一。

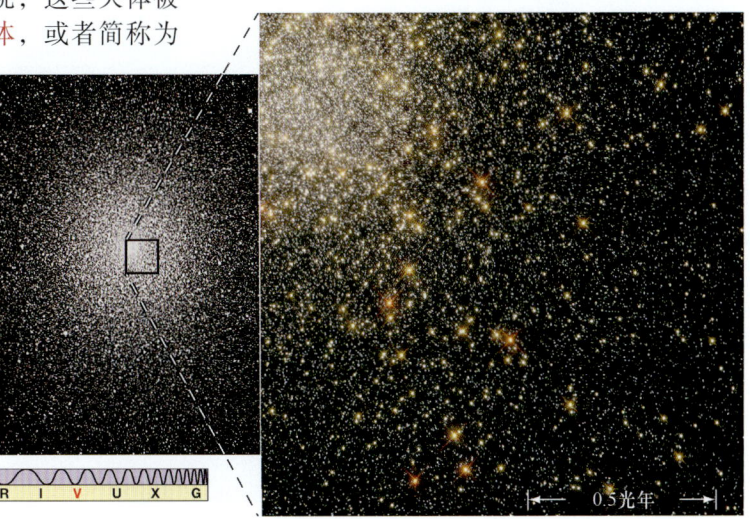

▲图1.22　失踪的红矮星

哈勃太空望远镜高灵敏度的可见光波段观测显然排除了暗弱红矮星作为暗物质候选体的可能性。这里展示的天体，球状星团杜鹃座47，是银河系中众多的搜寻区域之一。插入图是部分星团的高分辨率哈勃图像。并没有找到和预想一样的、数量足以解释银河系暗物质的红矮星。（图中显示的红色恒星是巨星。）［英澳望远镜（AAT）、美国国家航空航天局（NASA）］

搜寻恒星暗物质

阿尔伯特·爱因斯坦的广义相对论预言，一束光能够被引力场弯折，而这一点已经被近距离经过太阳的星光束所证实。最近，研究人员已经利用这一关键要素进一步了解了恒星暗物质的分布。对于掠过太阳的光线，这种效应并不明显，但是它使从地球上看到遥远而不可见的恒星天体成为可能。让我们来进行说明。

想象你正看着一颗遥远的恒星，恰好有一个暗弱的前景天体（一颗晕族大质量致密天体，例如一颗褐矮星或者白矮星）经过你的视线。如图1.23所示，中间的天体使得朝向你的光比正常情况下稍多一点，因此产生一个暂时但却非常明显的遥远天体的**增亮**。在某些方面，这种效应就像是利用透镜来汇聚光线，这一过程因而被称为**引力透镜效应**。前景天体被称为**引力透镜天体**。引力透镜过程中增亮的程度和持续的时间取决于透镜天体的质量、距离和速度。通常情况下，背景恒星的视亮度会在数周时间内增量2~5倍。因此，即使不能直接看到前景天体，它对来自背景恒星的光线的作用也会使其能够被探测到。（在第3章中，我们将看到宇宙中其他更大尺度的引力透镜的例子）。

当然，相比银河系的距离尺度来说，恒星非常小，因而从地球上看去，一颗恒星近乎直接从另一颗恒星前面经过的概率极低。但是，通过数年时间的每隔几天对成千上百万颗恒星进行观测（利用自动化望远镜以及高速计算机能减少处理如此大量数据的负担），天文学家已经观测到了足够多的这类现象，并能够估计银晕中的恒星级暗物质量。这一技术代表了一种探究银河系结构的振奋人心的新方法。观测结果与小质量白矮星透镜的结果一致，表明这类恒星可以解释相当一部分动力学研究所预言的暗物质——可能高达20%，不过显然**不是**全部。

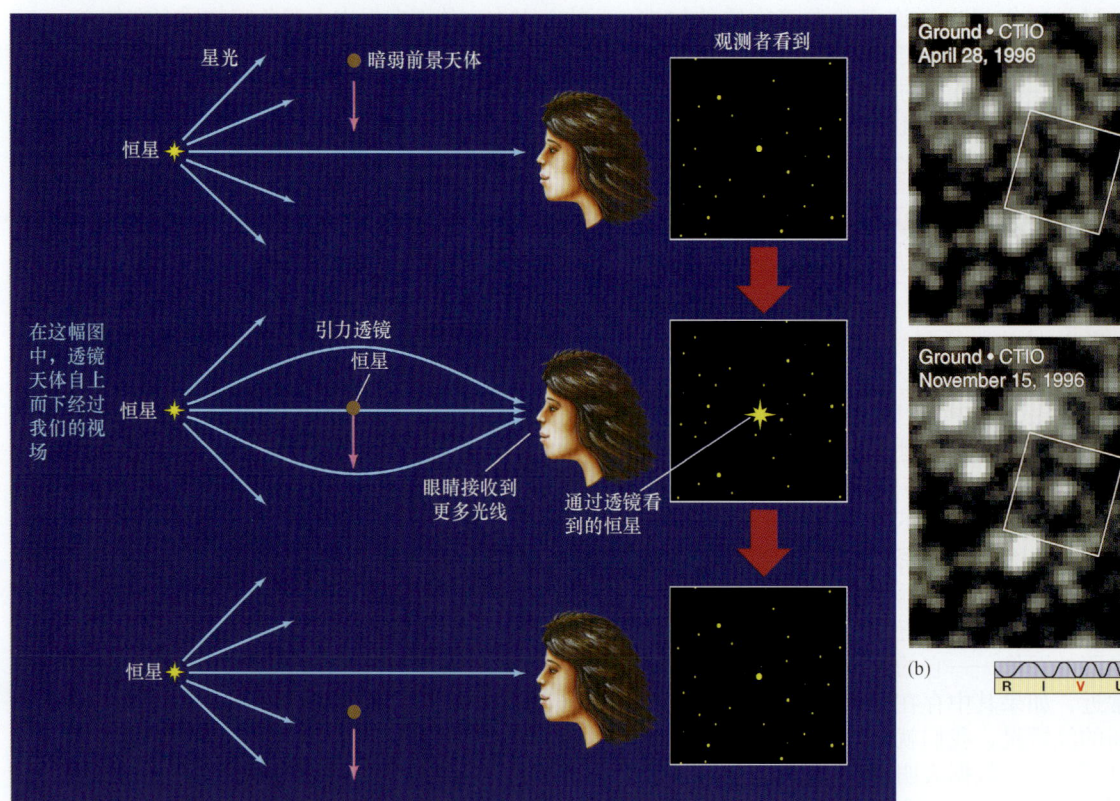

▲图1.23 引力透镜
(a)暗弱前景天体（例如一颗褐矮星）的引力透镜效应能使一颗背景恒星暂时性的显著增亮，同时也提供了一种探测不可见恒星暗物质的方法。（b）这两幅图像展示了透镜现象中一颗恒星的增亮。这意味着在两幅时间间隔为6个月的图像中心的未知恒星前面，经过了一个质量很大但是不可见的天体。[美国大学天文联盟（AURA）]

尽管如此，我们需要记住，暗物质的本质并不是一个非此即彼的命题。完全可以想象，而且事实上，大部分天文学家认为很可能存在不止一种暗物质。例如，星系内部（可见区域）的大部分暗物质很有可能是褐矮星和极低质量的恒星，但更外部的暗物质可能主要是异常粒子。我们会在后续章节中回到这个谜团，我们将讨论星系形成与演化的理论，以及宇宙中暗物质是如何形成的。

科学过程理解 检查

✓ 暗物质粒子的本质尚不清楚，但是大多数科学家认为这类粒子是解决暗物质问题的最佳答案。你是如何看待科学试验方法所推出的结论的？

1.7 银河系中心

理论预测，银河系的核球应该密集地分布着几十亿颗恒星，距离银心最近的区域的密度最高。但是，我们无法看到银河系的中心区域——银盘的星际介质遮挡了这一本应十分壮观的景象。图1.24展示了我们已有的朝向银心，即人马座方向的部分银河系的光学波段图像。在这里，银盘面几乎是垂直的。

其他波段的观测使我们能够更深入地观察银河系密集的中心区域。图1.24的插图是最深处的1pc内的一幅自适应光学红外图像。它展示了一个包含大约100万颗恒星的致密中心团。此处的恒星密度比太阳附近要高1000万倍，足以使恒星之间发生频繁的近距离相遇甚至是碰撞。

在过去的20年里，通过结合射电、红外和X射线观测，天文学家得以描绘出详细且激动人心的银心图像。他们揭示了许多不同尺度的复杂结构，以及银河系核心的剧烈活动。

银河系的活动

图1.25(a)是图1.24中一部分的红外图像，图中的银道面是水平的。在这个尺度下，可以探测到来自富含尘埃的巨大云团的红外辐射。射电观测表明存在一个直径接近400pc的分子气体环，其中包含成千上万倍太阳质量的物质，并围绕银心以100km/s的速度旋转。这个环的起源并不清楚，不过研究者认为，银河系中心自转棒的引力可能将来自外部的气体偏转到中心的致密区域。

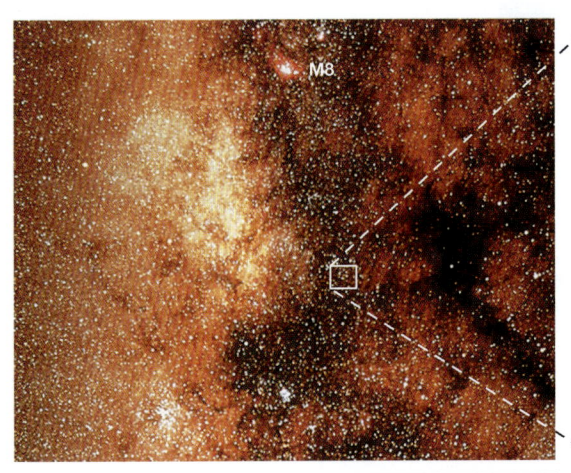

互动图1.24 银河系的中心
银心方向恒星与星际介质的照片。由于严重的消光，即便是最大的光学望远镜也无法看到我们到银心距离的十分之一之内的银心区域。为了和前面的图像联系起来，可以在图像上部的中心看到星云M8。这一视场在垂直方向大约为10°。覆盖的白框描绘出银心的位置。右侧的插入图展示了银心周围致密星团的自适应光学红外图像，双箭头表示其核心。[美国大学天文联盟（AURA）、欧洲南方天文台（ESO）]

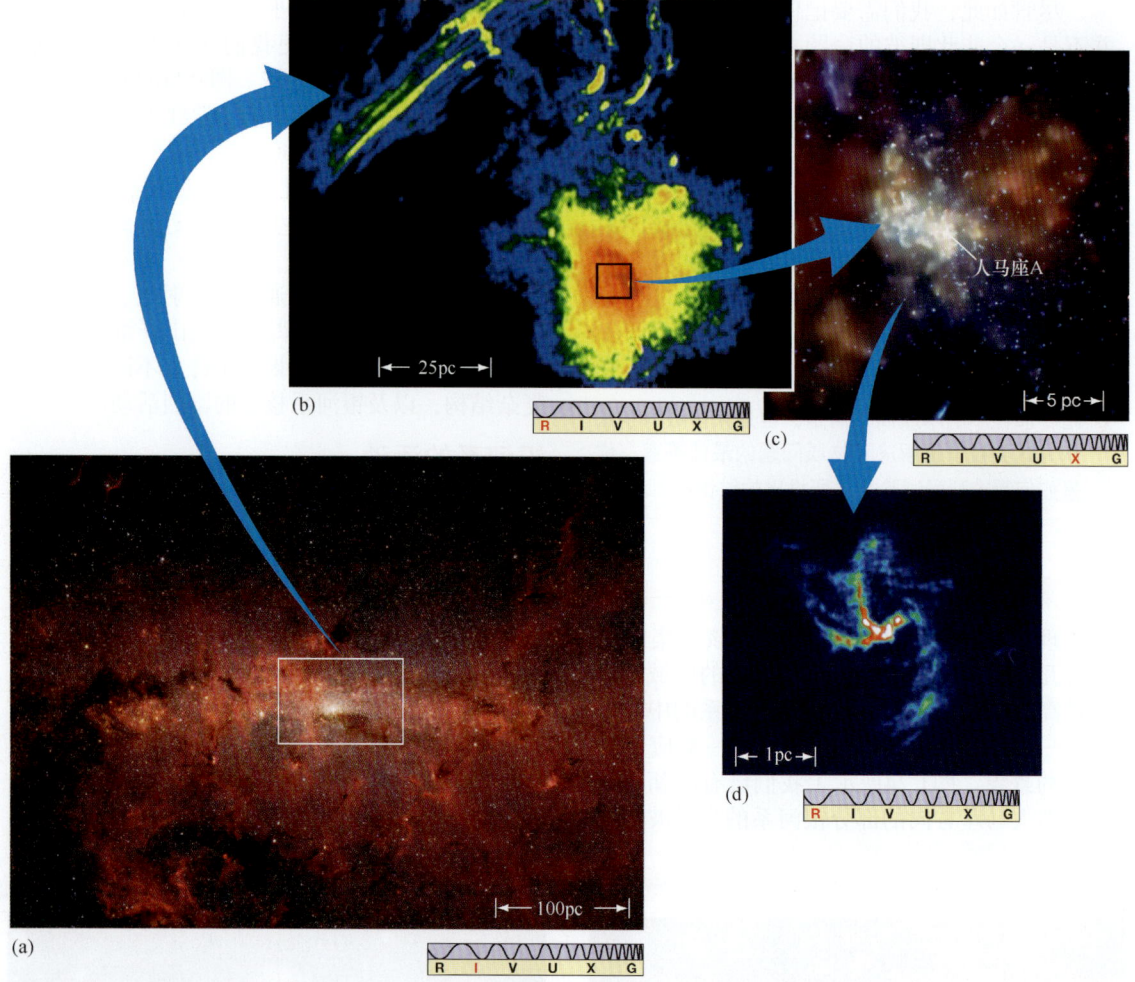

▲ 图1.25　银河系中心的特写

(a)银河系中心周围的红外图像（白色方框内）展示了在一个相对较小的空间中聚集的许多明亮恒星。在这一方框所示区域中的物质密度大约是太阳附近的100万倍。（b）从光谱射电部分观测到的银河系的中心部分，展示了银心附近100pc的区域（右下的橙黄色团块中）。长波射电发射穿过银河系的尘埃，展现了银心近邻的物质图像。（c）这幅钱德拉卫星的图像表明了，很可能是银河系中心黑洞的人马座A与一个热超新星遗迹（红色）的关系。（d）人马座A的旋涡形态的射电发射表明存在一个只有几pc的旋转物质环。所有的图像都是伪彩色的，因为它们不在可见光谱范围内。[斯必泽空间望远镜（SST）、美国国家射电天文台（NRAO）、美国国家航空航天局（NASA）]

高分辨率射电观测进一步揭示了较小尺度的结构。图1.25(b)显示了一个被称为人马座A的区域(这个名字仅仅意味着它是人马座中最亮的射电源)。它位于图1.24和图1.25（a）的中心区域，我们认为这就是银河系的中心。在大约25pc的尺度上可以看到延展的絮状结构。很多天文学家认为，这种结构的存在表明在中心附近存在强大的**磁场**，产生了与活跃的太阳上观测到的相似结构（不过大得多）

在更小的尺度上［见图1.25（c）］，**钱德拉**卫星的观测表明存在一个延展的热X射线发射气体区域，这显然与一个超新星遗迹以及许多其他明亮的X射线源相关。在这个区域中存在一个只有几pc的旋转分子气体环或者盘，物质成旋涡状朝中心运动［图1.25（d）通过射电波段再次展示］。注意，这个盘的尺度与图1.24插入图中的致密中心团相当。

是什么引起了所有的这些活动？一个重要的线索来自于中心旋转气体旋涡的红外发射线的多普勒致宽。展宽的程度表明气体的运动速度非常快。为了保持这些气体位于轨道中，无论中心是什么物质，都必然具有极大质量——超过100万倍太阳质量。考虑到需要满足大质量与小尺度的要求，其中一个有力的竞争者就是一个<u>超大质量黑洞</u>。

当然，黑洞本身并不是能量的来源。相反，被黑洞巨大引力拉过来的巨大物质吸积盘在掉落过程中释放出能量，正如我们在《今日天文——恒星：从诞生到死亡》第11章中讨论中子星与恒星级黑洞的X射线发射时所看到的一样，被认为是在物质旋转掉入过程中，吸积盘产生的强大磁场也可能起到了"粒子加速器"的作用，产生了极高能量的粒子，也就是在地球上探测到的宇宙线。20世纪90年代末，<u>康普顿伽马射线天文台</u>发现了高能粒子来源的间接证据，很可能是由视界附近的剧烈过程所产生的，它们从黑洞喷出并涌入距离银心1000pc以外的晕中。天文学家有理由怀疑类似事件也在许多其他星系中心发生。

中心黑洞

天文学家已经在银河系中心确认了一个超大质量黑洞的候选体。人马座的中心是一个名字发音很奇怪的不一般的天体，它叫作**Sgr A***（读作"saj ay star"）。根据第2章提到的活动星系的标准，这一致密的**银河系核**并非格外活跃。不过，过去20年进行的射电观测以及较近期的X射线以及伽马射线观测表明，它仍然是一个活动相当剧烈的区域。它的总能量输出（全波段）大约是10^{33}W，比太阳释放的能量高出一百多万倍。

利用位于从夏威夷到马萨诸塞州的射电望远镜进行的VLBI观测表明，Sgr A*不会比10AU大多少，而且它很有可能比这个数值还小。这个尺寸符合能量来源是一个大质量黑洞的观点。图1.26可能是至今为止最有力的支持黑洞观点的证据，它展示了银心最内层以Sgr A*为中心0.04pc（或8000AU）的高分辨率红外图像。利用凯克望远镜和其大阵先进的自适应光学技术，美国和欧洲的研究人员制作了这个区域具有史无前例衍射极限的（分辨率0.05″）图像。

令人惊叹的是，图像质量极高，以至于足以清楚地看到一些恒星的自行——围绕银心的轨道。插入图展示了其中最亮的一颗恒星——S2在10年周期里进行的一系列观测。其运动与一个围绕位于Sgr A*的大质量天体运动的轨道相符，也与牛顿运动定律一致。图中的实线展示了对于观测结果的最佳拟合，一个周期为15年、半长轴为950AU的轨道，对应（基于牛顿修改的开普勒第三定律）的中心质量大约为400万倍太阳质量。这组恒星中的另一颗（S16）的运动非常清楚地表明了中心天体的小尺寸，这颗恒星的轨道极扁，使得它距离中心在45AU以内。

其他使用自适应光学红外成像技术的观测也揭示了一个距离Sgr A*很近的亮源，其变化周期约为10min。这个源可能是围绕传说中的黑洞旋转的吸积盘上的一个热点。值得注意的是，即使具有前文提到的大质量，如果Sgr A*确实是一个黑洞，其视界的大小也仍然只有

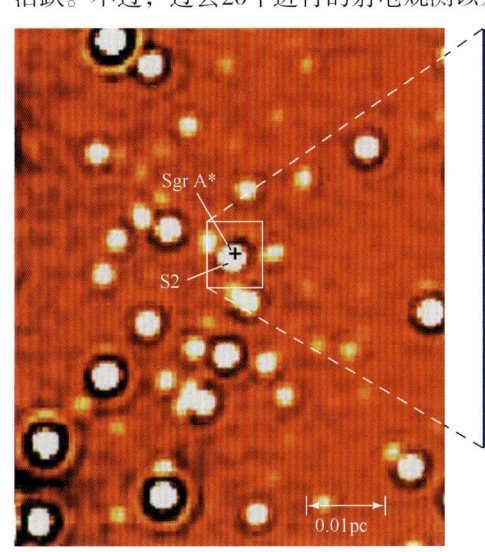
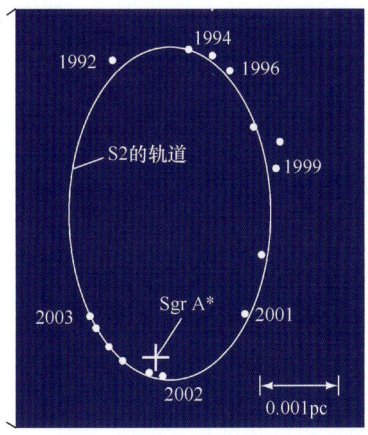

◀ **图1.26　银心附近的轨道**
这幅极近距离的银心图（左）是通过红外自适应技术拍摄的，展示的是银心最内层0.1pc的极高分辨率图像。插入图中，S2标示的是1992年到2003年间最内部恒星的运动轨道。实线表示的是对S2的最佳拟合轨道，轨道以位于人马座A的400万倍太阳质量的黑洞（十字标识）为中心。[欧洲南方天文台（ESO）]

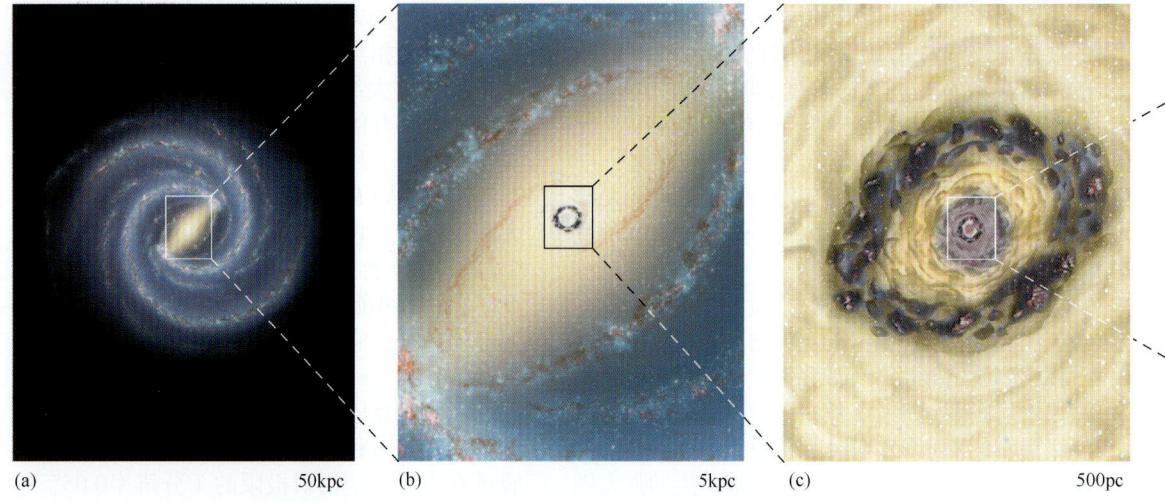

▲图1.27 银河系中心放大图
这一系列银河系中心艺术图的每一幅的分辨率都逐渐被提高10倍。图（a）展示的与图1.16相同。图（f）展示了银河系最内层0.5pc的一个巨大旋涡。图1.25中的数据与这些艺术想象并不完全相符，因为图1.25的角度平行于银盘——沿着从太阳到银心的视线方向；而这六幅图描绘的是垂直于银盘、并逐渐朝银盘放大的简化图像。[L. 蔡森（L. Chaisson）]

0.02AU。目前，8kpc以外无法分辨如此小的区域，虽然射电天文学家希望能够通过改进VLBI技术在下一个十年内"看到"视界并研究外围的吸积盘。

图1.27用简化的视角展示了这些发现。每一幅图都以银河系核心为中心，每一幅的分辨率都比上一幅高10倍。图1.27（a）展示了银河系的全景。这幅图覆盖了大约50kpc的范围。图1.27（b）的间距为5kpc，几乎被银河系棒和最内层旋臂的巨大旋涡所充满。转换到500pc的空间，图1.27（c）描绘了前文提到的400pc气体环的一部分。暗斑代表巨大的分子晕，粉色团块表示与这些云团内部恒星形成相关的发射星云。在图1.27（b）和图1.27（c）中，艺术家去掉了明亮的核球，使我们能够更好地"看到"中心区域。

在图1.27（d）中50pc处，存在一个粉色（稀薄温暖）的电离气体区域围绕着红色（更致密、更温暖）的银心，大致对应图1.25（b）和图1.25（c）中的图像。产生这个巨大电离区域的能量来源于频繁的超新星和其他位于银心的剧烈活动现象。近期的多波段观测表明，这些剧烈活动将巨大（长达10kpc）的高能粒子磁化喷流沿着大致与银盘垂直的方向吹

出银心。喷流携带的总能量比一颗普通超新星要高出100万倍。在图1.27（d）中也展示了大量年轻致密的星团，也是银心附近近期恒星形成爆发的证据。

图1.27（e）跨越5pc，展示了中心星团（为清晰起见，图中有所稀释），周围的恒星形成环，以及围绕着银心的倾斜旋转的热气体（10^4K）旋涡。图1.27（f）展示了这个巨大旋涡的最核心部分，图中一个快速旋转、温度高达数百万开尔文的白色炽热气体盘几乎吞没了中心黑洞（黑点所示）。同时还能看到两个可能是被瓦解的星团的残留恒星环。图1.26展示的黑洞本身以及周围环绕的恒星轨道太小了，无法在这个尺度上体现出来。

过去的十年中，我们对银河系最内层几秒差距的了解突飞猛进，天文学家也在努力破解隐藏在不可见辐射中的线索。不过，今天的我们只是刚刚开始意识到银河系最核心深处的、完全陌生区域的整体复杂性。

概念理解 检查

✓ 什么最有可能解释在银心观测到的高能现象？

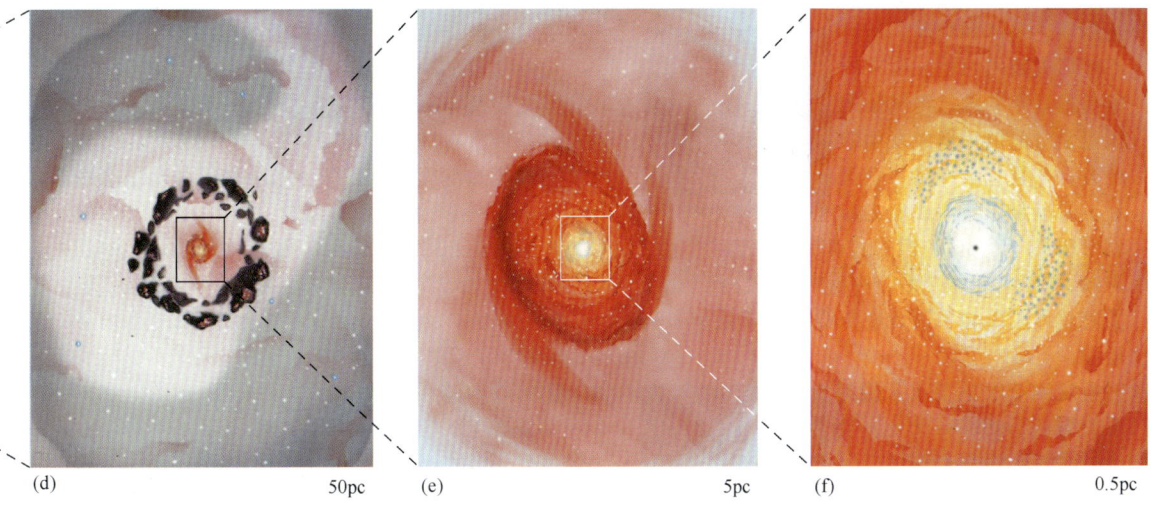

(d) 50pc　　(e) 5pc　　(f) 0.5pc

> **终极问题**　银河系有多大?我们对宇宙中这个庞大家园的尺寸、形状和质量了解多少？近年来，天文学家升级了这个恒星、气体与暗物质的系统。其总质量提高了将近10倍，外延晕可能到达距离最近邻星系一半的地方，其中的暗物质比普通物质要多至少5倍。即便如此，我们仍有可能严重地低估了这个巨大系统的尺度。

章节回顾

小结

❶ **星系**（p.6）是一个巨大的恒星和星际介质的集团，它孤立于宇宙中，由自身的引力束缚在一起。因为我们身处其中，**银河系盘**（p.6）看起来就像  是一道穿过天空的宽光束，一条被称作银河的光束。中心附近，银盘增厚成为核球（p.6）。银盘被一个充满年老恒星以及星团的近球状**银晕**（p.6）所包围。就像其他许多在天空中看到的星系一样，银河系是一个**旋涡星系**（p.8）。盘星和晕星在空间分布、年龄、颜色以及轨道运动上都有区别。银河系可见部分的直径约为30kpc。在太阳附近，银盘的厚度约为300pc。

❷ 可以通过光度随时间变化的**变星**（p.9）来研究银晕。**脉动变星**（p.9）的亮度有周期性的变化。对天文学家特别重要的是**天琴RR变星**（p.9）以及**造父变星**（p.9）。所有天琴RR变星的光度大致相同。对于造父变星而言，可以利用

周光关系（p.10）来确定其光度。已知光度，天文学家可以利用平方反比关系确定距离。最亮的造父变  星可以看到数百万秒差距的距离，将宇宙距离天梯推广到银河系外遥远的地方。20世纪初，哈罗·沙普利利用天琴RR变星确定了许多银河系球状星团的距离，并发现它们在空间上基本呈现球状分布，但是球的中心远离太阳。这些星团的分布中心距离8kpc以外的**银心**很近（p.13）。

❸ 银盘上的恒星和气体沿着近圆轨道围绕银心运动。核球内的恒星沿着非常随机的三维轨道运动，反复穿过银盘却没有特定的朝向。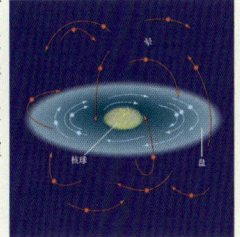

❹ 银晕缺乏气体和尘埃，所以不能形成新的恒星。所有的晕星都是年老的。富气体的银盘是目前恒星形成发生的地方，并且包含许多年轻恒星。晕星早在银盘成型之前就出现了，而那时它们的运动轨道还没有特定的方向。在银盘形成之后，在盘内诞生的恒星承袭了它整体的旋转，因此在银盘内沿着圆形轨道运动。

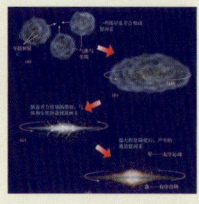

❺ 射电观测清晰地揭示了**银河系旋臂**的形态（p.20），而旋臂是发生恒星形成的星际气体最为致密的区域。旋涡并不是"绑定"在银盘物质上，因为如果是那样的话，旋涡在很早以前就会因为银盘的较差自转而停止。相反，它们可能是在银盘上运动的**旋涡密度波**（p.20），并且在所到之处触发恒星的形成。另一种可能是，旋涡可能是通过**自传播恒星形成**（p.22）而产生的。在这个过程中，前一代恒星形成和演化产生的激波将会触发下一代恒星的形成。

❻ 银河系**自转曲线**（p.24）将银盘物质的旋转速度与距银心的距离相对应。利用牛顿运动定律，天文学家可以确定银河系的质量。他们发现，银河系质量在球状星团以及我们看到的旋涡结构之外仍然继续增长。银河系与许多其他星系一样，具有一个不可见的**暗晕**（p.24），这个暗晕包含了比可见物质更多的质量。组成这些暗晕的**暗物质**（p.24）成分未知，主要的候选体包括低质量恒星以及异常亚原子粒子。近年来探测恒星暗物质的尝试利用了引力透镜的原理，一颗暗弱的前景天体有时候会经过一颗更遥远的恒星，并偏折这颗恒星的光从而导致其视亮度的短时间增大。这种偏折效应被称为**引力透镜效应**（p.26）。

❼ 研究红外和射电波段的天文学家已经发现了银心几秒差距以内的高能活动。主导的解释是，在那里存在一个质量比太阳约大400万倍的黑洞。这个黑洞位于一个包含数以百万计恒星的致密星团中心，而这个星团被一个分子云构成的恒星形成盘所包围着。人们认为，观测到的活动是由黑洞的吸积以及其周围星团的超新星爆发所驱动的。

指定的课后作业请访问MasteringAstronomy网站。

标记**POS**的问题探索科学过程。标记**VIS**的问题着重于阅读和视听资讯的理解。
LO后紧跟的是本章引言中学习目标的编号。

复习与讨论

1. **POS** 我们有什么证据能证明我们生活在一个盘星系里？
2. 为什么从我们占据的有利位置——地球上很难看到银河系的全貌？
3. **LO1 POS**球状星团是如何帮助我们了解银河系以及我们在其中所处的位置呢？
4. 造父变星是如何用于确定距离的？它们能测量多远的距离？
5. **LO2** 20世纪初，利用天琴RR变星取得了哪些重要的发现？
6. 在研究银河系结构方面，射电天文学起到了哪些作用？
7. **LO3**比较盘星和晕星的运动
8. **LO4**银晕中红色的恒星反映了银河系历史的哪些方面？
9. **LO5 POS**为什么星系旋臂被认为是现在以及未来恒星形成的区域？
10. 什么是自传播恒星形成？
11. **LO6**银河系自转曲线为我们提供了哪些关于银河系总质量的信息？
12. **POS**有哪些银河系存在暗物质的证据？描述一些银河系暗物质的候选体。
13. 什么是引力透镜？天文学家可以用它来搜寻暗物质吗？
14. 为什么光学天文学家不能很容易地研究银河系中心？
15. **LO7 POS**为什么天文学家认为在银河系中心存在一个超大质量黑洞？

概念自测：选择题

1. 银河系中的大部分亮星都位于：(a) 中心；(b) 核球(c) 晕；(d) 盘。
2. VIS 根据图1.7（"周光关系图"），一颗光度是1000倍太阳光度的造父变星的脉动周期大约是：(a) 1天；(b) 3天；(c) 10天；(d) 50天。
3. 已发现的球状星团主要位于：(a) 银心；(b) 银盘；(c) 旋臂；(d) 银晕。
4. 沙普利测量球状星团距离的方法包括：(a) 三角视差；(b)比较变星的视星等与绝对星等；(c) 分光视差；(d)雷达测距。
5. 在银河系中，太阳位于：(a)银心附近；(b)银心以外一半的位置；(c)外边缘；(d)银晕中。
6. 如果要获得最多的发现，搜寻新形成恒星的望远镜应该指向：(a)反银心方向；(b)垂直银盘方向；(c)一条旋臂内；(d)旋臂之间。
7. 银河系中形成的第一代恒星：(a)在银晕中随机运动；(b)在银盘面内运动；(c)在银心附近运动；(d)随着银河系自转沿着相同方向运动。特别是在过去的几十年内，天文学研究有力地说明了我们居住在一颗看似平常的岩石上。
8. VIS图1.21（"银河系的自转曲线"）表明：(a)银河系做刚体转动；(b)根据我们所看到的光，银河系在距离中心很远的地方旋转速度更慢；(c) 根据我们所看到的光，银河系在距离中心很远的地方旋转速度更快；(d)在银心15kpc以外不存在物质。
9. 银河系内大部分质量的存在形式是：(a) 恒星；(b) 气体；(c) 尘埃；(d) 暗物质。
10. 银河系中心存在黑洞的主要证据是：(a)中心附近恒星消失了；(b)中心附近看不到任何恒星；(c)中心附近恒星绕着不可见天体运动；(d)银河系的自转速度比天文学家想象得快。

问答

问题序号后的圆点表示题目的大致难度。

1. ●计算距离地球100pc的半径为100AU的原恒星星云的角直径，并将它与仙女星系大约为6°的角直径[图1.2（a）]进行比较。
2. ●●上一题中的星云需要多近的距离才能具有与仙女座一样的角直径？如果它的光度是太阳的10倍，试计算其中心恒星的视星等。
3. ●观测极限为20等的望远镜能看到最远的绝对星等为0等的天琴RR变星的距离是多少？
4. ●典型造父变星比天琴RR变星亮100倍。作为距离测量工具，造父变星能比天琴RR变星测量的距离远多少？
5. ●●一个球状星团的横向速度（相对太阳）为200km/s，距离3kpc，试计算其自行（单位：每年每角秒）。你觉得这样的运动能够被测量到吗？
6. ●●假定距银心20kpc处的旋转速度为240km/s，试计算该半径以内的银河系总质量。
7. ●●如果物质需要花 (a)1亿年（b）5亿年完成一次完整的轨道运动，试利用图1.21中提供的数据估计其到银心的距离。
8. ●●观测表明到银心的角距离为0.2″的物质的轨道速度为1200km/s。如果太阳到银心的距离是8kpc，而物质轨道为圆形并侧向我们，试计算轨道半径和物质绕转的天体的质量。

实践活动

协作项目
构建你自己的梅西耶星表，列出110个梅西耶天体的名字、类型和坐标。画出所有天体的天体坐标——赤经和赤纬，类似于地球上的纬度和经度。用不同的颜色表示发射星云、疏散星团和星系。这些天体在天空中的分布有什么特点？这可能会帮助你找到银河系在图上的位置（更多的研究课题）。你认为星系为什么似乎都不在银道面上？

个人项目
观察仙女星系M31。这是肉眼能看到的最遥远的天体，但是不要期望看到如图1.2（a）中所示的图像！为了确定M31的位置，请找到北极星、仙后座以及仙女星座。将北极星与仙后座"W"中的第二个"V"用一条线连接起来，一直延伸到南天。在到达仙女座北部的恒星弧之前，这条线就会穿过M31。不借助任何辅助工具，在最黑暗的夜里，只能看到仙女星系的核心，就像是一颗有些模糊的恒星。利用双筒望远镜或广角目镜可以看到这个星系和它的星系盘。切换至更高的放大倍数，就能看到星系核以及小的卫星星系——南边的M32和西北方的M110。

第2章　星系

宇宙的基本成分

由于我们的视野扩展到真正的宇宙尺度，我们的研究重点显著转移了。行星变得无关紧要，恒星仅仅只是消耗氢的小亮点。现在整个星系成为构建宇宙的"原子"——仅仅只是一个世纪前，科学家们对这个遥远的领域还一无所知。

我们知道，确实有数以百万计的星系在我们自己的银河系之外。它们全部是巨大的系统，由引力把恒星、气体、尘埃、暗物质和辐射等束缚在一起，到我们的距离几乎是不可思议的遥远。大多数星系比银河系小，有一些大小差不多，有少数要大很多。许多看起来"正常"，就像我们自己的银河系——包含数以十亿计的恒星。但也有一些星系里面正在发生着爆炸性的事件，强度远远超过以往在银河系中见过的任何事件。这种"活动的"星系可能是由超大质量黑洞驱动的。

学习目标

本章的学习将使你能够：

❶ 列出普通星系的基本性质。

❷ 概述让天文学家将宇宙的疆域扩展超出银河系的距离测量技术。

❸ 描述星系如何聚集成群和成团。

❹ 陈述哈勃定律，解释如何使用它探测可观测的宇宙中最遥远的天体。

❺ 描述活动星系和正常星系之间的基本差异。

❻ 描述活动星系的一些重要特点。

❼ 解释是什么驱动了中央引擎并给所有的活动星系提供能源。

知识全景　今晚我们收集的光线，是从最遥远的星系在地球形成之前很久就发出来的。在宇宙的黑暗中跋涉了几十亿年，这些辐射中很微小的一部分终于被我们的望远镜和探测器捕获，并变成这本书中的许多图像。这些辐射不仅告诉我们遥远星系的性质，也告诉我们关于我们生活的银河系乃至整个宇宙的历史的一些信息。

左：活动星系，比如这个编号为NGC1316的星系，比我们银河系这样的正常星系"精力充沛"得多。这是一个双重影像，混合了可见光照片（由哈勃太空望远镜在地球轨道上拍摄）和射电照片（由甚大阵在新墨西哥州拍摄）。中间（白色）是一个巨大的、可见的椭圆星系，延伸约10万光年，并可能吞噬其北方的小邻居。这个活动星系的结果是产生复杂的射电辐射（橙色），于是它被称为天炉座A，从头到尾跨度超过100万光年。[美国国家射电天文台（NRAO）/空间望远镜科学研究所（STScI）]

精通天文学

访问MasteringAstronomy网站的学习板块，获取小测验、动画、视频、互动图，以及自学教程。

2.1 星系的哈勃分类

图2.1显示了一个广袤无垠的空间，距离地球约1亿 pc。几乎图中每个光斑或光点都是一个单独的星系——仅在这一张照片中就可以看到数百个。多年来，天文学家已经积累了数百万个星系的类似图像。而我们最初开始研究这些数量巨大的天体时，只是简单地考察它们在天空中的外观。

即使通过小型望远镜，星系的样子看起来也跟恒星有显著区别。它们有模糊的边缘，而且很多都是在一定程度上被拉长的——与恒星通常的锐利、点状的图像一点也不像。虽然从照片中很难分辨，但图2.1中的一些光斑的确是旋涡星系，例如银河系和仙女星系，而其他的光斑很明显不是旋涡星系——看不到星系盘或旋臂。即使当我们考虑它们在空间中的不同方向时，星系看起来也还是不一样的。

美国天文学家埃德温·哈勃是第一个综合考虑并对星系分类的人。1924年，在加利福尼亚州的威尔逊山上，他与刚刚落成的2.5m光学望远镜一起工作，将他看到的星系分为四个基本类型——旋涡星系、棒旋星系、椭圆星系和不规则星系——仅仅基于它们的外观。多年来，许多修改和完善已经被纳入进来，但基本的**哈勃分类法**在今天仍然被广泛应用。

旋涡星系

我们在第1章中看到了几个**旋涡星系**的例子——例如，我们自己的银河系和我们的邻居仙女星系。∞（1.1节）所有这种类型的星系都包含一个扁平的星系盘，在盘上有旋臂，位于星系中央的核球有致密的核心，周围围绕着一个扩展的晕，晕中主要是较暗的年老的恒星。∞（1.3节）**星系核**位于核球的中心，恒星密度（即每单位体积的恒星数量）最大。然而，在这个总体"特征"之外，旋涡星系表现出各种各样的形状，如图2.2所示。

哈勃的体系中，旋涡星系由大写字母S表示，并根据核球的大小用小写字母a、b、c分为三个次型。Sa型的星系有最大的核球，Sc型的核球最小。旋涡星系旋臂缠绕的松紧度和核球的大小非常相关（虽然并不是完美的对应）。Sa型旋涡星系往往有缠绕得比较紧密的几乎是圆形的旋臂；Sb型（原文是Sa型，有误——译者注）的星系通常有更松散的旋臂；而Sc型的旋涡星系的旋臂往往很松散，旋涡结构也不太清晰。旋臂也倾向于变得更"复杂"或更"成团"，旋涡图案在外观上也变得越来越松散。

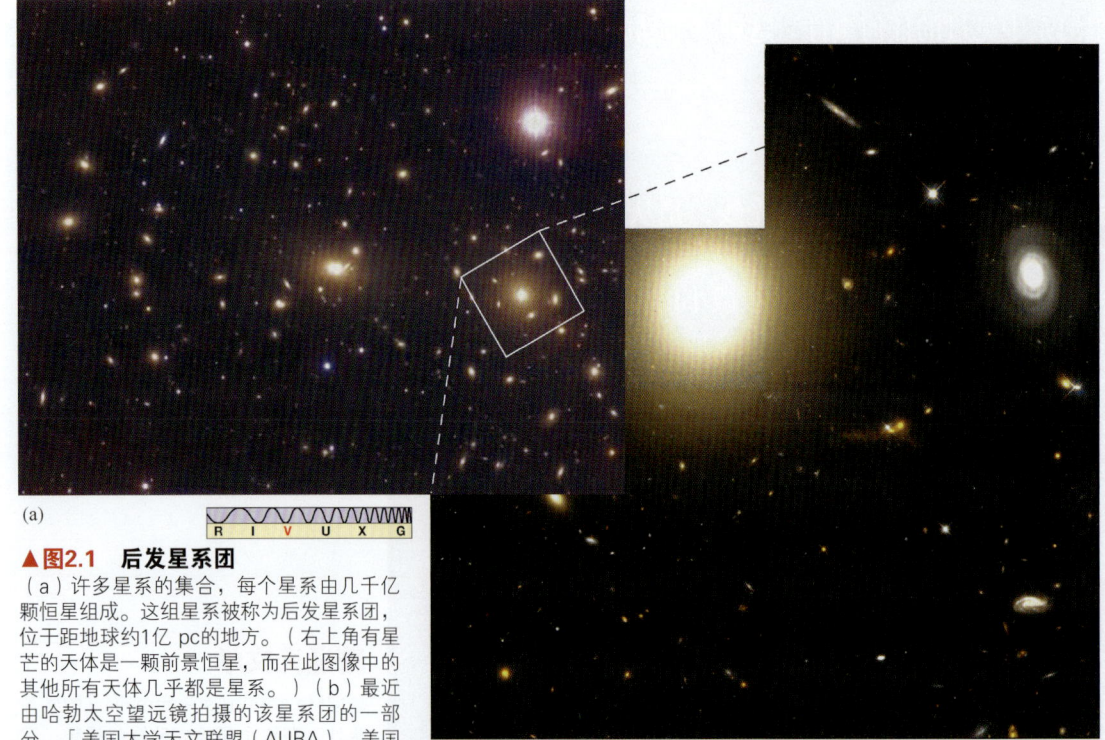

▲图2.1 **后发星系团**
（a）许多星系的集合，每个星系由几千亿颗恒星组成。这组星系被称为后发星系团，位于距地球约1亿 pc的地方。（右上角有星芒的天体是一颗前景恒星，而在此图像中的其他所有天体几乎都是星系。）（b）最近由哈勃太空望远镜拍摄的该星系团的一部分。[美国大学天文联盟（AURA）、美国国家航空航天局（NASA）]

(a) M81　　Sa型　　(b) M51　　Sb型　　(c) NGC 2997　　Sc型

▲ 图2.2　旋涡星系的形状

旋涡星系的不同形状。从Sa型、Sb型到Sc型，其核球变得越来越小，旋臂也会倾向于越来越松散。[R. 根德勒（R.Gendler）、美国国家射电天文台（NOAO）、D. 马林（D. Malin）/英澳望远镜（AAT）]

　　旋涡星系的核球和晕含有大量淡红色的老年恒星和球状星团，类似于在我们自己的银河系和仙女星系中观测到的。而旋臂发出的大多数光，来自银盘中从A型到G型的恒星，使这些星系整体发出白色光芒。我们也假设有厚的星系盘存在，但是它们太暗了，使这个假设很难被证实——银河系中的厚盘发出的光仅占我们银河系总光量的1%左右。∞（1.3节）

　　类似银河系盘面，典型的旋涡星系的扁平盘面富含气体和尘埃。Sc型的星系含有的星际物质最多，Sa型的星系则含有得最少。旋臂发出的21厘米射电辐射揭示了气体的存在，遮光的尘埃带在许多系统中都清晰可见[见图2.2（b）和图2.2（c）]。恒星在旋臂中形成，旋臂中包含众多的发射星云和新形成的O型和B型恒星。∞（1.5节）旋臂显得偏蓝，是因为明亮的蓝色O型星和B型星的存在。图2.2（c）是Sc型星系NGC2997的照片，特别清晰地揭示了星际气体、尘埃和年轻的蓝色恒星与旋臂相伴的情景。然而，旋臂并不是年轻星系所必需的：像我们自己的银河系一样，它们含有足够丰富的星际气体，使得恒星可以持续诞生。

　　大多数旋涡星系并不是正对着我们的——如同图2.2中所示的那样。许多是倾斜的甚至是完全侧对着我们的，使得它们的旋涡结构很难被探测到。然而，我们并不需要看到旋臂才能将其归入旋涡星系。星系盘的存在，以及它的气体、尘埃和新生的恒星，就足够确认旋涡星系了。例如，图2.3所示的星系被列入旋涡星系，因为它的盘面中央有黑暗的尘埃带形成了清晰的线条。（顺便说一句，这个相对较近的星系是另一个在第1章中讨论的沙普利－柯蒂斯的辩论中占重要地位的星系。∞（1.2节）可见的尘埃带被柯蒂斯解释为暗弱的物质环，并使得他认为我们的银道面可能包含类似的结构。）

棒旋星系

　　在哈勃分类法中，旋涡星系的一种变体被称作**棒旋星系**。棒旋星系与普通旋涡星系的主要不同之处在于，一根细长的、主要由恒星和星际物质组成的、穿过核球的中央并向两端延伸到星系盘中的棒状结构的存在。旋臂从棒状结构的两端附近开始，而不是从核球开始（普通旋涡星系的旋臂就是从核球开始的）。棒旋星系用大写字母SB表示，并像普通的旋涡星系一样，也细分成SBa型、SBb型和SBc型，具体取决于核球的大小。同样，类似普通旋涡星系，旋臂缠绕的松紧程度和核球的大小相关。图2.4显示了棒旋星系的变化。在SBc型中，往往很难分辨哪里是棒状结束和旋臂开始的地方。

► 图2.3　草帽星系

草帽星系（M104）是一个从侧面看到的旋涡系统，有一个由星际气体和尘埃组成的黑暗的带状区域。这个星系的中央核球很大，意味着它是Sa型的星系——即使从我们的角度看不到它的旋臂。插入图显示了这个星系的红外图像，用伪彩色的粉红色突出了它的尘埃含量。[美国国家航空航天局（NASA）]

通常情况下，天文学家无法区别旋涡星系和棒旋星系，特别是当一个星系的盘面恰好侧对地球的时候，如图2.3所示。因为旋涡星系和棒旋星系在物理和化学方面的相似性，一些研究人员甚至懒得去区分它们。然而，其他人认为，它们结构上的差异非常重要，认为这些差异表明了这两种类型的星系在形成和演化方式上"有根本的"不同。

根据现有的证据，银河系看起来是一个棒旋星系，且可能是SBb型的。∞（1.3节）

椭圆星系

与旋涡星系不同，**椭圆星系**没有旋臂，在大多数情况下，没有明显的星系盘——事实上，除拥有一个致密的中心核外，它们基本上没有表现出任何一点内部结构。如同旋涡星系，恒星的密度在中央星系核附近急剧增加。椭圆星系用字母E表示，并根据它们呈现在天空中的椭圆情况分为若干次型。最圆的为E0型，稍扁平的为E1型，以此类推，最细长的椭圆星系类型为E7（见图2.5）。

(a) NGC 1300　　SBa型

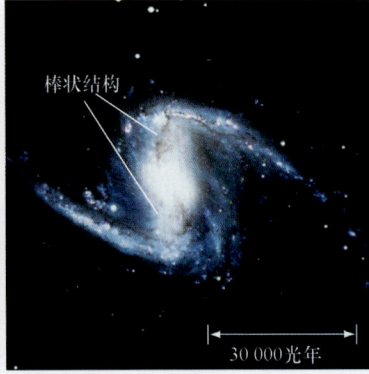
(b) NGC 1365　　SBb型

(c) NGC 6872　　SBc型

▲ 图2.4　棒旋星系的形状

棒旋星系形状的变化，从SBa型到SBc型，类似图2.2中的旋涡星系的情形，不同之处在于棒旋星系的旋臂是从穿过星系中心的棒状结构的两端开始的。在图（c）中，明亮的恒星是我们银河系中的前景星；中上部的天体是另一个星系，可能与NGC 6872有相互作用。[美国国家航空航天局（NASA）、D. 马林（D. Malin）/澳大利亚望远镜（AAT）、欧洲南方天文台（ESO）]

需要注意的是，一个椭圆星系的哈勃类型取决于其内在的三维形状和相对视线的方向。从后面看一个球形的星系或一个雪茄形的星系，和从正面看一个盘状星系，看起来都是圆形的，都可以归类为E0型。因此，只通过看起来的外观很难"破译"一个星系的真实形状。

椭圆星系的大小和包含的恒星数量有一个很大的范围。最大的椭圆星系比我们的银河系要大很多。这些巨椭圆星系的直径可以达到数十万秒差距，并包含万亿颗恒星。在另一个极端，矮椭圆星系的直径可能小到1kpc，包含的恒星数少于100万颗。它们的许多差异暗示天文学家，巨椭圆星系和矮椭圆星系代表着不同的星系类型，具有相当不同的形成历史和恒星成分。矮椭圆星系是迄今为止最常见的椭圆星系类型，数量上是较明亮的椭圆星系的10倍。然而，大多数以椭圆星系形式存在的质量包含在更大的系统中。

旋臂的缺席并不是旋涡星系和椭圆星系之间的唯一区别，大多数椭圆星系中冷的气体和尘埃的含量很少甚至没有。除了少数例外，中性氢的21厘米射电辐射完全不存在，并且看不到遮光的尘埃带。在大多数情况下，没有证据显示那里有年轻恒星或正在形成恒星。就像我们自己银河系的银晕中的情形，椭圆星系中的恒星大多数都是年老、偏红、小质量的。此外，仍然像我们自己银河系的银晕，椭圆星系中的恒星轨道是无序的，表现出很少的甚至根本没有整体旋转，天体向各个方向移动，而不是像我们银河系那样做规则的圆周运动。椭圆星系与我们银河系的银晕至少有一个很重要的不同：X射线观测揭示了大量非常热（几百万开尔文）的星际气体分布在其内部，并经常延伸到远远超出星系的可见光部分的地方［见图2.5（a）、（b）］。

一些巨椭圆星系的性质和之前所描述的颇有不同，因为它们已经被发现含有气体和尘埃盘。在那里，恒星正在形成。天文学家们认为，这些星系可能是富含气体的星系之间碰撞的结果。（见3.2节）事实上，星系碰撞可能已经发挥了重要的作用，确定了我们今天观测到的许多星系的外观。

在哈勃分类法中，在E7型椭圆星系和Sa型旋涡星系之间，是一类呈现出薄盘和扁平核球的星系，但不包含气体和旋臂。在图2.6中展示了两个这样的天体。这些星系被称为**S0型星系**——如果没有棒状结构，或**SB0型星系**——如果有棒状结构。它们也被称为透镜星系，因为它们有透镜形状的外观。它们看起来有点像尘埃和气体被剥夺了，只剩下一个星系盘的旋涡星系。近年来的观测表明，许多普通的椭圆星系内都有暗淡的盘状结构，就像S0型星系。这些椭圆星系和S0型星系的盘的起源还不确定，一些研究人员怀疑，S0型星系和椭圆星系可能是密切相关的。

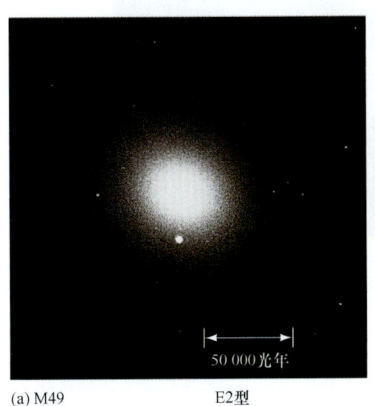
(a) M49　　　　　　　　E2型

(b) M84　　　　　　　　E3型

(c) M110　　　　　　　　E5型

▲图2.5　**椭圆星系的形状**
（a）E2型椭圆星系M49的外观接近圆形。（b）M84略微扁长，被归类为E3型。这两个星系缺乏旋涡结构，而且没有显示出冷的星际尘埃或气体的证据，虽然它们都有延伸的热气体导致的X射线晕，且远远超出该星系的可见部分。（c）M110是一个矮椭圆星系，它是比它大得多的仙女系的伴星系。
［美国大学天文联盟（AURA）、史密松天体物理观测台（SAO）、R. 根德勒（R. Gendler）］

(a) NGC1201　　S0型

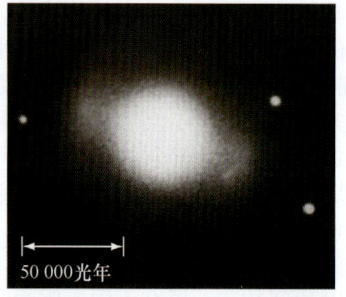
(b) NGC 2859　　SB0型

▶ **图2.6　S0型星系**
（a）S0型星系（或透镜星系）包含星系盘和核球，但没有星际气体和旋臂。在许多性质上，它位于E7型椭圆星系和旋涡星系之间。（b）除了在中央核球两边凸出的一条恒星物质形成的棒状结构之外，SB0型星系与S0型星系类似。（帕洛玛天文台（Palomar）/加州理工学院（Caltech））

不规则星系

最后一类由哈勃分类的星系是一个包罗万象的类别——**不规则星系**，如此命名是因为其外观并不能让我们把它们放在刚刚讨论过的任何类别里。不规则星系往往含有丰富的星际物质和年轻的蓝色恒星，但它们没有任何正规的结构，如清晰的旋臂或中央核球。它们被分为两个子类：不规则Ⅰ型星系和不规则Ⅱ型星系。不规则Ⅰ型星系看起来像畸形的旋涡星系。

不规则星系往往比旋涡星系小，但稍大于矮椭圆星系。它们包含的恒星数量通常介于10^8和10^{10}之间。这类星系中最小的被称为**矮不规则星系**。类似椭圆星系的情形，矮不规则星系是最常见的不规则星系。矮椭圆星系和矮不规则星系的数量近似相等，一起组成了宇宙中的绝大多数星系。它们经常被发现靠近一个更大的"父"星系。

图2.7所示为**麦哲伦云**，它们是一对著名的不规则Ⅰ型星系，绕我们的银河系旋转。在图1.16中，它们表现出适当的尺度。对它们内部的造父变星的研究表明，它们距我们的银河系中心约50kpc。∞（1.2节）大麦哲伦云包含约60亿倍太阳质量的物质，宽为数千秒差距。这两团"云"中含有大量的气体、尘埃和蓝色恒星（以及最近记录得最详尽的超新星），表示恒星形成正在进行。它们还含有许多年老的恒星和一些年老的球状星团，所以我们知道，其内部的恒星形成已经持续了很长的时间。

◀ **图2.7　麦哲伦云**
麦哲伦云是南半球夜空中突出的特征。以16世纪的葡萄牙探险家费迪南德·麦哲伦的名字命名——他的探险队首次完成了环球航行，并将南半球星空的知识传到欧洲——这些矮不规则星系围绕银河系旋转，并陪伴银河系一起在宇宙中长途跋涉。（a）这两团"云"在南方天空中的位置关系，揭示出小麦哲伦云（b）和大麦哲伦云（c）都有扭曲的不规则的形状。[斯特朗洛山和赛丁泉天文台（Mount Stromlo & Sidings Spring Observatory）、哈佛大学天文台（Harvard College Observatory）、英国格林尼治皇家天文台，爱丁堡（Royal Observatory, Edinburgh）]

射电研究暗示，可能有一座氢气桥连接银河系和麦哲伦云，但仍需要更多的观测数据来确认这种连接。这是可能的。当麦哲伦云在轨道上最近一次接近我们的银河系时，银河系的潮汐力撕裂了从它们中来的气体流。当然，引力作用是相互的，许多研究者推理出，这引力可能反过来使我们的银河系变形，扭曲和增厚银盘的外围部分。∞（1.5节）

非常罕见的不规则Ⅱ型星系（见图2.8），除了其形状不规则外，还有其他的特殊性，往往表现出明显的爆炸性或丝状的外观。它们的外观一度导致天文学家怀疑其内部正在发生"暴力"事件。然而，现在看来更可能的是，在一些（但不是全部）情况下，我们看到了曾经"正常"的两个星系近距离接触或碰撞的结果。

哈勃序列

表2.1总结了不同类型星系的基本特征。当哈勃第一次发表了他的分类方案后，他将这些星系排列到图2.9所示的"音叉图"中。在这个图中，星系类型从椭圆变化到旋涡，再到不规则，常被称为哈勃序列。

哈勃创建这个图的主要目的是表示星系在外观上的相似之处。然而，他也把音叉图作为星系的演化序列，从左至右，E0型椭圆星系演化成平坦的椭圆星系和S0型星系，并最终形成星系盘和旋臂。事实上，在哈勃的术语中，将椭圆星系作为"早型"星系，旋涡星系作为"晚型星系"，这一概念至今仍然被广泛使用。然而，在现代天文学家的认识中，哈勃序列的各种星系之间没有直接的演化连接。单个的星系不会从一个类型演化到另一个。旋涡星系不是椭圆星系长出了旋臂，椭圆星系也不是旋涡星系以某种方式抛掉了它们形成恒星的星系盘。一些天文学家怀疑，棒状结构可能是短暂的结构，棒旋星系因此可能会演化成普通的旋涡星系，但是，一般来说，天文学家知道哈勃类型之间没有简单的亲子关系。

(a) NGC 4449

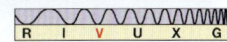

(b) NGC 1569

▲ 图2.8　不规则星系的形状
（a）奇形怪状的星系NGC 4449位于一个星系群中，距离我们近400万pc。它奇怪的形状很可能是由于与伴星系的相互作用导致它的恒星、气体和尘埃完全重新排列而造成的。（b）星系NGC 1569看起来呈现出一个正在爆炸的外观，可能是最近的星系级的恒星形成爆发导致的结果。[美国国家航空航天局（NASA）]

表2.1　不同类型的星系属性

	旋涡/棒旋（S / SB）	椭圆[①]（E）	不规则（Irr）
形状和结构的性质	高度扁平的恒星和气体盘面，含有旋臂和中央核球。Sa和SBa型星系有最大的核球、最明显的旋涡结构、大致呈球形的恒星晕。SB型星系有一个细长的恒星和气体组成的中央"棒状"结构	无星系盘。恒星平滑地分布，形状的扁平范围从近似圆形（E0型）到非常扁平（E7型）。除了一个致密的中心核外，没有明显的子结构	没有明显的结构。不规则Ⅱ型星系往往有"爆炸性"的外观
包含的恒星情况	星系盘包含年轻和年老的恒星。晕只由年老的恒星组成	只包含年老的恒星	同时包含年轻和年老的恒星
气体和尘埃	星系盘含有大量的气体和尘埃。晕里它们的含量较少	包含热的X射线发射气体，冷的气体和尘埃很少或没有	非常丰富的气体和尘埃
恒星形成	在旋臂上有持续的恒星形成	在过去100亿年中没有明显的恒星形成	蓬勃的恒星形成正在进行
恒星运动	星系盘中的气体和恒星在圆形轨道上绕星系中心运动。晕中的恒星在三维空间中随机运动	恒星在三维空间中随机运动	恒星和气体有非常不规则的轨道

① 如在文中指出的，一些巨椭圆星系看上去是富含气体的星系之间碰撞的结果，但这里列出的许多结论也有例外。

然而，上段中的关键词是单个的。正如3.2节中所描述的，现在有强大的观测证据表明，星系之间的碰撞和潮汐的相互作用很普遍，这些接触是驱动星系演化的主要物理过程。我们将在第3章返回到这个重要课题。

概念理解 检查

✓ 像银河系和仙女星系这样的大型旋涡星系在哪些方面不能代表星系整体？

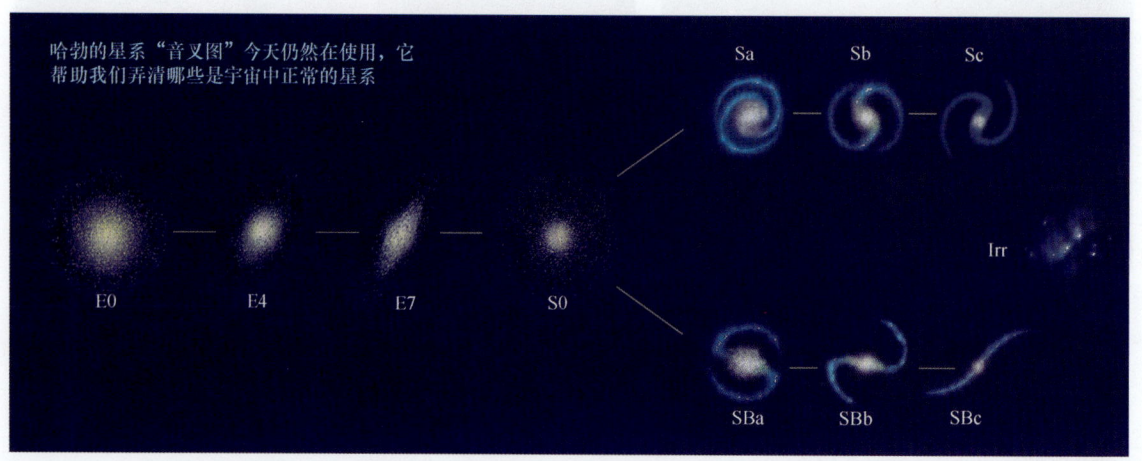

▲ 图2.9　星系"音叉图"
四种基本类型的星系——椭圆星系、旋涡星系、棒旋星系和不规则星系——在哈勃的"音叉"图中的位置暗示着演化，但这个星系分类法没有已知的物理意义。正如我们将在第3章看到的，星系的确在演化，但不是（在任何方向上）沿着这个图定义的"哈勃序列"演化的。

2.2 星系在太空的分布

现在，我们已经看到了星系的一些基本性质，接下来让我们探索在银河系以外的无垠宇宙中，星系是如何分布的。星系在空间中不是均匀分布的。相反，它们往往聚集成较大的物质团块。正如我们将要看到的，这种不均匀的分布对确定它们的外表和它们的演变至关重要。而在天文学中，一直以来，我们对天体的理解取决于我们确定它们距离的能力。因此，我们从更加密切地关注天文学家使用的测量星系距离的方法开始。

延伸距离尺度

天文学家估计，在可观测的宇宙中，存在大约400亿个和我们星系一样亮（或者更亮）的星系。有的离我们足够近，可以用造父变星技术来测量——天文学家已探测和测量了远至25 Mpc的星系中的造父变星的周期（见图2.10）。∞（1.2节），但是，一些星系不包含造父变星（你能想到发生这种情况的一些原因吗？），然后，在任何情况下，大多数已知的星系的距离远超过25 Mpc。非常遥远的星系中的造父变星根本无法被很好地观测，即使是通过世界上最强大的望远镜，我们也无法明确测量其亮度和周期。为了扩展我们的距离测量阶梯，我们必须找到一些新的天体类型来进行研究。

研究人员解决这个问题的方法之一是通过观测**标准烛光**——容易辨认的天体，其光度已经被明确测定。其基本思想非常简单，一旦一个天体被确定为一个标准烛光——比如通过它的外观或其光变曲线的形状——它的光度就可以被估计。比较光度和视亮度，就可以确定天体的距离，并因此得出其所在星系的距离。注意，除了光度的确定方式不同，造父变星的技术依赖于相同的原理。

最为有用的，一个标准烛光必须：①有一个<u>明确定义的光度</u>，这样对它亮度估计的不确定性很小；②<u>足够明亮</u>，可以在很远的地方被看到。多年来，天文学家们已经尝试着将许多类型的天体作为标准烛光——新星、发射星云、行星状星云、球状星团、Ⅰ型（碳燃烧爆发）超新星，甚至整个星系。然而，并非所有天体都同样有用：有些天体的光度内在展宽较大，使得用它们测量距离不太可靠。

近年来，行星状星云和Ⅰ型超新星已被证明是特别可靠的标准烛光，后者有非常一致的峰值光度，并且非常明亮，使它们在数百兆秒差距的距离外也能被确认和测量。Ⅰ型超新星有很小的光度展宽，这个展宽与这类"暴力"事件发生的具体环境有关。正如在《今日天文——恒星：从诞生到死亡》第10章中讨论的，当吸积中的白矮星达到碳融合开始时明确定义的临界质量时会爆炸。爆炸的幅度对白矮星如何形成以及随后是如何达到临界质量的这些细节相对不敏感，因此所有此类超新星都有非常

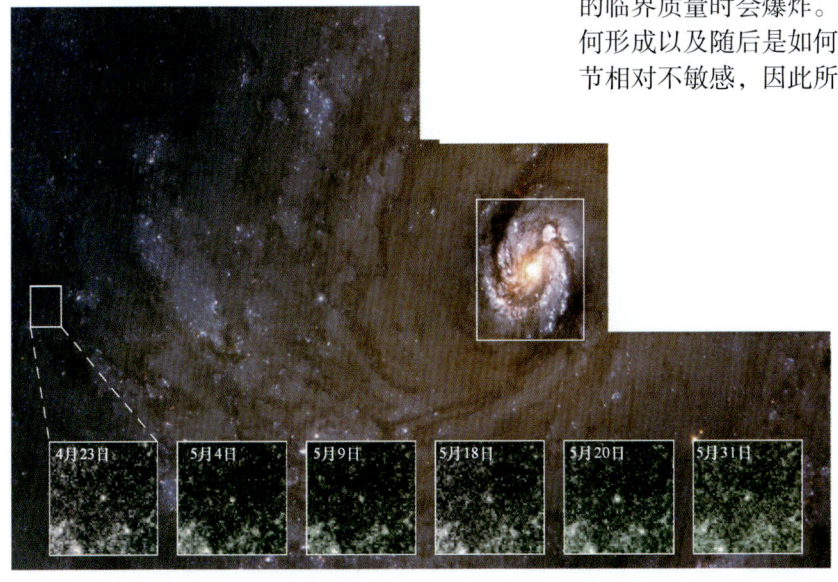

▲图2.10 **室女星系团中的造父变星**
这6张快照按顺序记录了旋涡星系M100中的造父变星的周期性变化，M100是室女星系团的成员。造父变星位于每张插入图的中央，图上的数字标明了在1994年拍摄这些图像的时间。这颗星看起来像正方形，因为数字CCD相机的高放大率——我们看到了图像的单个像素。这颗24等的星每7周亮度变化约两个星等。［美国国家航空航天局（NASA）］

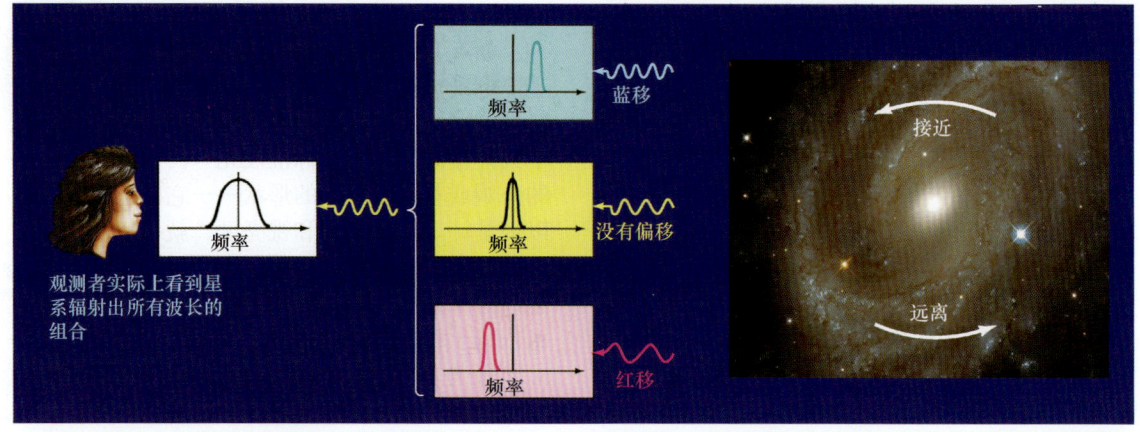

▲ 解说图2.11　星系自转
星系的自转导致它发出的一些辐射蓝移、一些辐射红移。从远处看，当星系的所有辐射组合成一个单一的光束被接收和被光谱分析时，红移和蓝移成分将令星系的谱线展宽（谱线致宽）。致宽量的测量是星系自转速度的一个直接测量，如这里显示的NGC 4603。[美国国家航空航天局（NASA）]

相似的性质。○因此，当Ⅰ型超新星在一个遥远的星系中被观测到时（我们假设它发生在该星系中，而不是在前景），天文学家可快速获得对该星系距离的准确估计。

标准烛光的一个重要替代在20世纪70年代被发现。天文学家发现，距银河系几十兆秒差距内的旋涡星系的自转速度和光度有密切的关系。自转速度是旋涡星系总质量的一个度量，所以这个性质与光度相关也许并不令人惊讶。∞（1.5节）那么，究竟什么令人惊讶呢？答案是，这个相关性究竟有多紧密。现在已经知道，有一个**塔利－费舍尔关系**（以它的发现者命名），使我们能够对一个旋涡星系的光度得到一个非常准确的估计——只需要简单地通过观测星系的自转速度有多快。像往常一样，比较星系的（真）光度和它的（观测）亮度，可以得到它的距离。

要想看到如何使用该方法，想象我们正好侧视一个遥远的旋涡星系，并正在观测一个特定的发射线，如图2.11所示。总体上正在靠近我们的那一侧星系的谱线因为多普勒效应而蓝移；另一侧的星系则在远离我们而去，因此辐射会相应地红移。这样一来，那条谱线的整体效果会被星系的自转"污染"，或称致宽。自转速度越快，致宽量越大（与恒星等效）。因此，我们可以通过测量这个致宽量，确定星系的自转速度。然后，我们可以通过塔利－费舍尔关系知道这个星系的光度。

这些研究中通常使用的特定谱线实际上是射电波段的一部分，这个谱线是星系盘上冷的中性氢的21厘米谱线。这条谱线之所以比可见光谱线更好用，是因为：①可见光辐射会被星系盘中的尘埃强烈吸收；②21厘米谱线通常很窄，使得展宽更容易被观测到。此外，天文学家通常使用红外光度而不是可见光光度，以避免尘埃造成的吸收问题——无论是在我们自己的银河系，还是在其他星系都有这问题。

塔利－费舍尔关系可以用来测量的旋涡星系的距离大约可以到200Mpc，超过该距离，谱线致宽量变得越来越难以准确测量。在椭圆星系中，有着类似的谱线展宽与星系<u>直径</u>的联系。一旦这个星系的直径和角大小已知，其距离便可以通过初等几何计算出。这些方法绕过天文学家通常使用的许多标准烛光，提供独立的方法来确定遥远天体的距离。

如图2.12所示，标准烛光和塔利－费舍尔关系，形成了我们宇宙阶梯的第5个和第6个梯级（在第1章做过扩展介绍）。∞（1.2节）事实上，它们可能代表了十几种相关而又独立的技术，天文学家已经用这些技术绘制了宇宙的大尺度图景。正如在下层梯级中的情况，我们使用更多其他测量距离的方法来校准这些新技术。以这种方式，距离测量的过程"引导"自身适用于越来越大的距离。然而，在同一时间，在每个步骤中，误差和不确定性会积累，因此最远的天体的距离是我们知道得最不确切的。

○ 当恒星核心增长——这次是在一颗大质量恒星的中央——并达到临界质量时，会出现Ⅱ型超新星。然后，爆炸呈现出来的外貌可以被恒星物质——冲击波必须通过它"旅行"才能到达恒星的表面——的数量显著修改，这导致观测到的光度出现了更大的延展。

▶ **图2.12　河外星系的距离阶梯**
一个倒置的金字塔总结了用于研究宇宙在不同范围内测距的技术。在底部显示了这个阶梯的四个梯级——雷达测距、恒星视差、光谱视差、变星，这些可以测量最近的星系。要想走得更远，我们必须使用其他技术，例如，塔利-费舍尔关系和使用标准烛光——基于四个最低的梯级所测定的距离。

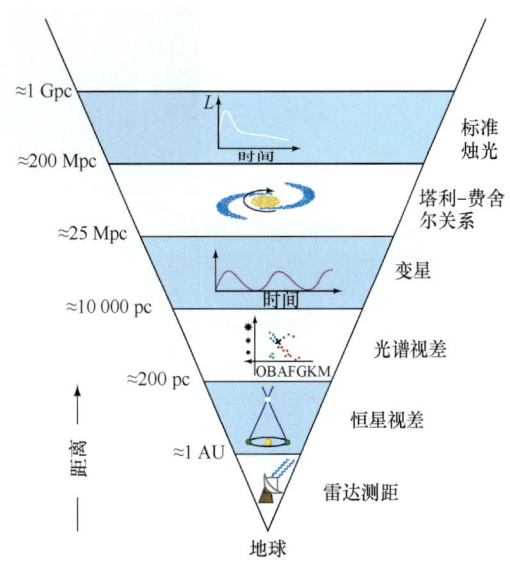

星系团

图2.13是所有已知的距银河系约1Mpc的主要天体的位置示意图。我们的星系似乎有十几个卫星系，包括前面讨论过的两个麦哲伦云和最近发现的同伴（在图中标记为"人马座矮星系"），它们几乎就在银河系的平面内。仙女星系距离我们800 kpc，也被标在了图上，周围环绕着它自己的卫星系。插入图显示了仙女星系的两个星系邻居。M33是一个旋涡星系，M32是一个矮椭圆星系——在图1.2（a）中很容易看到，位于该图的下部，仙女星系的中央核球的右下方。

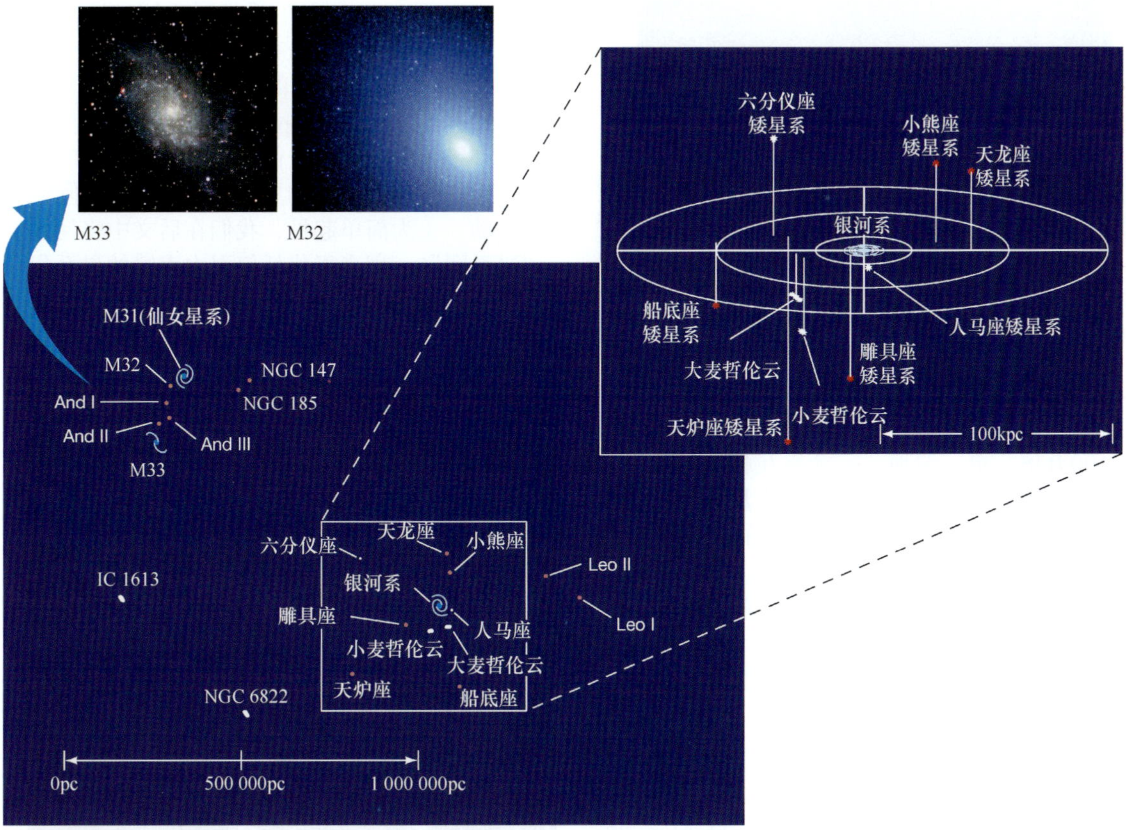

▲ **图2.13　本星系群**
本星系群由距我们的银河系约1 Mpc的近50个星系组成，只有少数是旋涡星系，大部分是矮椭圆星系或不规则星系，这里只展示了其中一部分。旋涡星系标为蓝色，椭圆星系标为粉红色，不规则星系标为白色——所有的星系都按照相同的比例尺描绘。右上的小图显示了银河系与一些卫星系的相互关系。左上的照片显示了仙女星系（M31）的两个著名的邻居——旋涡星系M33和矮椭圆星系M32的（在图1.2（a）——仙女星系的大尺度照片——中也可见）。[M. 本 丹尼尔（M. Ben Daniel）、美国国家航空航天局（NASA）]

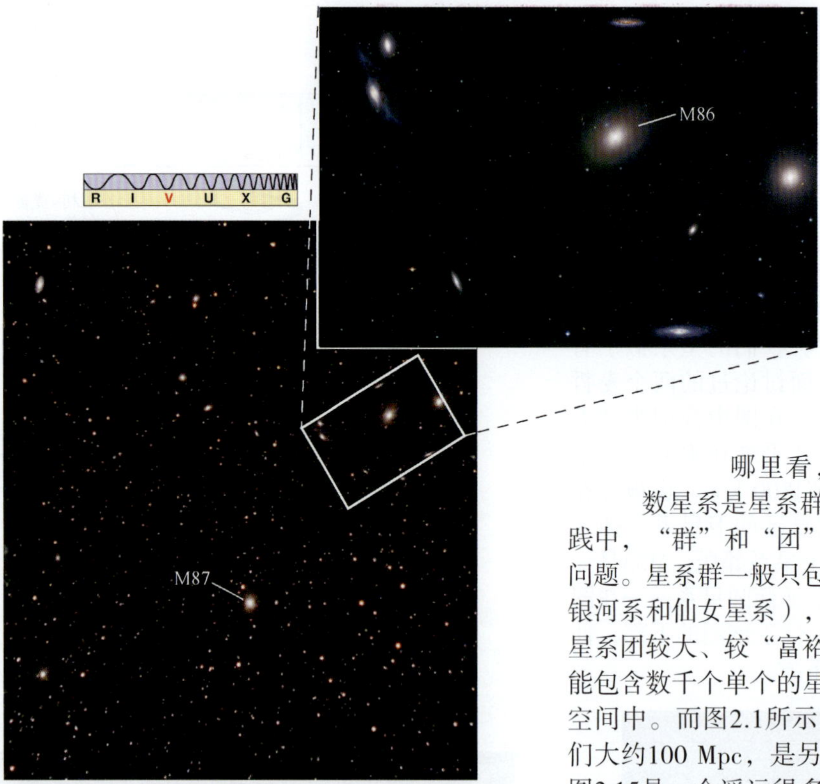

◀ 图2.14 室女星系团

在室女星系团的中央区域，距离地球约17Mpc的地方，可以看到许多大型的旋涡星系和椭圆星系。插入图显示了围绕着巨椭圆星系M86的几个星系。一个更大的椭圆星系——M87——在底部被标出，我们将在后面的章节中讨论。[M. 本 丹尼尔（M. Ben Daniel）、美国大学天文联盟（AURA）]

无论我们向宇宙的哪里看，都能发现星系，大多数星系是星系群或星系团的成员。在实践中，"群"和"团"的区别主要是一个习惯问题。星系群一般只包含几个明亮的星系（如银河系和仙女星系），且形状非常不规则；而星系团较大、较"富裕"，像室女星系团，可能包含数千个单个的星系，相对均匀地分布在空间中。而图2.1所示的后发星系团，距离我们大约100 Mpc，是另一个富星系团的例子。图2.15是一个遥远得多的富星系团的长曝光照片，距离地球约700 Mpc。有相当数量的星系（也许是40%）不是任何星系群或星系团的成员，它们显然是孤立的星系，沿着星系团际空间移动。（为简单起见，我们在后文中将使用"星系团"一词来指代任何引力束缚的星系集合，不管大还是小。）

总而言之，近50个星系分布在我们的银河系附近。它们中的三个（银河系、仙女星系和M33）是旋涡星系，其余都是矮不规则星系和矮椭圆星系。这些星系在一起形成了**本星系群**——宇宙中一个新的结构层次，比星系的尺度更大。如图2.13所示，本星系群的直径略大于1Mpc。银河系和仙女星系是本星系群目前最大的成员，大部分规模较小的星系被其中某一个的引力束缚着。本星系群中的星系靠引力结合在一起，像一个星团中的恒星，但尺度要大100万倍。更一般地，一个靠互相之间的引力而维持在一起的星系的集合叫作**星系团**。

走出本星系群，我们来到的下一个大星系团——室女星系团（见图2.14），以它被发现的星座的名字命名。室女星系团距银河系约17Mpc，包含的星系不只有50个，而是超过2500个。它们被引力约束成一个紧密联系在一起的组织，跨度约3Mpc。

▶ 图2.15 遥远的星系团

这个叫Abell1689的星系团包含数量巨大的星系，距离地球近10亿 pc。事实上，这张照片上每一个小光点都是一个独立的星系。依靠最强大的望远镜，天文学家现在可以看到，即使在这个很大的距离上，某些星系中也有旋涡结构。我们也看到许多星系碰撞，有些会相互夺走一些物质，还有的并合成单个星系。[美国国家航空航天局（NASA）]

我们将在第3章和第4章再讨论物质在宇宙中的大尺度分布。

科学过程理解 检查

✓ 天文学家测量遥远星系的距离时会遇到哪些问题？

2.3 哈勃定律

现在，我们已经看到了全宇宙星系的一些基本性质，让我们把关注点转移到星系和星系团的大尺度<u>运动</u>上。在星系团中，单个星系的运动多少会有些随机。你可能会想到，在更大的尺度上，星系团本身也有随机的、无序的运动——一些星系团向这边运动，一些向那边。但事实却并非如此：在大尺度上，星系和星系团都以一个非常<u>有序</u>的方式移动。

宇宙退行

1917年，在珀西瓦尔·洛厄尔领导下工作的美国天文学家维斯托·M.斯里弗报道说，几乎每一个他观测的旋涡星系的光谱都在红移——它们在远离我们的银河系。现在知道，除了少数邻近的星系，所有星系都加入了一个在所有方向上远离我们的总体运动。不属于任何星系团的单个星系在稳定地退行。星系团也有整体的退行运动，虽然其个别成员星系有一些随机移动。（考虑一个装满萤火虫的抛向空中的罐子，罐子内的萤火虫类似星系团内的星系，有来自个体意愿的随机运动，但罐子作为一个整体，如同星系团，是沿着特定方向运动的。）

图2.16显示了几个星系的可见光光谱，按照到银河系的距离从近到远排序。光谱是红移的，表明对应的星系正在退行，红移的程度在图上从上到下增加。多普勒位移与距离之间是相关的：距离越远，红移越大。宇宙中几乎所有星系都有这个趋势。（本星系群内的两个星系，其中包括仙女星系和室女星系团的几个星系，显示出正向我们靠近的蓝移，但这个结果并不能反映它们所在星系团的整体运动——回想一下在罐子里的萤火虫。）

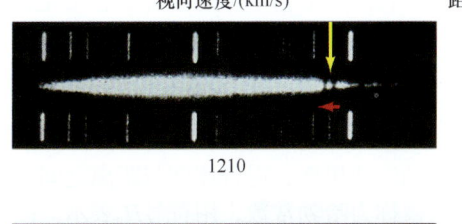

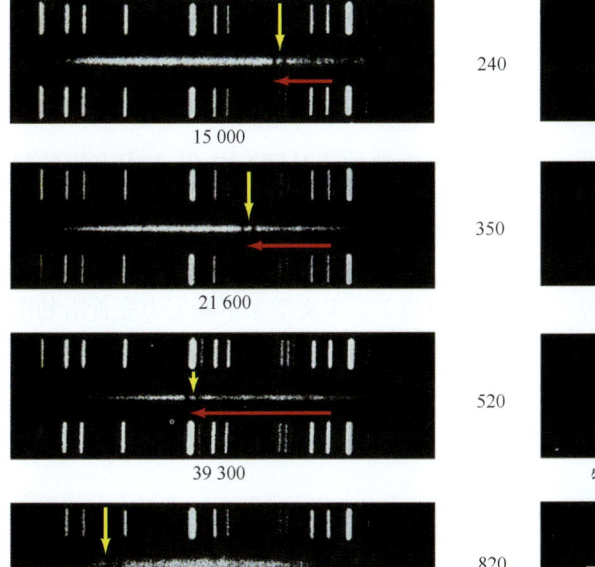
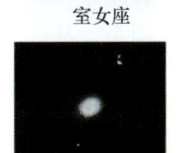

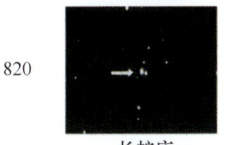

◀ **图2.16 星系光谱**
右列是几个星系的照片，左列是它们的可见光光谱。红移量（记为水平的红色箭头）和每个星系到银河系的距离（中央的数字）都是从上到下依次增加的。垂直的黄色箭头表示光谱上的同一对暗吸收线。每个光谱的顶部和底部的许多垂直的白线是实验室参考谱线。［改编自帕洛玛天文台（Paloma Observatory）/加州理工学院（Caltech）］

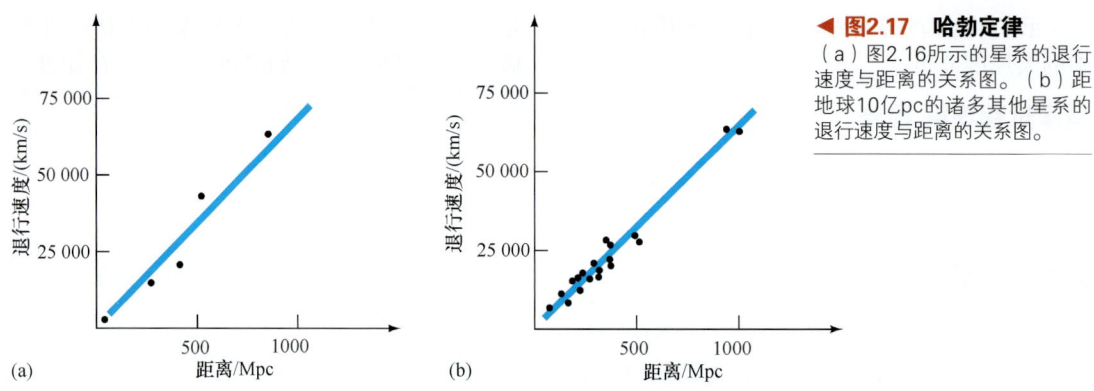

▲ 图2.17 哈勃定律
（a）图2.16所示的星系的退行速度与距离的关系图。（b）距地球10亿pc的诸多其他星系的退行速度与距离的关系图。

图2.17（a）为图2.16所示的5个星系的退行速度与距离的关系图。图2.17（b）是距地球10亿pc的诸多其他星系的类似关系图。这种图是由埃德温·哈勃在20世纪20年代首次提出的，现在以他的名字命名为**哈勃图**。数据点的位置通常接近一条直线，表明星系后退的速度与到我们的距离成正比。这条规律被称为**哈勃定律**。我们可以以任意一个星系集合构造这样一个图，通过这个图，我们能确定它们的距离和速度。哈勃图描述的普遍退行，有时也被称为哈勃流。

星系的退行运动证明了宇宙在最大尺度上既不稳定，也不是一成不变的。宇宙（实际上是空间本身，见4.2节）在膨胀！但是，我们应搞清楚究竟什么在膨胀，什么没有膨胀。哈勃定律并不意味着人类、地球、太阳系，甚至个别星系和星系团在物理尺寸上有所增加。这些岩石、行星、恒星和星系的原子靠自己内部的力结合在一起，并不会变得越来越大。只有宇宙最大的框架——分隔开星系团的浩瀚空间——在膨胀！

为了区分退行引起的红移与天体自身的运动引起的红移——例如，星系围绕星系团的运动或星系核的爆发事件，哈勃流导致的红移被称为**宇宙学红移**。如果一个天体距离特别远以至于表现出较大的宇宙学红移，我们就说该天体位于宇宙学距离——可以与宇宙本身的尺度相媲美的距离。

哈勃定律有一些相当戏剧性的影响。如果几乎所有的星系都根据哈勃定律在退行，那么是不是意味着它们一开始是从一个单一的点开始旅行的呢？如果我们能让时间倒流，是不是所有的星系都会飞回到这一点呢？也许这个点会是在遥远的过去的一个极其"暴烈"的事件的现场？答案是肯定的——但可能不是你所想的样子！在第4章和第5章，我们将探讨哈勃流的后果，我们宇宙的过去和未来的演化。但就目前而言，我们将哈勃定律的宇宙学意义先放在一边，仅仅先将它作为一种方便的测距工具使用。

哈勃常数

在哈勃定律里面，退行速度与距离之间的比例常数被称为**哈勃常数**，用符号H_0表示。图2.17所示的数据满足方程

退行速度 = H_0 × 距离

哈勃常数的值是图2.17（b）中直线的斜率——退行速度除以距离。通过图上的数字，我们得到约70 000km/s除以1000Mpc，得到70 km/（s·Mpc）（千米每秒兆秒差距，H_0最常用的单位）。天文学家不断努力完善哈勃图的精度和H_0的估计结果，因为哈勃常数是自然界的一个最基本的数，它确定了整个宇宙的膨胀速度。

哈勃得出的H_0的原始值约为500 km/（s·Mpc），远远高于目前公认的值。这种高估几乎完全源于当时对宇宙距离的观测错误，特别是造父变星和标准烛光的标度。随着各种观测误差的识别和解决，距离测量变得更可靠，H_0的测量值迅速下降。对外发布的H_0的估计数字大致在20世纪60年代中期进入"现代"范围（也就是说，偏离现代值不到20%）。

由于测量技术不断提高，哈勃常数的不确定性持续降低，在21世纪初，H_0的所有领先的测量，通过各种不同的技术——塔利-费舍尔测量、室女星系团造父变星的研究、标准烛光的观测（如Ⅰ型超新星）——得到的结果彼此非常一致。在本书的剩余部分，我们将采用这样一个四舍五入值：H_0= 70 km/（s·Mpc）（在最近的所有结果中大致处于中间的选择，并且还与一些我们将在第5章详细讨论的精确的宇宙学测量一致）作为当前哈勃常数的最佳估计值。

距离阶梯的顶端

利用哈勃定律，我们可以仅仅通过测量物体的退行速度，然后除以哈勃常数，得出一个遥远天体的距离。因此，哈勃定律位于距离测量技术的倒金字塔顶端（见图2.18）。这第七种方法很简单地由哈勃定律假设得出。如果这个假设是正确的，哈勃定律就可以让我们测量宇宙中遥远的距离，只要我们得到一个天体的光谱，我们就可以判断它有多么遥远。

许多红移天体的退行速度能达到光速的较大比例。迄今在宇宙中观测到的最遥远的天体——一些年轻的星系和类星体（2.4节）——的红移（波长增加的比例）可以达到8，这意味着它们的辐射在波长上不仅仅只是被移动了百分之几——我们曾经讨论过的大多数的天体的红移值就是如此——而是达到了9倍！它们的紫外光谱线一路红移进入了光谱的红外部分！详细说明2-1详细讨论了这样的大红移的意义和解释，显然暗示了退行速度可以与光速

相比。根据哈勃定律，表现出这么大红移的天体到我们的距离超过9000Mpc，几乎靠近天文学家仍未能探测的所能观测到的宇宙的极限。

光速是有限的。光——以及任何一种辐射——需要一定的时间，才能从空间中的一个点"旅行"到另一个点。我们现在看到的这些最遥远天体的辐射起源于很久以前。令人难以置信的是，这些辐射是近130亿年前发出的（见表2.2），大大早于我们的行星、我们的太阳，甚至我们银河系的诞生之时！

概念理解 检查

✓ 哈勃定律与本书中使用的其他河外星系距离测量技术有什么不同？

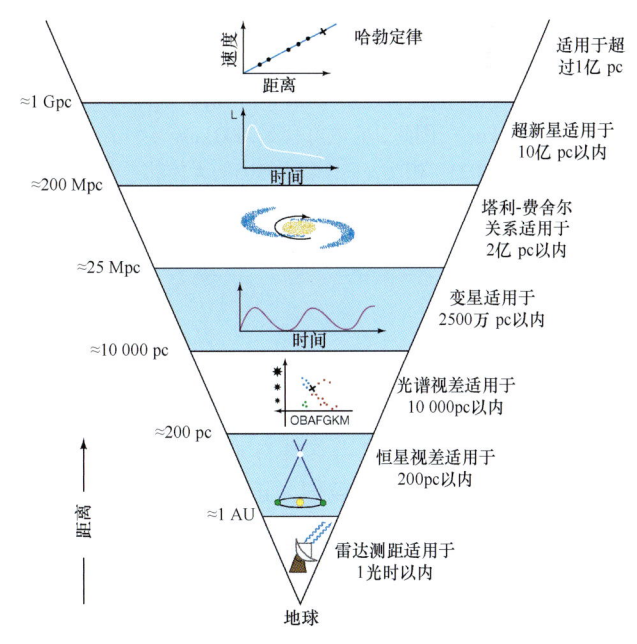

▲图2.18 **宇宙距离阶梯**
哈勃定律居于距离测量技术的最上层。它可以用来确定远到可观测宇宙的极限的天体的距离。

详细说明2-1

相对论红移和回溯时间

在讨论非常遥远的天体时,天文学家通常讨论它们的红移而不是距离。事实上,研究人员谈论一个事件发生在某个特定的红移是很平常的——也就是说,今天接收到的从该事件发出的光以特定的量发生了红移。当然,因为有了哈勃定律,红移和距离成了一回事。但是,红移是一个更好的量,因为它是一个可直接观测的天体性质,而距离是由红移与哈勃常数根据哈勃定律计算得出的,其值无法准确得到。(在第4章中,我们会看到,天文学家在宇宙学研究中为什么更喜欢使用红移的另一个更加根本的理由。)

一束光线的红移,被定义为光源退行运动增加的波长与原始波长之比,因此,红移为1,对应于波长翻倍。根据前面给出的多普勒频移公式,从一个以一定速度远离我们而去的源接收到的辐射的红移如下:

$$红移 = \frac{观测波长 - 真实波长}{真实波长}$$

$$= \frac{退行速度,v}{光速,c}$$

例子:让我们用两个例子来说明这个关系。将光速c四舍五入为300 000km/s。距离100Mpc的一个星系,退行速度(根据哈勃定律)为70 km/(s·Mpc) × 100 Mpc = 7000 km/s。因此,它的红移是7000 km/s ÷ 300 000 km/s = 0.023。相反,一个红移0.05的天体的退行速度为0.05 × 300 000 km/s = 15 000 km/s,因此距离为15 000 km/s ÷ 70 km/(s·Mpc) = 214 Mpc。

不幸的是,虽然上述方程在低速时是正确的,但它显然没有考虑相对论效应的影响。日常的物理定律在速度开始接近光速时必须进行修改,多普勒频移方程也不例外。虽然方程在速度远小于光速时有效,但当v=c时,红移却不是1,而是无穷大。也就是说,从接近光速远离我们的天体上发出的辐射,其波长几乎会红移到无穷大。

因此,即使你发现许多星系和类星体的红移大于1,也不要惊慌,这并不意味着它们正超光速退行,而只是意味着此时并不适用简单的公式。事实上,真正的红移和距离之间的联系是相当复杂的,需要我们对宇宙过去的历史做出关键的假设(见第4章)。我们可以使用表2.2代替公式,这是一个红移和距离的换算表。所有显示的值基于合理的假设,即使对很大的红移也可用。我们采用的哈勃常数为70 km/(s·Mpc),并假设一个平直的宇宙,物质(大多数是暗物质)对总密度的贡献只有1/4多一点(见4.6节)。表中的转换在本书中始终贯穿。以"v/c"开头的列提供基于多普勒效应并适当考虑相对论的等效退行速度。尽管如此,这也不是红移的正确解释(见4.2节),我们把它放在这里进行比较,仅仅是因为它是如此经常地出现在大众媒体上。

由于宇宙正在膨胀,星系的"距离"不能被非常明确地定义出来。所谓的距离,究竟是指我们今天看到的它的光在刚发出时的距离,还是现在它到我们的距离(如表中所示,即使我们并没有看到这个星系今天的样子),或其他一些更

2.4 活动星系核

2.1节中所描述的星系——符合不同的哈勃分类的那些星系——通常被称为正常星系。正如我们所看到的,它们的光度范围从矮椭圆星系和不规则星系的太阳光度的100万倍到最大的超巨椭圆星系的太阳光度的1万亿倍。为了便于比较,取其整数,银河系的光度为$2×10^{10}$太阳光度或大约10^{37}W。

在这最后两节,我们把注意力集中在"明亮"的星系上——这通常意味着星系的光度超过太阳光度的10^{10}倍。在这个意义上,我们的银河系是明亮的,但并不异常。

星系辐射

相当一部分明亮的星系——也许多达40%——不太适合被分类进"正常"的星系类型。它们的光谱与它们那些正常的"表兄弟"之间有显著的差异,它们的光度可以非常巨大,它们被统称为**活动星系**,是天文学家们非常感兴趣的天体。它们中最明亮的是宇宙中已知最活跃的天体,并且所有的活动星系都可以代表星系演化的重要阶段(见3.4节)。在可见光波段,活动星系往往看起来像正常星

合适的量？正是因为存在这种模糊，天文学家们在工作中更愿意使用一个被称为回溯时间的概念（如表2.2最后一列所示），这是一个简单的量，描述一个天体在多久之前辐射出我们现在所看到的光。天文学家经常谈论红移，有时谈论回溯时间，但他们几乎不谈论高红移天体的距离。（从来不提退行速度，尽管你常常从新闻中听到！）然后请记住，红移是在这个讨论中唯一明确的测量值。而所有的"派生"量，如距离和回溯时间，都要求我们做出关于宇宙是如何随时间演变的具体假设。

对于附近的源，回溯时间在数值上等于以光年表示的距离：今晚我们收到的一个距离我们1亿光年的星系的光，是在1亿年前发出的。然而，对于更遥远的天体，由于宇宙膨胀，回溯时间和目前以光年表示的距离不同，差异随红移的增加而显著增加。

做一个简单的比喻，想象一只蚂蚁爬过一个膨胀的气球表面，相对气球表面的速度是恒定的1cm/s。10s后，蚂蚁可能认为它已经走过了10cm的距离，但旁边的观测者用尺子测量会发现（沿着气球表面测量），它实际上爬过的距离超过10cm，因为气球在膨胀。以完全相同的方式，给定红移的星系的当前距离取决于宇宙在过去的膨胀。例如，一个星系现在位于距离地球150亿光年的地方，但它发出我们现在所看到的光时，它到地球的距离要近得多。因此，它的光抵达我们所花费的时间大大低于150亿年——事实上，只有大约100亿年。

表2.2 红移、距离和回溯时间

红移	v/c	当前距离/		回溯时间
		Mpc	10^6光年	/10^6年
0.000	0.000	0	0	0
0.010	0.010	43	139	139
0.025	0.025	107	347	343
0.050	0.049	212	691	674
0.100	0.095	419	1370	1300
0.200	0.180	820	2670	2440
0.250	0.220	1010	3300	2950
0.500	0.385	1910	6210	5080
0.750	0.508	2680	8750	6650
1.000	0.600	3350	10 900	7820
1.500	0.724	4450	14 500	9420
2.000	0.800	5300	17 300	10 400
3.000	0.882	6520	21 300	11 600
4.000	0.923	7370	24 000	12 200
5.000	0.946	8000	26 100	12 600
6.000	0.960	8490	27 700	12 800
7.000	0.969	8890	29 000	13 000
8.000	0.976	9220	30 100	13 100
9.000	0.980	9500	31 000	13 200
10.000	0.984	9740	31 800	13 300
50.000	0.999	12 400	40 400	13 700
100.000	1.000	13 000	42 500	13 800
∞	1.000	14 700	47 800	13 800

系——熟悉的结构，如星系盘、核球、恒星、暗尘埃带等都可以被看到。然而在其他波长，它们不寻常的特性更加明显。

正常的星系辐射出的大部分能量在电磁波谱上落在可见光部分或其附近，很像从恒星发出的辐射。事实上，在很大程度上，我们从一个正常的星系看到的光只是它的大量恒星发出的光的综合（星际尘埃的影响要考虑在内），可以近似用黑体曲线来描述。与此相反，如图2.19中所描绘的，活动星系的辐射峰值不在可见光范围内。最活跃的星系确实发出大量的可见光辐射，但它的能量中多得多的部分在非可见光波段被辐射出去，既包括比可见光波长更长的，也包括更短的。换句话说，活动星系的辐射与我们想象的不同——如果我们想象的辐射是无数恒星辐射的综合的话，它们的辐射被称为非星辐射。

许多非星辐射的明亮的星系被称为星爆星系——曾经是正常的星系，现在则到处都有大量的恒星形成，这最有可能是与邻近星系相互作用的结果。如图2.8所示的不规则星系NGC 1569是一个典型的例子。在第3章，我们将研究这些重要的星系及其在星系演化中的地位。然后，在本书中，我们将使用术语"活动星

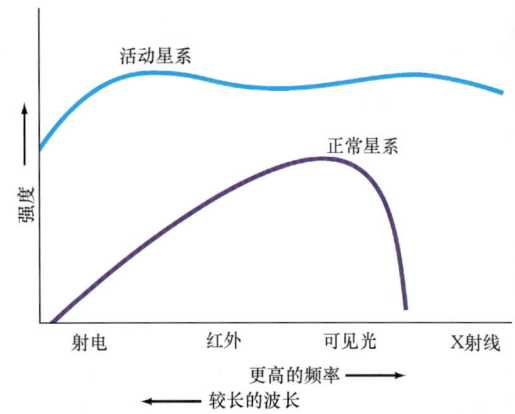

▲ 图2.19　星系能量光谱

正常星系发出的能量明显和活动星系发出的不同。此图展示了特定类型的所有星系的一般情况，并不代表任何一个单独的星系。

▲ 图2.20　活动星系

这张星系NGC 7742的照片活像一个煎鸡蛋，蓝色的环是恒星形成区，围绕着一个非常明亮的黄色核心，这个核心的宽度大约为1kpc。这个活动星系结合了恒星形成与它的中央核心的强发射，距离我们大约24Mpc。［美国国家航空航天局（NASA）］

系"来表示这样一个星系：其异常的活动与发生在星系核中或者附近的"暴力"事件相关。这种星系的核被称为**活动星系核**。

即使有这个限制，星系的性质仍然有相当大的变化，天文学家已经确定和编制了一系列性质各异的星系进入"活动星系"的类别。例如，图2.20显示了一个活动星系，同时展示出了核心的活动和广泛的恒星形成，带蓝色的新生恒星环围绕着一个宽度约1kpc的正在激烈发射的星系核。与其试图描述整个活动星系"动物园"，我们不如讨论三个基本类型：充满活力的赛弗特星系和射电星系以及更明亮的类星体。虽然这些天体都位于活动星系范围的"高亮度"边界，并且也许只占活动星系总数的百分之几，但其性质将允许我们确定和讨论一般活动星系的共同特点。

星系活动与中央核心的联系让人回忆起在第1章中讨论的银河系的中心。∞（1.7节）在银河系中，这一点似乎很清楚：星系核内的活动与中央超大质量黑洞——其存在是由观测星系最中心大约1 pc区域内恒星运行的情况而得出的——有关。正如我们将要看到的，大多数天文学家认为，在活动星系的核心，基本上也有相同的东西。"活动"星系和"正常"星系的主要区别在于，非星核心发出的辐射在一定程度上超过了星系的剩余部分发出的辐射。如

果想要了解星系的演化，这是一个非常重要的主题。我们将在第3章回到这个话题。在本章的剩余部分，我们集中描述活动星系和驱动它们的黑洞的特性。

赛弗特星系

1943年，卡尔·赛弗特——一位美国光学天文学家，在威尔逊山天文台研究旋涡星系，发现了一类活动星系，这类星系现在以他的名字命名。**赛弗特星系**的性质介于正常星系和已知最有活力的活动星系之间。

从表面上看，赛弗特星系类似于正常的旋涡星系，如图2.21（a）所示。事实上，赛弗特星系的星系盘和旋臂中的恒星产生的可见光辐射与正常的旋涡星系中的恒星大约相等。然而，大多数赛弗特星系的能量从星系核中发出——图中因为曝光过度而发白的区域。赛弗特星系核的亮度比我们银河系的中心亮大约10 000倍。事实上，最亮的赛弗特星系核的能量比整个银河系还要强10倍。

有些赛弗特星系产生的辐射涵盖了广泛的波长范围，从红外一直到紫外，甚至X射线。然而，它在红外波段辐射出大部分（约75%）能量。科学家认为，这些赛弗特星系发出的大部分高能辐射被星系核内或附近的尘埃所吸收，然后以红外辐射的形式再发射出去。

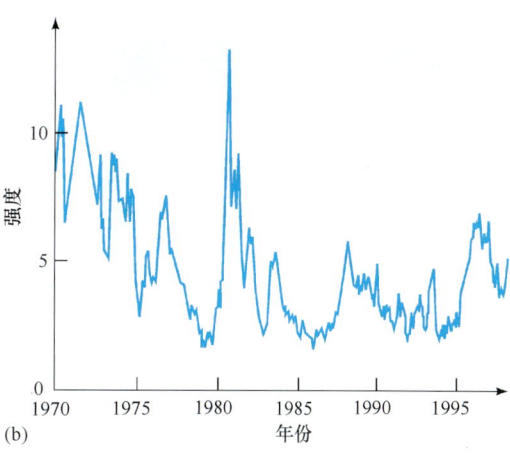

▲图2.21 赛弗特星系

(a) 圆规星系,一个有着明亮致密核心的赛弗特星系,距离我们4Mpc。这是离我们最近的活动星系之一。
(b) 该图说明了赛弗特星系3C 84光度的不规则变化(时间跨度超过30年)。这些观测基于射电波段。可见光和X射线的光度变化也是如此。[美国国家航空航天局(NASA)、美国国家射电天文台(NRAO)]

赛弗特星系的谱线与银河系中心的谱线很相似。∞(1.7节)有一些谱线非常宽,最有可能表示在星系核中有快速(5000km/s或以上)的内部运动。但并非所有的谱线都宽,有一些赛弗特星系并没有表现出有致宽的谱线。此外,它们的能量发射经常随时间变化[见图2.21(b)]。一个赛弗特星系的光度可以在远小于1年的时间里加倍或减半。这些光度的快速波动导致我们得出结论,赛弗特星系的能源必然相当致密——简单地说,一个天体不能在短于辐射穿过它所消耗的时间内发生"闪烁"。因此发射区的尺度必然小于1光年——考虑到大量的能量从其中发出来,这是一个非常小的区域。

总之,我们观测到的赛弗特星系的快速时变和强大的射电和红外光度意味着在它们的核心发生着"暴力"的非星活动。正如前面提到的,这个活动的性质类似于发生在我们自己银河系中心的过程,但其**量级**比发生在银河中心的相对温和的事件大数千倍。∞(1.7节)

射电星系

正如名字所暗示的,**射电星系**是在电磁波谱的射电部分释放出大量能量的活动星系。它们与赛弗特星系的区别,不仅在于它们辐射的波长,也在于其发射区域的外观和延展程度的不同。

图2.22(a)展示了射电星系半人马A,距地球约4 Mpc。这个星系的射电辐射几乎没有从致密的核发出的。相反,能量是从两个巨大的被称为射电瓣的扩展区域发射出的,**射电瓣**是圆形的气体云,跨越0.5Mpc的尺度,远远超出了可见光星系的范围。⊖射电星系的射电瓣无法被可见光探测到,但实在是非常巨大。从一端到另一端,它们的跨度通常可以达到银河系大小的10倍!可以与整个本星系群的规模相媲美。

图2.22(b)显示了该星系的可见光、射电和X射线发射之间的关系。在可见光波段,半人马A显然是一个巨大的E2型星系,直径约500 kpc,被一个不规则的尘埃带平分。半人马A是一个小星系团的成员,数值模拟表明,这种奇特的星系可能是一个椭圆星系和一个较小的旋涡星系在大约5亿年前碰撞的结果。在拥挤的星系团内,这种碰撞可能是司空见惯的(见3.2节)。射电瓣大致对称分布,大致垂直于尘埃带,从可见光星系的中心伸出,这表明它们由来自星系核并向相反方向喷出的物质组成。这一结论被下列事实所巩固:存在一对较小的靠近可见光星系的副瓣;在星系中央存在长度大约为1kpc的物质喷流,且这一喷流和主瓣的方向一致(也标在了图中)。

⊖相对于非星和星系辐射的不可见"活动"部分。术语"可见光星系",通常用来指活动星系的那些发出可见光的"恒星"辐射的部分。

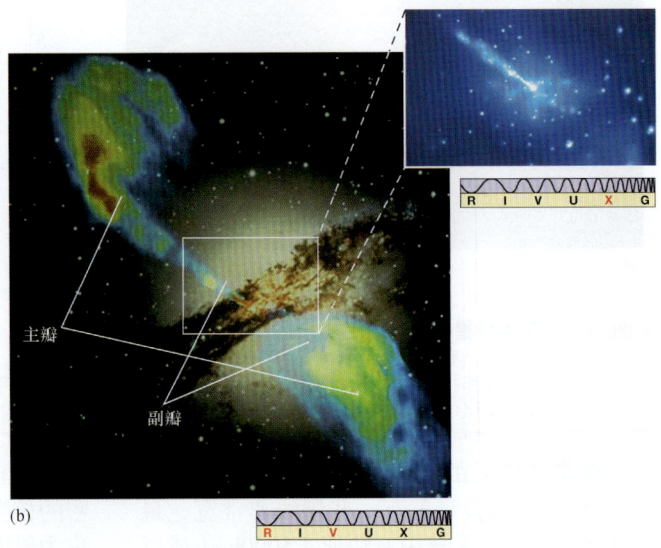

◀ 图2.22　半人马A射电瓣

射电星系，如半人马A，（a）通常有巨大的射电发射瓣，（b）从中央星系延伸100万光年或更多。整个天体可能是两个星系在大约5亿年前发生碰撞的结果。射电瓣不能在可见光波段成像，必须用射电望远镜观测。这里显示的是伪彩色，射电强度从红色到黄色到绿色到蓝色逐渐下降。右侧的插入图是钱德拉X射线望远镜拍摄的射电瓣之一的照片，显示出在射电瓣核心部分的喷流的确在发射高能辐射。[欧洲南方天文台（ESO）、美国国家射电天文台（NRAO）、史密松天体物理观测台（SAO）]

　　如果这些物质被星系核喷出时的速度接近光速，并随后放缓，那么半人马A的外瓣是在几亿年前建立的，很可能就是在发生碰撞时——那次碰撞形成了该星系现在奇怪的外观。副瓣最近被"驱逐"了。显然，半人马A中心的一些"暴力"过程——最有可能被碰撞所触发——在那时就开始了，从此将物质间歇喷发进星系际空间。

　　半人马A是一个相对低光度的源，从天文学上来说，恰好离我们非常近，使得它特别容易被研究。图2.23显示了一个更强大的发射源，被称为天鹅座A，距地球大约250Mpc。图2.23（b）的高分辨率射电图像清楚地显示出两个狭窄且高速的喷流从可见光星系中心（在射电图像中心的点）延伸到射电瓣。请注意，半人马A、天鹅座A是一个小星系团的一员，光学图像[见图2.23（a）]似乎表明了两个星系的碰撞。

　　最明亮的射电星系的射电瓣（如天鹅座A）发射出的能量比银河系发射出的所有波长的能量加在一起的10倍还多，巧合的是，最明亮的赛弗特星系核所发出的能量的强度大致相同。然而，尽管它们的名字叫射电星系，但它们实际上在更短的波长上辐射出的能量要多得多。它们的总能量发射可以比它们的射电辐射强100倍，甚至更多。大多数这种能量来自可见光星系的核心。明亮的射电星系的总光度高达银河系的1000倍，是宇宙中已知的能量最大的天体。它们的射电发射让我们能详细研究小尺度的星系核和大尺度的射电瓣之间的联系。

　　并非所有的射电星系都有明显的射电瓣。图2.24显示了核主导的射电星系，其大部分能量从一个直径不到1pc的小型中央核心（射电天文学家称之为核区）中发射出来。较弱的射电发射来自围绕核心的延伸区域。所有的射电星系很可能都有喷流和射电瓣，但我们所观测到的结果取决于我们的视角。如图2.25所示，当我们从侧面观测射电星系时，我们看到喷流和射电瓣。但是，如果我们几乎正好从喷流的上方看——换句话说，纵向看着射电瓣——我们就看到了一个核主导星系。

▲ 图2.24　核主导射电星系

这是一幅射电星系M86的射电信号等高线图，射电辐射来自明亮的中央核心，该核心被一个延伸的、不太强烈的射电晕所包围。这幅射电图叠加在该星系和一些邻近星系的光学图像上，之前的图2.14显示了这个区域的更大的视场。［哈佛–史密松天体物理中心（CFA）］

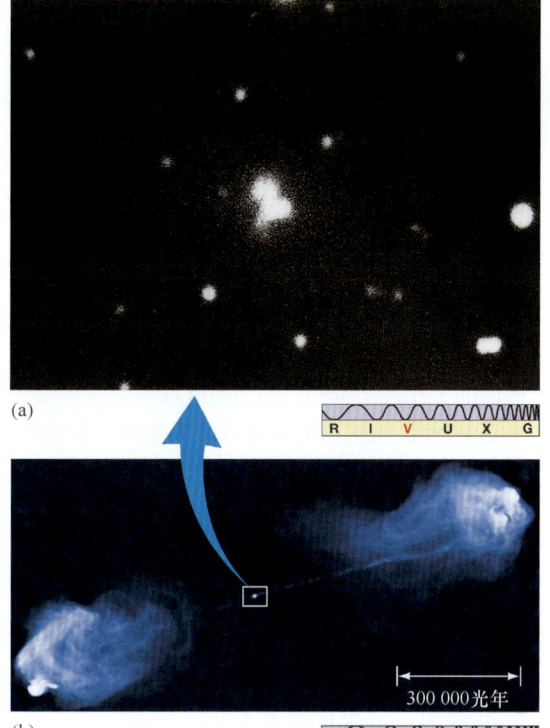

▲ 图2.23　天鹅座A

（a）天鹅座A的可见光图像似乎显示了两个星系的碰撞。（b）在更大的尺度上，在可见光图像的两边显示了射电发射瓣（以蓝色绘制）。图（a）中的星系是图（b）中心小圆点的大小。［美国国家光学天文台（NOAO）、美国国家射电天文台（NRAO）］

2.26（a）］显示了一个大而模糊的光球——一个看起来还算正常的E1型星系，直径大约为100 kpc。短时间曝光的图像［见图2.26（b）］，只拍摄了星系明亮的中心区，揭示了一个长（2 kpc）而细的物质喷流，从星系中心以接近光速喷出。计算机增强的图像显示，这个喷流由一系列比较均匀的沿其长度方向间隔开的"斑点"组成，暗示这些物质是在爆发活动期间被喷出的。喷流也被成像在射电波段、红外波段［见图2.26（c）］和X射线波段。

我们相对于喷流的精确位置也可以从根本上影响我们看到的辐射类型。相对论告诉我们，由接近光速运动的粒子发出的辐射在运动方向上高度集中，或者说被强力约束。因此，如果图2.25的观测者恰好与辐射束成一条直线，她接收的辐射就会非常强烈，且向短波方向发生多普勒频移。这样产生的天体叫作耀变体。数百个已知的耀变体的光度以X射线或γ射线的形式被接收到。

喷流是所有类型的活动星系的一个相当普遍的结构。图2.26给出了超巨椭圆星系M87的几幅图像——这是室女星团（见图2.14）中一个突出的成员。长时间曝光的图像［见图

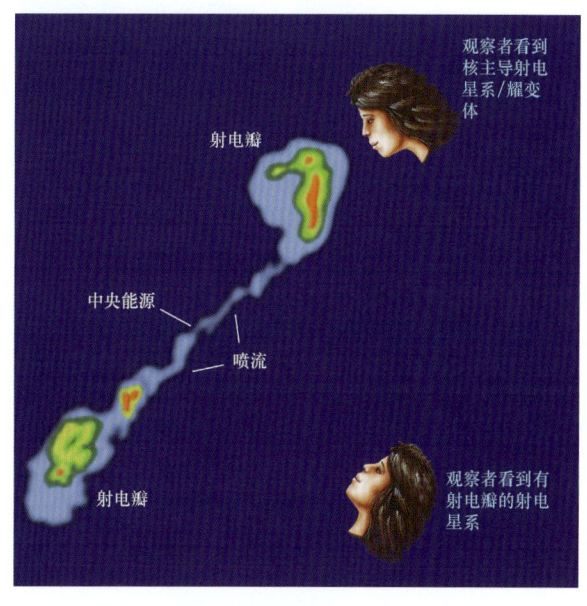

▶ 图2.25　射电星系

一个中央能量源产生高速物质喷流，喷流与星系际气体相互作用，形成射电瓣。这个星系在我们看来既可能有射电瓣，也可能是一个核主导射电星系，取决于我们与喷流和射电瓣的位置关系。

56 今日天文

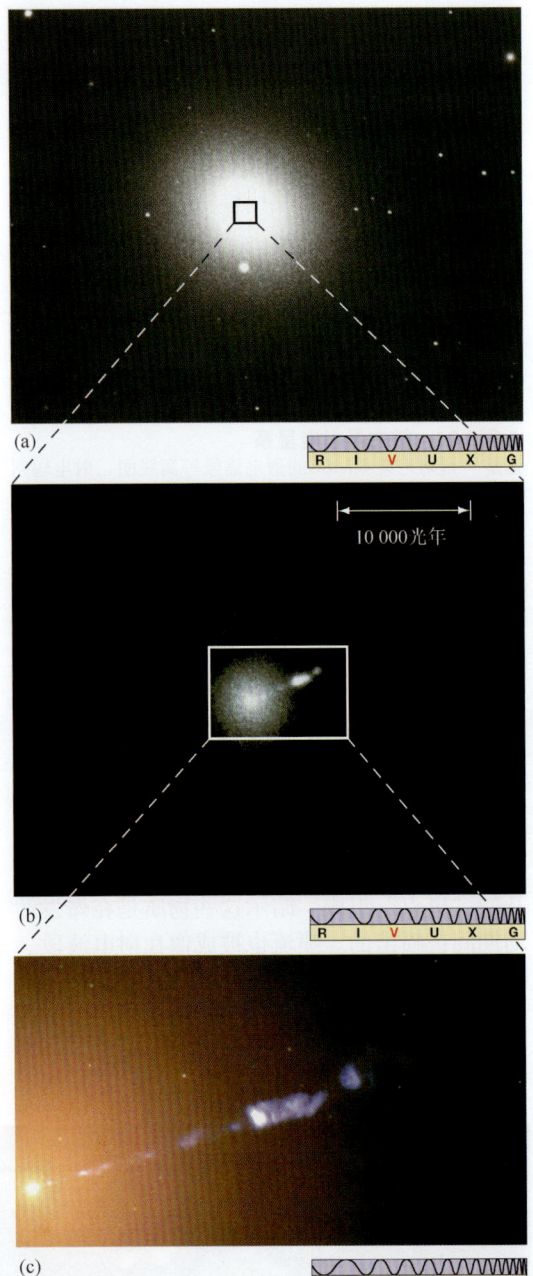

▲ 互动图2.26　**M87的喷流**
超巨椭圆星系M87（也叫室女座A）以不同的放大倍数显示在这里。（a）光学波段长曝光图像，显示了星系的晕和嵌入式中心区域。（b）其核心在光学波段的短曝光图像，显示了一个有趣的物质喷流，尺度稍小。（c）M87喷流的红外图像，与图（b）相比分辨率更高。图（c）中左侧的亮点是该星系明亮的核心，中央附近的明亮斑点对应于图（b）中可见的喷流明亮的"结"。[美国国家光学天文台（NOAO）、美国国家航空航天局（NASA）]

概念理解 检查

✓ 活动星系核的能量释放并不像一个黑体曲线。为什么这很重要呢？

类星体

在射电天文学的初期，许多射电源还没有找到在光学波段的对应天体。到1960年，第3剑桥射电源表中列出了几百个这样的射电源，天文学家扫视天空，寻找这些射电源的光学对应体。他们的工作是困难的，因为射电观测的分辨率低（这意味着观测者不知道观测的精确方位在哪里），而这些天体在可见光波段又很暗。

1960年，天文学家在射电源3C 48（第3剑桥射电源表中的第48个天体）的位置似乎探测到一颗暗淡的蓝色恒星，并拍摄了它的光谱。这个天体古怪的光谱含有许多未知的、不寻常的宽发射线，这在当时无法解释。3C 48是一个独特的奇怪天体，直到1962年，另一个类似的——也同样神秘的——暗淡的蓝色天体被发现，它也有着很奇怪的谱线，被确认是射电源3C 273（见图2.27）。

接下来的一年有了突破，天文学家意识到，3C 273的谱线中最强的未知线其实就是熟悉的氢的谱线，只不过红移到了一个非常陌生的数值——红移幅度约16%，对应的退行速度达48 000km/s！图2.28显示了3C 273的光谱。图上标出了一些明显的发射线和它们的红移程度。一旦这些奇怪的光谱被认了出来，天文学家很快就发现3C 48的光谱有类似的解释，而它的红移竟然高达37%！暗示它远离地球的速度达到惊人的近三分之一光速！

它们超高的速度意味着这两个天体都不是我们银河系的成员。事实上，它们的大红移表明它们其实位于很远的地方。应用哈勃定律（我们采用的哈勃常数值是$H_0 = 70$ km/(s·Mpc)），我们得到3C 273的距离为650 Mpc，3C 48的距离为1400 Mpc。（再看一下"详细说明2-1"，可以获得这些距离是如何确定的，以及这么大的红移意味着什么等更多信息。）

然而，对不寻常光谱的这一解释造成了一个更大的神秘。使用平方反比定律进行一个简单的计算揭示出这样一个事实：尽管其光学外观不起眼（见图2.29），但这些暗淡的"星星"事实上是宇宙中已知最明亮的天体！例如，天体3C 273的光度大约为10^{40}W，

第2章 星系 57

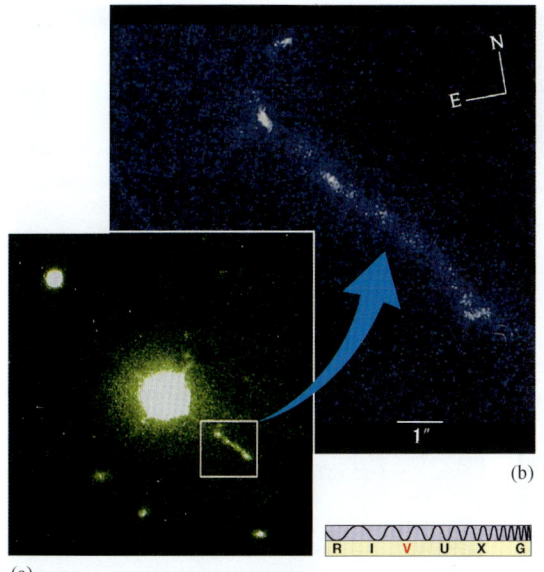

▲图2.27 类星体3C 273
（a）明亮的类星体3C 273显示出发光的物质喷流，但是类星体的主体在外观上像一颗恒星。（b）喷流延伸约30kpc，在这张高分辨率图像上可以看得更清楚。[美国大学天文联盟（AURA）]

地方。

类星体与赛弗特星系和射电星系有着许多共同的性质。它们的辐射是非星的，亮度可能会在以月、周、天，或者（在某些情况下）甚至小时为单位的时间里发生不规则变化，一些类星体显示出喷流和延伸的发射结构的证据。注意3C 273的发光物质喷流（见图2.27）——让人联想到M87中的喷流——从类星体的中心向外延伸近30 kpc。图2.30显示了一个有着射电瓣的类星体，其射电瓣与天鹅座A[见图2.23（b）]中所看到的类似。类星体已经在电磁波谱的所有部分被观测到，虽然其能量的大部分发射集中在光学和红外波段。约10%~15%的类星体（被称为"射电强"的类星体）也在射电波段发射出大量能量，这可能是未知的喷流所致。

天文学家曾经基于活动星系和类星体的外观、光谱，以及到我们的距离来区别它们，但今天，大多数天文学家认为，类星体其实只是遥远活动星系的活动强烈的明亮核心——这些星系过于遥远，以至星系本身无法被看到。（图3.19展示了哈勃太空望远镜观测到的几个相对较近的类星体，周围的星系清晰可见。）

科学过程理解 检查

✓ 对类星体距离的测定如何改变了天文学家对这些天体的了解？

相当于20万亿倍太阳光度或1000倍银河系光度。更普遍的是，类星体的光度范围从大约10^{38}W——约相当于最明亮的赛弗特星系——到高达近10^{42}W。而10^{40}W（相当于明亮的射电星系的光度）这个值比较典型。

这些天体显然不是恒星（因为其巨大的光度），它们被称为类星的射电源（"类星的"意思是外观像恒星）或类星体。（这个名字现在仍然使用，尽管我们已经知道，不是所有的这种高红移、恒星样的天体都是强射电源。）目前已经发现超过200 000个类星体，随着大尺度的巡天将空间探测得越来越深，这个数字还在快速增加（见探索3-1）。最近的类星体距我们240 Mpc，最远的位于9000 Mpc之外。大多数类星体均位于距离地球超过1000 Mpc处。由于光速是有限的，所以这些遥远的天体代表了宇宙遥远的过去。言下之意是，大多数的类星体可以追溯到星系形成与演化的极早期，而不是更近的时期。这些充满活力的天体在很远的距离处普遍存在，告诉我们宇宙曾经是一个比今天"暴力"得多的

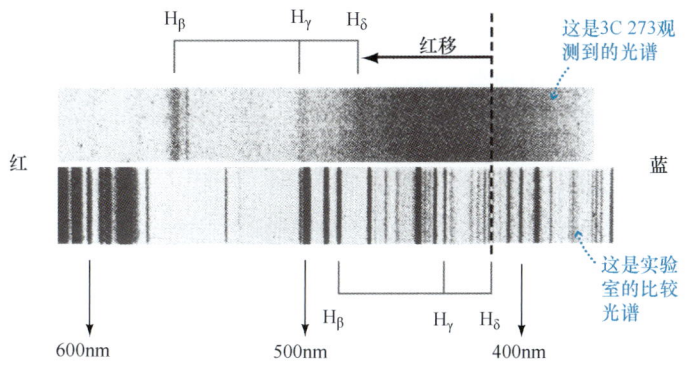

▲图2.28 类星体光谱
遥远的类星体3C 273的可见光光谱（这是一张负片，所以谱线实际上是发射线）。注意被标记为H_β、H_γ、H_δ的三根谱线的红移和宽度。红移表明类星体的巨大距离。谱线的宽度意味着类星体中快速的内部运动。[改编自帕洛玛天文台（Paloma Observatory）/加州理工学院（Caltech）]

▲图2.29 典型的类星体
虽然类星体是宇宙中最明亮的天体，但它们在外观上往往给人印象不深。在这个光学图像中，一个遥远的类星体（箭头标记）看上去（在天空中）接近附近的正常恒星。类星体远得多的距离使它看起来比恒星暗，但本质上它比恒星亮得多。类星体通常在外观上像恒星，但可以通过其不同寻常的非星的颜色或光谱来确认。[斯隆数字化巡天（SDSS）]

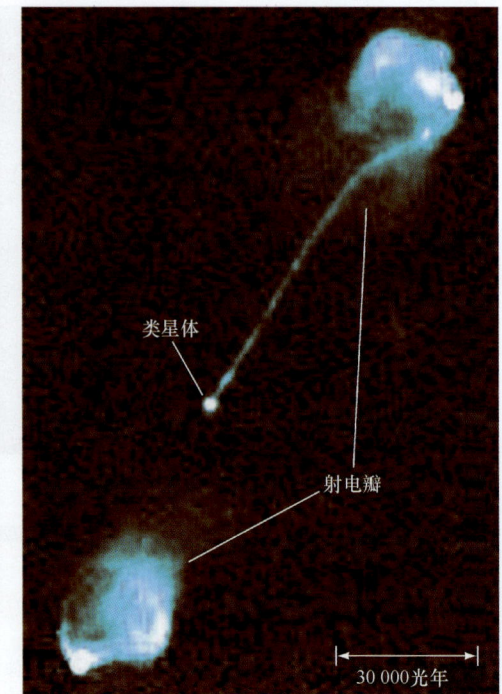

▲图2.30 类星体喷流
这是距我们大约3000Mpc的类星体3C 175的射电图像，显示了冲向射电瓣的射电喷流。射电瓣自身跨越了约100万光年——大小相当于前面讨论的射电星系（参见第33页的本章开篇图。）[美国国家射电天文台（NRAO）]

2.5 活动星系的中央引擎

天文学家目前的共识是，尽管在外观和光度上有区别，但赛弗特星系、射电星系、类星体——以及"正常"的星系核——共享一个通用的能量生成机制。

作为一个种类，活动星系核有着以下部分或全部的性质：

1) 它们有着高光度，一般大于10^{37}W——这是一个明亮的正常星系的典型特征。

2) 它们的能量发射大多数是非星的——不能被解释为上万亿颗恒星辐射的组合。

3) 它们的能量输出可以是高度可变的，这意味着它们的能源是从一个小的中央核心发出的——远小于1 pc。

4) 它们可能会表现出喷流和其他爆炸活动的标志。

5) 它们的可见光谱可能显示出致宽的发射线，说明产能区有迅速的内部运动。

6) 通常情况下，这些活动似乎与星系之间的相互作用有关。

那么，核心问题是，如此巨大的能量如何才能从这些相对较小的空间区域出现？为什么辐射是非星的？喷流和延伸的射电发射瓣的起源是什么？我们首先考虑能量是如何产生的，然后再讨论能量是如何被实际发射到星系际空间的。

能量产生

如图2.31所示，活动星系中央引擎的领先模型是银河系中驱动X射线双星和银河系核心活动的过程——一个超大质量黑洞吸积气体，物质在掉落到中央黑洞的过程中释放出巨大的能量——的放大版。∞（1.7节）为了驱动最明亮的活动星系，理论表明，对应的黑洞必须比太阳的质量大数十亿倍。

质量–能量的10%或20%会被辐射出去。由于一颗类太阳恒星的总质量–能量——质量乘以光速的平方——大约是2×10^{47} J，因此可以得出结论，要想支撑一个明亮的活动星系10^{38}W的亮度，"只需要"一个10亿倍太阳质量的黑洞每10年消耗1个太阳质量的气体就能提供。活动星系光度的大小，对应于所需要燃料的多少。因此，要想驱动一个10^{40}W的类星体——比前面的例子亮100倍——黑洞只需要简单地消耗多出100倍的燃料，或每年消耗10颗恒星。10^{36}W的赛弗特星系的中央黑洞每千年只需要吞噬1个太阳质量的物质。

发射区的小尺寸是致密中央黑洞的直接后果。即使是10亿倍太阳质量的黑洞的半径也只有3×10^9km或10^{-4}pc——约20AU。理论表明，产生了大部分辐射的吸积盘的直径远小于1pc。吸积盘中的不稳定性可能会导致释放出的能量产生波动，从而导致在许多天体中观测到的变化。在许多活动星系的核心中看到的谱线展宽，可能产生于气体在黑洞强大引力下的快速轨道运动。

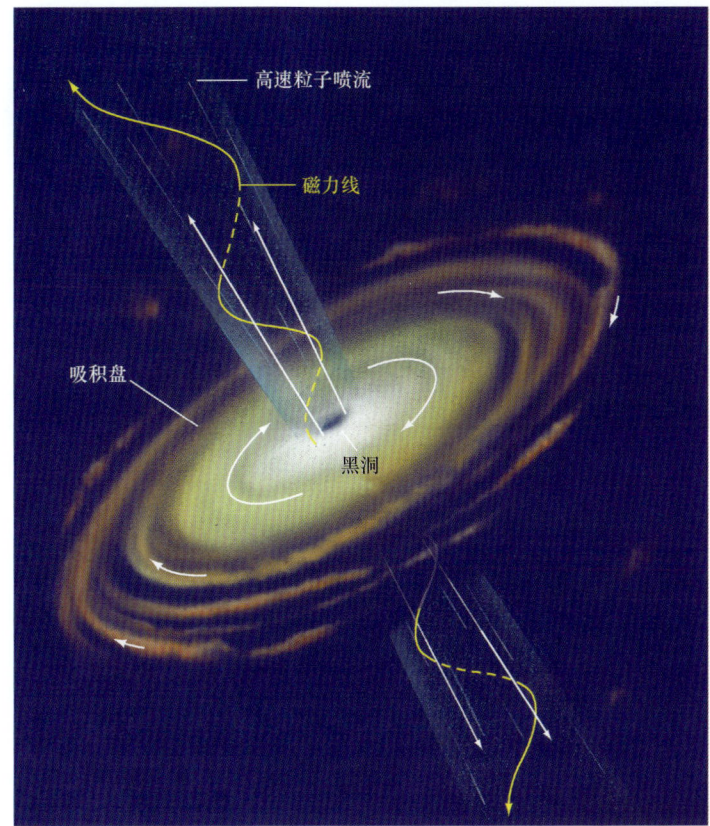

▲图2.31　活动星系核

关于活动星系核能源的领先理论认为，这些天体是由物质被吸积到一个超大质量的黑洞上所驱动的。物质呈螺旋状流向黑洞，被加热，产生巨大的能量。同时，气体的高速喷流可垂直于吸积盘喷射出去，形成在许多活动星系中观测到的喷流和瓣。带电物质运动驱动了星系盘中的磁场，磁场被喷流带进射电瓣，在那里，它们对产生可被探测到的辐射起着至关重要的作用。

如同之前介绍过的尺度较小的类似模式，下落的气体形成一个吸积盘，螺旋向下落入黑洞，被盘内的摩擦加热到很高的温度，结果释放出巨量的辐射。然而，在活动星系的情况下，吸积气体不是来自一颗伴星——比如在恒星世界的X射线源的情况——而是来自所有的恒星和星际气体云，它们最有可能是因为与另一个星系的偶遇——该星系离黑洞太近而被其强大引力撕碎——而被转入星系中心。

吸积过程可以非常有效地把减少的质量（以气体的形式）转换成能量（以电磁辐射的形式）。详细的计算表明，下落物质在穿过黑洞的事件视界而永远消失之前，有高达总

喷流似乎是吸积流的普遍结构，有大有小。图2.31所示的喷流是由从吸积盘内部区域炸向空间——并完全脱离了星系的可见部分——的物质（主要是电子和质子）组成的。它们最有可能由吸积盘本身产生的强磁场形成。这些磁场加速带电粒子到接近光速，并以平行于吸积盘自转轴的方向将它们喷射出去。图2.32展示了一幅哈勃太空望远镜拍摄的图像：一个气体和尘埃盘位于室女星系团中射电星系NGC 4261的核心。符合刚才描述的模型——与盘面垂直的巨大喷流从该星系的中心发出。

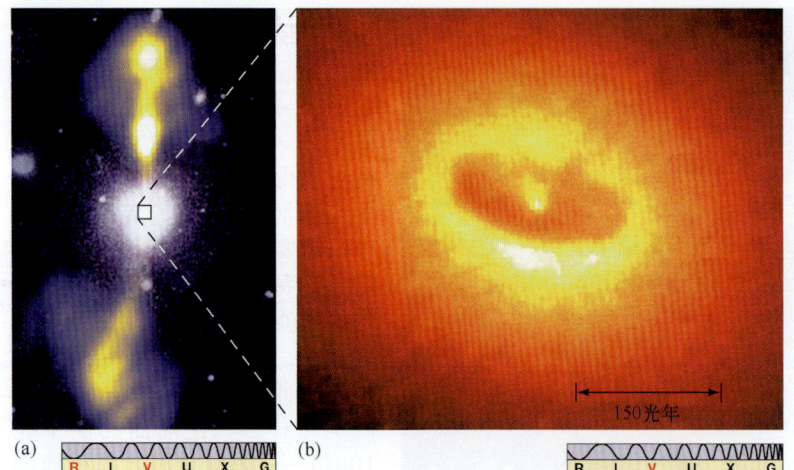

▲图2.32 巨椭圆星系
（a）这是一幅室女星系团中巨椭圆星系NGC 4261的可见光/射电波段合成图像，在中心展示了一个白色可见光星系，从星系延伸出约60kpc的蓝−橙（伪彩色）射电瓣。（b）星系核心的更详细的照片，揭示了一个100pc直径的盘环绕着一个明亮的中心，这个中心里被认为存在着一个黑洞。［美国国家射电天文台（NRAO）、美国国家航空航天局（NASA）］

图2.33显示了支持该模型的进一步证据——以M87中心的成像和光谱数据的形式，暗示了一个快速旋转的物质盘围绕星系中心运动，并与喷流垂直。针对盘对面的气体速度的测量表明，在中心几秒差距范围内的质量约为3×10^9倍太阳质量，我们可以假设这是中央黑洞的质量。在M87的距离上，HST的0.05″的角分辨率对应的尺度大约为5 pc，所以我们还远远没有看到（太阳系大小的）中心黑洞本身，但是改进后的"间接"证据已经使许多天文学家确信了该理论基本正确。

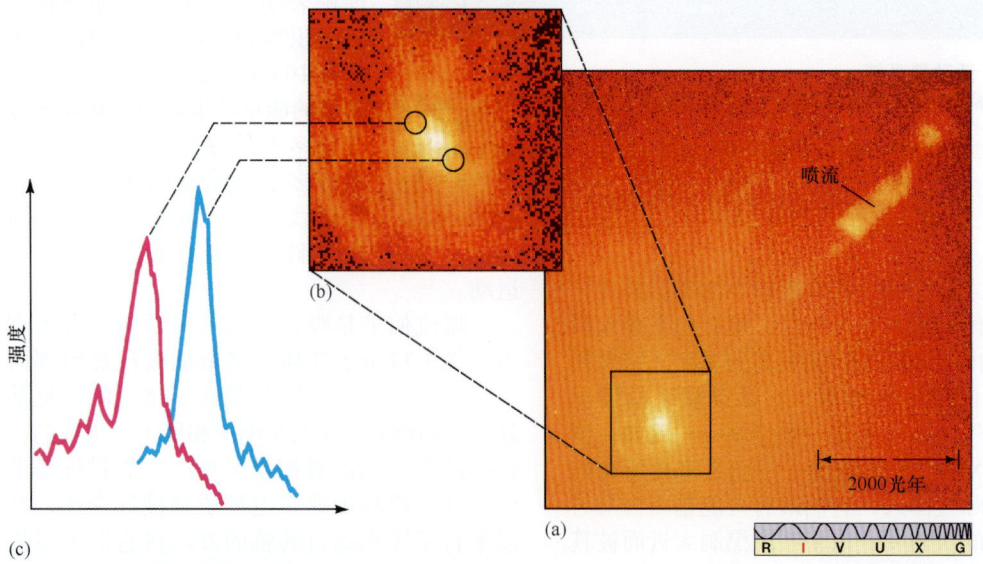

▲图2.33 M87的盘
M87的照片和光谱支持在这个星系的心脏有一个快速旋转的吸积盘的想法。（a）M87的中央区域，类似于图2.26（c）所示，显示了星系明亮的核心和喷流。（b）核心的局部放大图，揭示了一堆旋涡状的恒星、气体和尘埃。（c）在核心对面观测到的光谱线结构展示了形成对比的红色和蓝色的多普勒频移，这意味着一侧的物质朝我们运动，另一侧的物质则逐渐远离。很显然，一个吸积盘在垂直于喷流旋转，在它的中心是一个具有约30亿倍太阳质量的黑洞。［美国国家航空航天局（NASA）］

能量发射

理论表明，围绕一个超大质量黑洞的吸积盘的辐射应该跨越广阔的波长范围，从红外到X射线，对应于在吸积盘中被加热的气体的广阔温度范围。这造成了观测到的一部分活动星系核的光谱。然而，在许多情况下，从吸积盘发出的高能辐射会被核心外面的物质"再加工"——就是说，被吸收，然后以较长的波长再发射——然后才到达我们的探测器。

研究人员认为，最有可能的再加工位置是一个围绕着中央产能吸积盘的、相当丰满的、甜甜圈状的气体和尘埃环。如图2.34所示，如果我们投向黑洞的视线不与这个尘埃的"甜甜圈"十字相交，我们就能看到"裸"的能量源发射出大量的高能量辐射（有着宽的发射线，因为我们可以在黑洞附近看到快速移动的气体）。如果我们的视线被"甜甜圈"遮挡，我们就会看到大量的被尘埃再辐射的红外辐射（只有窄的发射线，来自远离中心的气体）。"甜甜圈"本身的结构具有不确定性，并可能在事实上与图中这个看起来相当普通的环没有什么相似之处。许多天文学家怀疑，吸收区域实际上可能是一个气体的致密外向流，在吸积盘的外侧边缘被内部的强辐射驱动。

一个不同的再加工机制运作在许多喷流和射电瓣上，该机制涉及可能产生在吸积盘内并由喷流带到星系际空间的磁场（见图2.31）。正如图2.35（a）所描绘的，任何时候，一个带电粒子（在这里为电子）遇到磁场，粒子会趋向于沿磁场线做螺旋运动。在讨论地球磁层和太阳活动时，我们已经遇到了这样的想法。

随着粒子的螺旋运动，它们发射电磁辐射。这样产生的辐射，叫作**同步加速辐射**，以首次观测到这种辐射的加速器命名。这种辐射

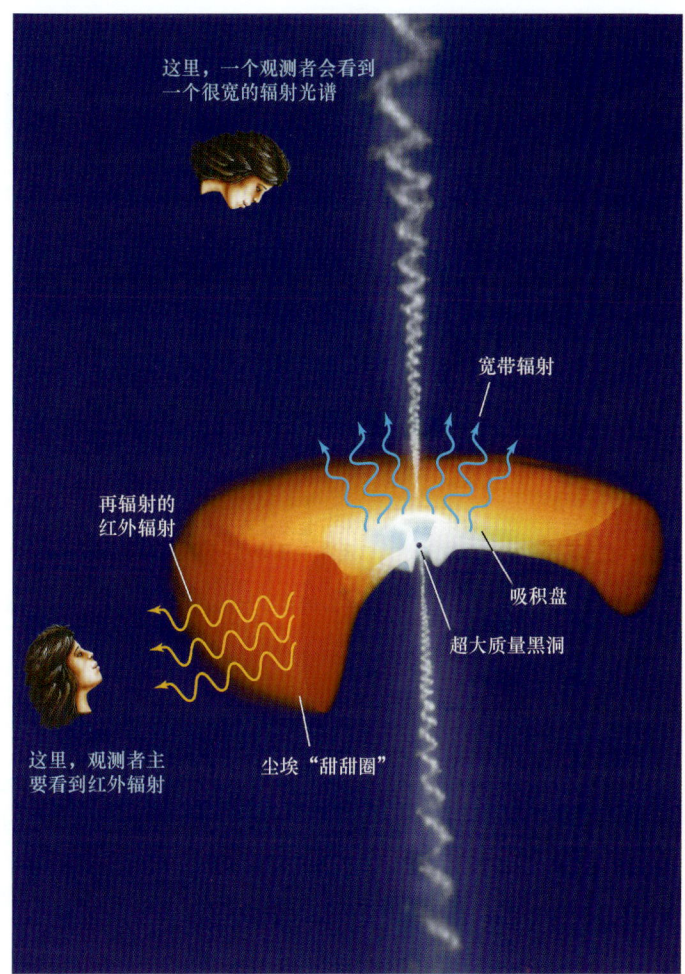

▲图2.34　尘埃"甜甜圈"
围绕一个大质量黑洞的吸积盘，由许多不同温度的热气体（最靠近中心的最热）组成——在这里进行了一些艺术想象。当从上面或下面看时，吸积盘辐射出很宽的电磁波谱，能量一直延伸到X射线区域。然而，最终驱动了整个系统的混杂着尘埃的下落气体，被认为在吸积盘之外形成了一个丰满的、甜甜圈状的区域（这里以红色显示），从而有效地吸收了大部分到达它的高能辐射，并主要以较冷的红外辐射的形式将其重新发射。因此，当我们从侧面看吸积盘时，能观测到强大的红外发射。（与图2.25进行比较。）［改编自D. 贝里（D. Berry）］

实质上是**非热的**，这意味着辐射和辐射天体的温度之间没有联系。因此，辐射不能被描述为黑体曲线。相反，它的强度随着频率的增加而减小，如图2.35（b）所示。这恰好可以解释射电星系和射电类星体辐射的全部光谱。从活动星系核的喷流和射电瓣接收到的辐射的观测结果与同步加速辐射完全一致。

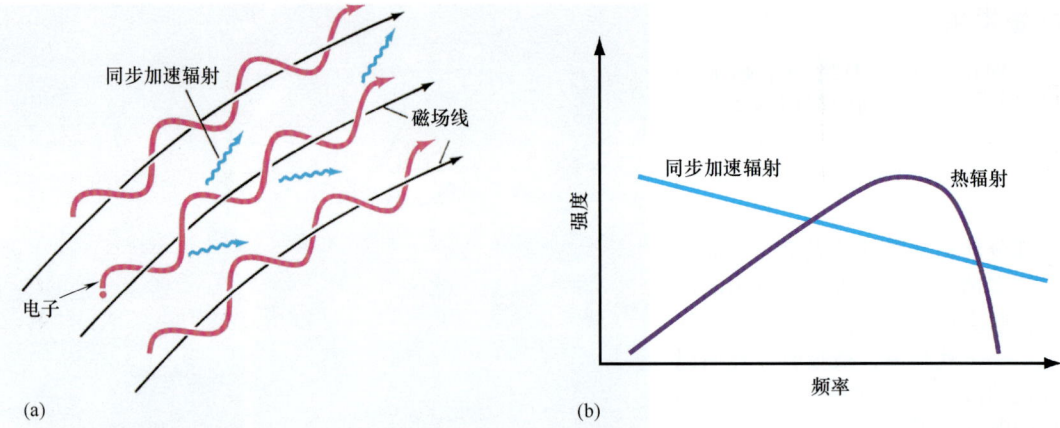

▲图2.35 非热辐射

（a）带电粒子，特别是快速移动的电子（红色），在磁场中（黑色）螺旋运动时，发射出同步加速辐射（蓝色）。这个过程并不限于发生在活动星系，也发生在较小的尺度上——当带电粒子与地球的范艾伦带相互作用时，当带电粒子在太阳黑子上弯成拱形时，以及在中子星附近时，还有在我们自己的银河系中心∞（1.7节）。（b）热辐射和同步加速（非热）辐射的频率有不同的变化。热辐射由曲线描述，峰值频率依赖于辐射源的温度。相比之下，非热的同步加速辐射在低频更加强烈，与辐射源的温度无关。（与图2.19进行比较。）

最终，喷流被星系际介质减速和停止，定向流变成湍流，磁场也变得纠结。其结果是一个巨大的射电瓣，以同步加速辐射的形式发射几乎所有的能量。因此，即使射电发射来自一个令可见光星系也相形见绌的巨大的、扩展的空间，其能量的来源仍是位于星系中心的吸积盘——体积比射电瓣小100亿亿倍。喷流只不过是一个导管，从核心向外运输能量。能量被驱动进入射电瓣，在那里，它被最终辐射进太空。

半人马A的内瓣和M87喷流中的斑点的存在，意味着喷流的形成可能是一个间歇的过程（或如同之前在赛弗特星系中讨论的情况，也许根本没有发生）。正如我们看到的，也有证据表明，许多——即使不是全部——在邻近的活动星系中观测到的活动是由与"邻居"的相互作用而引起的。许多邻近的活动星系（例如，半人马A）似乎已经"深陷"于与另一个星系的相互作用中，暗示燃料的供应可以由一个"同伴"提供。潮汐力将气体和恒星转移到星系核，并触发可能会持续数百万年的爆发。

活动星系在活跃的爆发之间是什么样子的？我们看到的正常星系和它们之间存在什么其他的联系？要回答这些重要的问题，我们必须更深入地研讨星系演化这个主题，这是我们在第3章中要开启的。

概念理解 检查

√ 一个超大质量黑洞的吸积如何驱动来自射电星系的扩展射电瓣的能量发射？

终极问题 星系研究落后于恒星研究近50年。这是因为星系直到20世纪才被发现，我们仍然在学习它们。它们怎样形成，它们如何演化？这些都是关于星系的重要问题。而在积累了更多更好的数据——特别是关于最遥远星系的数据——之前，这些问题无法回答。随着比以往规模大得多的地基星系巡天的进行，一些有助于解决这些重要问题的重大突破可能即将到来。

章节回顾

小结

❶ **哈勃分类法**（p.36）根据外观将星系划分成若干类型。**旋涡星系**（p.36）有扁平的星系盘、中央核球和旋臂。它们的晕由老年恒星组成，而气体丰富的星系盘中则正在进行着恒星形成。**棒旋星系**（p.37）包含一个从中央核球伸出的延展的"棒状结构"。**椭圆星系**（p.38）没有星系盘，冷气体或尘埃的含量很少或根本没有，虽然能观测到非常热的星际气体。在大多数情况下，它们完全由老年恒星组成。它们的范围是从比银河系质量小得多的矮椭圆星系，到可能包含数万亿颗恒星的巨椭圆星系。**S0和SB0型星系**（p.39）的性质介于椭圆星系和旋涡星系之间。**不规则星系**（p.40）是不属于其他任何类别的星系，许多都含有丰富的气体和尘埃，是恒星形成旺盛的地方。

❷ 天文学家通常使用**标准烛光**（p.43）作为测量距离的工具。这些是很容易识别的天体，其光度在一个适当的、可以被很好定义的范围内。将它们的光度和表观亮度进行比较，天文学家用平方反比律确定其距离。另一种方法是**塔利－费舍尔关系**（p.44），这是旋涡星系的旋转速度和光度之间的经验关系。

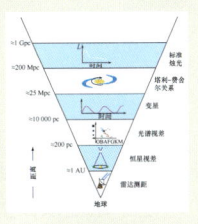

❸ 银河系、仙女星系和其他一些较小的星系形成一个小的引力束缚的星系集合，叫作**本星系群**（p.46）。**星系团**（p.46）由许多互相绕转的星系组成，并被它们自身的引力束缚在一起。距本星系群最近的大星系团是室女星系团。

❹ 遥远的星系被观测到正在远离银河系，远离的速度与到我们的距离成正比。这个关系被称为**哈勃定律**（p.48）。这个定律里的比例常数叫**哈勃常数**（p.48）。它的值被认为大约是70 km/（s·Mpc）。天文学家利用哈勃定律来确定宇宙中最遥远天体的距离。与哈勃膨胀相关的红移被称为**宇宙学红移**（p.48）。

❺ **活动星系**（p.50）可以比正常星系的光度大得多，有着非星光谱，在电磁波谱的可见光波段之外发射其大部分能量。通常，非星活动表明其内部的快速运动，并伴有明亮的**活动星系核**（p.51）。许多活动星系具有高速、狭窄的物质喷流，从它们的中央核心喷射而出。喷流从核心（产能处）运输能量到巨大的**射电瓣**（p.53），射电瓣的位置远远超过星系的可见部分，能量在那里被辐射向太空。喷流经常会看起来由显著的气体"斑点"组成，这表明能量产生的过程是间歇性的。

❻ **赛弗特星系**（p.52）看起来像正常的旋涡星系，但有极亮的中央星系核。赛弗特星系核的谱线非常宽，意味着其快速的内部运动。赛弗特星系的快速光变意味着辐射源远小于1光年。**射电星系**（p.53）在射电波段辐射出大量的能量，对应的可见光星系通常是椭圆星系。**类星体**（p.57）或称"类似恒星的天体"，是已知最明亮的天体。在可见光波段，它们呈现出恒星的样子，它们的光谱通常有大幅度的红移。所有的类星体都是非常遥远的，表明我们看到的是它们在遥远的过去的样子。

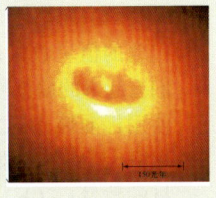

❼ 对所有活动星系观测到的性质的最普遍的解释是，它们的能量由一个位于星系中心的超大质量（数百万倍到数十亿倍太阳质量）黑洞对星系气体的吸积产生。吸积盘的小尺寸解释了发射区的紧凑程度，而在黑洞强大的引力下围绕其高速运动的气体导致了观测到的快速运动。典型的活动星系的光度需要每隔几年时间消耗约1太阳质量的物质。一些下落的物质可能会炸开进入太空，产生被磁化的喷流，创建并"滋养"了星系的射电瓣。吸积盘在广泛的温度范围内发射，产生了非星光谱。此外，大部分辐射可能被围绕吸积盘的一个环再加工成了红外辐射。在更大的尺度上，在磁场线中做螺旋运动的带电粒子产生**同步加速辐射**（p.61），其谱线与射电星系和喷流的射电发射一致。

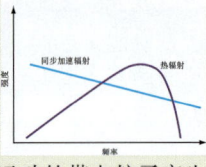

标记**POS**的问题探索科学过程。标记**VIS**的问题着重于阅读和视听资讯的理解。
LO后紧跟的是本章引言中学习目标的编号。

指定的课后作业请访问MasteringAstronomy网站。

复习与讨论

1. **LO1** 如何区别不同的旋涡星系？
2. 描述椭圆星系和银河系晕的一些异同。
3. **LO2** 描述在距离测量阶梯中，可以用于确定一个距我们5 Mpc的星系的四个梯级。
4. **LO3** 描述本星系群的成员。与整个银河系的体积相比，它占据了多大的空间？
5. 什么是室女星系团？
6. 什么是标准烛光？为什么它对天文学很重要？
7. 如何使用塔利－费舍尔关系来测量星系的距离？
8. **LO4 POS** 什么是哈勃定律？天文学家如何使用它来测量星系的距离？
9. 哈勃常数数值的最可能的范围是什么？这个值的不确定度是多少？
10. **LO5** 说出正常星系和活动星系的两个基本区别。
11. **POS** 一些活动星系的射电瓣是由从星系中心喷射出来的物质组成的证据是什么？
12. **LO6 POS** 我们如何知道许多活动星系的能量发射区一定非常小？
13. 类星体的光谱有哪些意想不到和令人吃惊的地方？
14. 我们如何知道类星体是极端明亮的？
15. **LO7** 简要描述活动星系中央引擎的领先模型。

概念自测：选择题

1. 星系盘中的年轻恒星：（a）均匀分布在旋臂中和旋臂之间；（b）主要分布在旋臂之间的空间；（c）主要分布在旋臂中；（d）年龄大于晕中的恒星。
2. 天文学家通过什么来分类椭圆星系？（a）它们包含的恒星数量；（b）它们的颜色；（c）它们看起来的扁平程度；（d）它们的直径。
3. 使用标准烛光的方法，原则上我们可以测量一个篝火的距离，如果我们知道了：（a）使用木材的数量；（b）火焰的温度；（c）火焰燃烧时间的长短；（d）用于燃烧的木材类型。
4. **VIS** 如果图2.11（"星系自转"）中的星系更小，旋转速度更慢，那么，为了正确表现它，这个图应该被重绘以显示：（a）更大的蓝移；（b）更大的红移；（c）更窄的组合线；（d）更大的组合振幅。
5. 在距太阳30Mpc的范围内，有大约：（a）3个星系；（b）30个星系；（c）数千个星系；（d）数百万个星系。
6. **VIS** 根据图2.17（"哈勃定律"），一个距离为5亿pc的星系的速度大约为：（a）25 000 km/s，远离我们；（b）35 000 km/s，靠近我们；（c）35 000 km/s，远离我们；（d）75 000 km/s，靠近我们。

7. VIS 根据图2.19（"星系能量光谱"），活动星系：（a）在长波发出大部分能量；（b）在高频发射很少的能量；（c）在所有波长放出大量的能量；（d）在可见光波段发射其大部分能量。

8. 如果一个星系的亮度波动非常迅速，产生辐射的区域必然：（a）非常大；（b）非常小；（c）非常热；（d）旋转非常迅速。

9. 类星体光谱：（a）具有很强的红移；（b）没有谱线；（c）看起来像恒星的光谱；（d）包含来自未知元素的发射线。

10. 活动星系非常明亮，因为它们：（a）很热；（b）在它们的核心包含黑洞；（c）被热气体所包围；（d）发出喷流。

问答

问题序号后的圆点表示题目的大致难度。

1. ●一个光度为十亿倍太阳光度的超新星被作为标准烛光来测量遥远星系的距离。在地球上看，如果把这颗超新星放在10 kpc的地方，其亮度和太阳一样。那么这个星系的距离是多少？

2. ●●室女星系团的一颗造父变星的绝对星等为−5等，观测到的视星等为26.3等。利用这些数字来计算室女星系团的距离。

3. ●根据哈勃定律，取H_0=70km/（s·Mpc），一个距离为200Mpc的星系的退行速度是多少？一个退行速度为4000km/s的星系的距离是多少？如果取H_0=60km/（s·Mpc），这些问题的答案将如何变化？如果取H_0=80km/（s·Mpc）呢？

4. ●●根据哈勃定律，取H_0=70km/（s·Mpc），银河系到室女星系团的距离增加一倍的话，需要多长时间？

5. ●使用表2.2中的数据来估计一个红移为5、视星等为22等的类星体的绝对星等和光度。

6. ●●某类星体具有0.25的红移和13等的视星等，使用表2.2中的数据，计算该类星体的绝对星等和它的光度。比较该类星体在10pc处的视亮度和从地球上看太阳的视亮度。

7. ●●一个赛弗特星系的谱线被观测到有0.5%的红移，其展宽的发射线表明，在距其中心角距离为0.1″的地方有250km/s的旋转速度。假设此旋转为圆形轨道，利用开普勒定律估计这0.1″半径范围内的质量。∞（1.6节）

8. ●一个类星体每年消耗1太阳质量的物质，将它们的15%直接转化成能量。那么该类星体的光度是多少？以太阳光度为单位。

实践活动

协作项目

观测室女星系团。一个口径8in（约203mm）的望远镜是进行此项目最佳大小的望远镜。室女座在春季夜晚适合观测。要找到该星系团，首先找到狮子座。狮子座的东面部分有3颗星——狮子β（五帝座一）、狮子座θ和狮子座δ，它们组成一个醒目的三角形。连接狮子座θ和五帝座一，向东延长出去一倍远，你就会大概来到室女星系团的中心。寻找以下梅西叶天体，它们是这个星系团中最亮的星系：M49、M58、M59、M60、M84、M86、M87、M89和M90。仔细观察每个星系的不同特点，有些有非常明亮的核。将你所看到的画下来或拍照，然后构建你自己的关于室女星系团最亮星系的图片目录。

个人项目

类星体3C 273是最近和最亮的一个，但是这并不意味着它能很容易被找到！它的坐标为赤经=12h29.2min，赤纬 = +2°03′。它位于室女星系团的南部位置，但并不属于该星系团。它的亮度在12~13等（亮度是变化的），可能需要10in或12in（约254mm或304mm）的望远镜才能看到，但你可以首先用一个8in的镜子尝试。它应该会呈现出一个非常暗弱的恒星的样子。看到这个天体的意义在于，它的距离是640 Mpc。您所看到的光已经离开了这个天体超过20亿年！这是用小型望远镜可以观测的最遥远的天体。

第3章　星系和暗物质
宇宙的大尺度结构

在比最大的星系团还要大得多的尺度上，宇宙自身的动力学变得显著，新的结构层次显示了出来，震撼人心的新的事实出现了。我们可能是恒星的原料，是恒星演化的无数循环的产物，但我们不是宇宙的原料。大宇宙是由从根本上不同于我们熟悉的原子和分子——它们组成了我们的身体、我们的行星、我们的恒星和星系，以及我们在天空中观测到的所有发光物质——的别的物质构成的。

通过比较和分类不同距离的星系的性质，天文学家已经开始认识到它们的形成、动力学和演化。通过绘制出这些星系在空间中的分布，我们可以描绘出宇宙的宏大图景。光点在未知的黑暗中提醒我们，我们在宇宙中的地位并不比一条漂泊在海上的船更特别。

知识全景　星系包含在宇宙中最宏大、最美丽的天体中——每个星系都是巨大的被引力松散地结合在一起的数千亿颗恒星的集合。星系主宰着我们对深空的观点——它们似乎无处不在，但它们所代表的所有物质在宇宙中只是一小部分。数量庞大的、看不见的宇宙物质——暗物质，居然占据了宇宙的大多数质量。

学习目标
本章的学习将使你能够：

❶ 描述用来确定星系和星系团质量的一些方法。

❷ 解释为什么天文学家们认为宇宙的大多数物质是黑暗的。

❸ 描述星系的形成和演化，并概述碰撞在此过程中所起的作用。

❹ 展示大质量黑洞存在于星系中心的证据，并解释活动星系如何融入星系演化的现有理论。

❺ 总结我们对星系在宇宙中的大尺度分布都知道些什么。

❻ 概述天文学家用于在非常大的尺度上探测宇宙的一些技术。

左图：有些星系明亮、灿烂，像这张图中的两个大的星系；而另一些则朦胧而遥远，像出现在背景中的几个小的。这对星系，距离我们近3亿光年，被统称为Arp273，正在经历超过百万年的碰撞过程。注意上方星系的玫瑰状外形，是由底部星系的引力造成的。年轻的蓝色恒星星团形成细长的排列，像宝石一样闪闪发光。并合和吞噬在星系中是常见的，但天文学家仍没有完全了解星系在很久以前是如何形成的。[空间望远镜科学研究所（STScI）]

精通天文学
访问Mastering Astronomy网站的学习板块，获取小测验、动画、视频、互动图，以及自学教程。

3.1 宇宙中的暗物质

在第1章中我们看到了，对我们自己的银河系中恒星和气体的旋转速度的测量，是如何揭示出一个包围着我们所见的整个星系的广阔暗物质晕的存在。∞（1.6节）其他星系也有类似的暗晕吗？我们有什么证据证明在大尺度上有暗物质？为了回答这些问题，我们需要一种方法来计算星系和星系团的质量，然后将这些质量和我们实际观测到的发光物质进行比较。

我们如何测量这么大的星系的质量？当然，我们既不能数出它们的所有恒星，也无法很好地估计它们的恒星际物质：星系都太过复杂，我们无法把它们包含的物质直接编目。相反，我们必须依靠间接的技术。尽管有着巨大的尺度，但星系和星系团遵循的物理定律与控制着太阳系行星的定律相同。为了计算星系的质量，我们像往常一样应用牛顿的引力定律即可。

星系和星系团的质量

天文学家可以通过确定旋涡星系的自转曲线——画出了自转速度与到星系中心的距离的关系，如图3.1所示——来计算它们的质量。几个邻近星系的自转曲线显示在图3.1（b）中。任何给定半径范围内的质量都直接遵循牛顿定律。显示出来的自转曲线意味着在距星系中心25kpc的尺度内，其质量范围从约10^{11}至$5×10^{11}$倍太阳质量——你可以比较对银河系用同样的技术测得的质量。∞（1.6节）

遥远的星系一般都因太远而无法获得这样精细的曲线。然而，通过观测它们的谱线致宽——正如我们在第2章中塔利－费舍尔关系的上下文中曾经讨论过的——我们仍然可以测量这些星系的整体自转速度。∞（2.2节）估计出一个星系的大小，就可以估计出其质量。类似的技术已被应用到椭圆星系和不规则星系。一般情况下，该方法对测量距星系中心50kpc范围内——从恒星和恒星际物质发出的电磁辐射的区域——的质量非常有用。

要探测距星系中心更远的地方，天文学家们会利用双星系系统〔见图3.2（a）〕——两个成员星系可能相距数十万秒差距。这样一个系统互相绕转的轨道周期通常是几十亿年，时间太长以至于无法对轨道进行精确测量。然而，通过从可见的信息——视向速度和两个星系间的角距——估计周期和半长轴，可以得出一个近似的总质量。

(a)

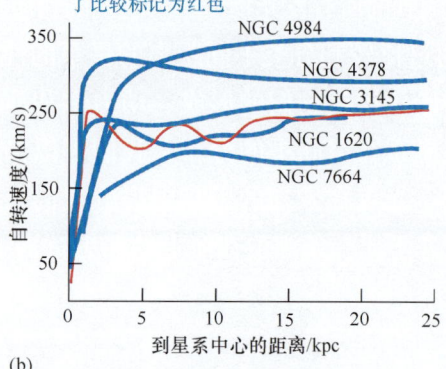

(b)

▲ 互动图3.1 星系自转曲线

（a）自转速度可以在距盘状星系中心不同的距离处进行测量，如这里描绘的M64黑眼星系，距我们大约5Mpc。（b）一些邻近的旋涡星系的自转曲线表明，其质量是太阳质量的数千亿倍。〔美国国家航空航天局（NASA）〕

以这种方式获得的星系质量是不确定的，但通过结合许多这样的测量，天文学家可以获取有关星系质量相当可靠的统计信息。最正常的旋涡星系（包括银河系）和巨椭圆星系包含10^{11}~10^{12}太阳质量的物质。不规则星系通常含有较少的质量，约10^8~10^{10}太阳质量。矮椭圆星系和矮不规则星系可能包含至少10^6或10^7太阳质量的物质

我们可以用另一种统计方法得到一个星系团内所有星系的总质量。如图3.2（b）所示，星系团中的每个星系相对于星系团中的所有其他成员有运动，因此我们可以通过如下简

第3章 星系和暗物质 69

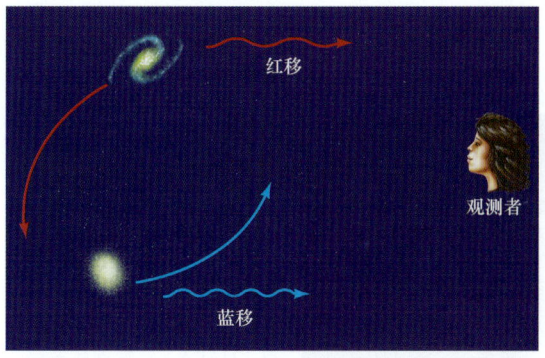

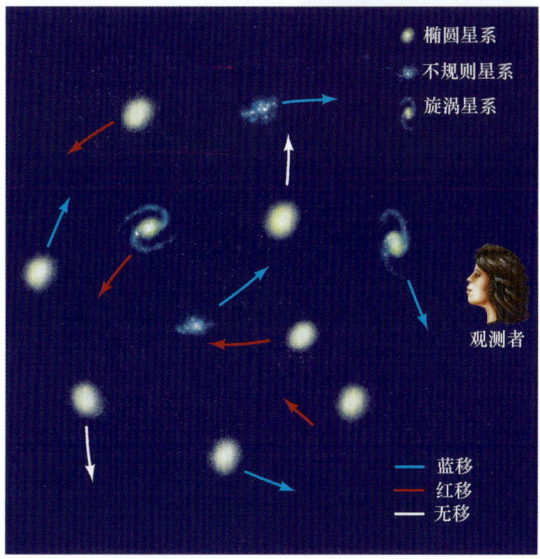

▲图3.2　**星系质量**
（a）在一个双星系系统中，星系质量可以通过观测一个星系相对于另一个星系的轨道来估计。（b）星系团的质量可以通过观测团中许多星系的运动，然后估计为了防止星系团飞散需要有多少质量来获得。

单的问题来估算星系团的质量：要想通过引力束缚住这些星系，星系团必须至少要有多少质量？例如，如果我们发现一个星系团中的星系正以1000km/s的平均速度运动，星系团的半径为3 Mpc（均为典型值），根据牛顿定律可知：假设星系团是引力束缚系统，星系团的质量必然大约为（3 Mpc）×（1000km/s）²/$G \approx 7 \times 10^{14}$太阳质量。用这种方式获得的星系团质量一般介于$10^{14} \sim 10^{15}$太阳质量之间。请注意，此计算没有给我们关于任何单独星系的质量信息，它告诉我们的仅仅是星系团的总质量。

可见物质和暗晕

如图3.1所示的旋涡星系的自转曲线保持平坦（即不衰减，甚至小幅上扬），远远超出了星系的可见光图像，这意味着这些星系——

也许所有的旋涡星系——含有大量的暗物质，以不可见的暗晕形式——类似于围绕银河系的晕——存在。∞（1.6节）整体而言，旋涡星系的总质量似乎是可见的发光物质的总质量的3到10倍。对椭圆星系的研究也表明有类似的巨大暗晕围绕这些星系。

当天文学家们研究星系团时，他们发现，可见物质和总质量之间有更大的差异。星系团的总质量，是所有成员星系发光物质加在一起的质量的10到将近100倍。换句话说，要想束缚住星系团，需要比可见物质多得多的质量。因此，暗物质不只是在我们自己的银河系存在，在其他星系也存在，并以更大的程度在星系团中存在。在这种情况下，我们不得不接受一个事实，即宇宙中高达90%的物质是黑暗的。并且，这些物质在电磁波的所有波长上都不能被探测到，而不仅仅是在可见光部分。

正如在第1章讨论的，许多对暗物质可能的解释已经被提出，从不同种类的恒星残余到奇异的亚原子粒子。∞（1.6节）无论其性质如何，星系团中的暗物质绝不只是简单地将每个星系中的暗物质累积在一起。即使包括了星系的暗晕，我们仍然不能说明星系团中所有的暗物质。当我们的目光看向越来越大的尺度时，我们发现，宇宙中物质越来越多的部分是黑暗的。

星系团内气体

除了观测到的星系团内星系的发光物质，天文学家也有证据表明存在大量星系团内气体——超级热（超过1000万开尔文）且弥漫的星系际物质填满了星系之间的空间。地球大气层外的卫星已发现了来自许多星系团的大量X射线辐射。图3.3为一个这样的系统的伪彩色X射线图像。X射线发射区域以星系团的可见光图像为中心，并且在大小上可与后者相比。

星系团内气体的进一步证据可以在一些活动星系的射电瓣的外观中被找到。∞（2.4节）在一些被称为头–尾射电星系的星系中，射电瓣似乎形成了一个"尾巴"，拖在星系的主要部分的后面。例如，射电星系NGC1265的射电瓣，如图3.4所示，看起来似乎正被一些汹涌的风"向后吹"。并且，事实上，这也是对该星系外观的最可能的解释。如果NGC1265是不动的，这将是又一个双瓣射电源，或许与半人马座A（见图2.22）颇为相似。然而，该星系正穿过其母星系团（被称为英仙星系团）的星系际介质，形成射电瓣的外流物质趋于留在NGC 1265移动方向的后方。

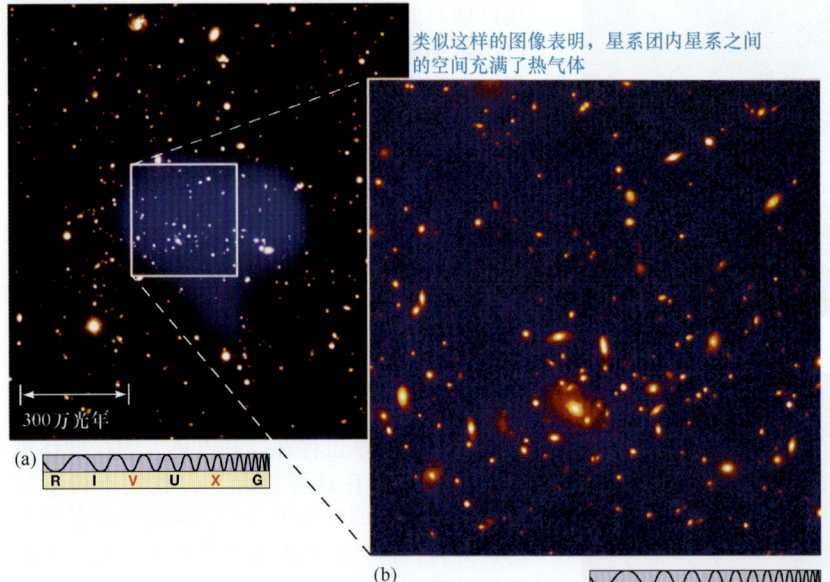

类似这样的图像表明，星系团内星系之间的空间充满了热气体

▲图3.3 星系团的X射线辐射

（a）遥远星系团Abell1835的红外和X射线图像叠加在一起。红外（红色）图像体现了星系，但X射线显示了模糊的、浅蓝色的热气体，充满了星系际空间。（b）中央区域的一张较长曝光时间的红外照片，显示了这个星系团的密集，跨越了100万pc。[美国国家航空航天局（NASA）、欧洲航天局（ESA）]

这些观测揭示了多少气体？至少，在星系团内以热气体的形式存在的质量与以可见的恒星形式存在的质量是一样多的——在大多数情况下，前者比后者显著**更多**。这些气体确实很多，但仍然没有解决暗物质问题。要想解决对星系团的动力学研究暗示的总质量，我们就必须找到比恒星多10~100倍质量的气体。

为什么星系团内气体这么热？很简单，因为它的颗粒受引力束缚，因此移动速度可以与星系团中的星系相比——1000km/s左右。而温度正好是气体粒子移动速度的度量，这个速度转换（对于质子）成温度为4000万开尔文。

这些气体从何而来？它们太多了，不可能是被星系本身释放出来的。相反，天文学家认为，它们主要是原始气体，随宇宙形成而产生，且从来没有成为星系的一部分。然而，星系团内气体确实含有一些重元素——碳、氮等——这意味着至少有一些物质是在恒星演化后从星系中抛出的。只是这种情况是如何发生的仍然是个谜。

科学过程理解 检查

✓ 当我们利用对一个星系团的成员星系的光谱观测推测这个星系团的质量时，我们做了什么假设？

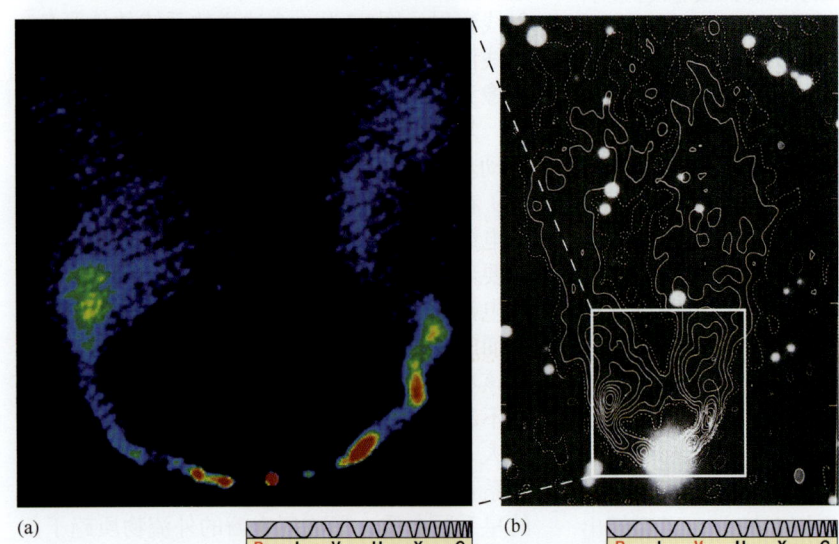

◀图3.4 头-尾射电星系

（a）头-尾射电星系NGC1265的射电波段伪彩色照片。（b）相同的射电数据，以轮廓的形式，叠加上星系的光学图像。天文学家推测，该天体在空间中迅速移动，在其移动的反方向拖着一条"尾巴"。[美国国家射电天文台（NRAO）、帕洛玛天文台（Paloma Observatory）、加州理工学院（Caltech）]

3.2 星系碰撞

考虑到富星系团（如室女或后发星系团）的拥挤程度——成千上万的成员星系在数百万秒差距的空间中互相绕转，我们可以认为，星系之间的碰撞是常见的。∞（2.2节）如同气体粒子与我们的大气层碰撞，曲棍球运动员在赛场上碰撞，那么，星系团中的星系也会碰撞吗？答案是肯定的，而这个简单的事实对我们了解星系是如何演化的起了关键作用。

图3.5的左侧明确显示了一个小星系（也许是右边的两个星系中的一个，尽管这不能肯定）与一个位于左边的更大的星系进行"公牛眼"碰撞的结果——"车轮"星系，距地球约150Mpc，其年轻恒星的晕类似池塘里的一个巨大涟漪。该涟漪最有可能由较小星系穿过较大星系的星系盘而形成的密度波造成。∞（1.5节）这一扰动现在正从撞击区域向外扩展，随着它的经过而形成新的恒星。

图3.6显示了（还）没有导致实际碰撞的一个近距离交会的例子。两个旋涡星系显然正在通过对方，就像在夜间互相通过的两艘巨轮。左边个头和质量更大的星系叫作NGC 2207，右边较小的那个是IC 2163。对这一照片的分析表明，IC 2163现在正以逆时针方向旋转着通过NGC 2207，并已经在大约4000万年前经历了近距离交会。这两个星系似乎注定要经历进一步的近距离交会，因为IC 2163显然没有足够的能量去逃离NGC 2207的引力。两个星系每次近距离交会时，恒星形成的爆发在两个星系中到处出现，因为星际气体和尘埃云被猛推和震动。在大约十亿年的时间里，这两个星系可能会

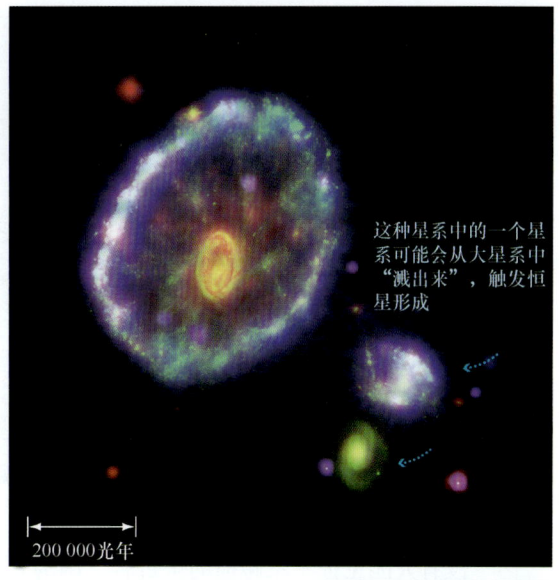

这种星系中的一个星系可能会从大星系中"溅出来"，触发恒星形成

▲图3.5 宇宙的车轮

"车轮"星系（左）可能是（与右边的一个较小的星系）碰撞的结果，产生了扩张着的正在进行恒星形成的环，通过星系盘而向外移动。这是一张伪彩色合成图像，叠加了4个光谱波段：红色代表红外（来自斯必泽望远镜），绿色代表可见光（来自哈勃望远镜），蓝色代表紫外（来自GALEX探测器），紫色代表X射线（来自钱德拉望远镜）。[美国国家航空航天局（NASA）]

并合成一个单一的、更大的星系。

这些例子说明了一个星系与另一个星系的相互作用——一次近距离交会或者一次实际的碰撞——会产生多么戏剧性的结果，尤其是对它的星际气体。在交会过程中快速变化的引力压缩气体，常常导致整个星系范围的恒星形成的出现，其结果是形成一个**星爆星系**，图3.7显示了星爆星系的一个壮观的例子。

◀图3.6 星系交会

两个旋涡星系NGC2207（左）和IC2163之间的这次交会，已经在两个星系中造成了恒星形成的风暴。它们最终将在大约10亿年左右的时间里并合[美国国家航空航天局（NASA）]

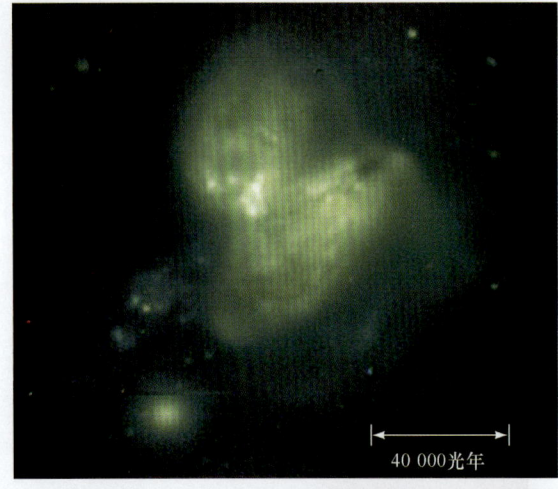

互动图3.7 星爆星系
这是一对相互作用星系（左为IC694，右为NGC3690），两者的内部现在正在进行恒星爆发，因此色调偏蓝。这种激烈、短暂的爆发可能持续不超过几千万年——只是一个典型星系的寿命的很小一部分。[W. 基尔（W. Keel）]

的相似性 [见图3.8（a）]，这两个星系就是所谓的"触须星系"，显示出了延长的尾巴，以及只相距数百秒差距的双星系中心。碰撞引起的恒星形成靠数以千计的年轻炽热的恒星发出的蓝光而被清楚地追踪。模拟表明，正如图3.6所示的星系的情况，最终这两个星系将并合成一个。

星系团中的星系似乎经常发生碰撞。许多类似之前的图片所显示的碰撞和近距离交会已经被观测到（参见2.4节）。一个简单的计算表明，哪怕是在一个拥挤程度适中的星系团中，只要给定了拥挤程度，近距离交会就将是常态，而不是意外。原因很简单：星系团中相邻星系之间的平均距离为几十万秒差距，这个距离比一个典型星系的大小（包括其延展的暗晕）大不了很多（肯定不超过5倍），根本没有那么多空间可以让星系在不撞到对方的情况下到处"漫游"。许多研究者认为，在大多数星系团中的大多数星系已经受到了碰撞的强烈影响，某些例子甚至发生在相对较近的过去。

没有人能见证星系碰撞的全过程，因为它会持续数百万年。然而，计算机可以在几个小时内模拟这一事件。参考恒星和气体之间的引力相互作用的详细模型，并结合气体动力学的最佳可用模型，使天文学家能更好地理解所涉及的星系碰撞的影响，甚至估计星系相互作用的最终结果。

图3.8（b）所示的碰撞开始于两个正在碰撞的旋涡星系，与图3.6所示的差别不是太大，但原始结构的细节已经在很大程度上被碰撞抹掉了。请注意与NGC4038/4039真实照片

在左侧看到的这些真实的碰撞影像，可以在计算机中被模拟和研究，如右图所示

这种模拟证明了暗物质晕在星系的相互作用中发挥了关键作用

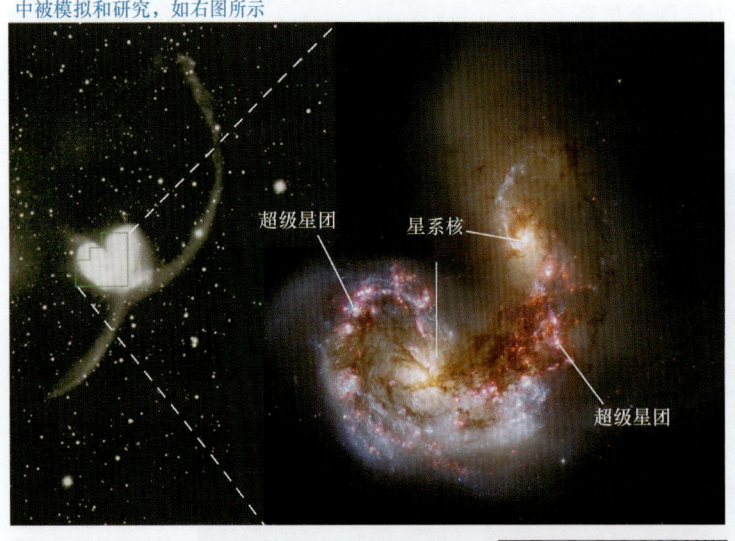
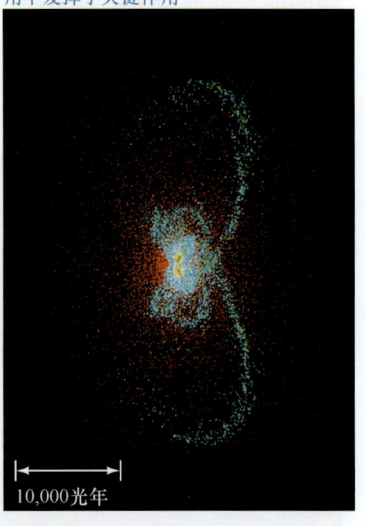

(a)   (b)

▲**图3.8 星系碰撞**
（a）长长的潮汐"尾巴"（左侧的黑白图）显示了"触须星系"几千万年前的最终"俯冲"。年轻、明亮的"超级星团"（中央放大的彩色图像）带是由两个碰撞星系的气体盘产生的剧烈冲击波造成的。（b）一个计算机模拟的碰撞，显示了许多与左边真正的天体相同的结构。[美国大学天文联盟（AURA）、美国国家航空航天局（NASA）、J. 巴恩斯（J. Barnes）]

计算机模拟清楚地表明，围绕着星系——就算不是全部星系，也是大多数星系——的广阔的暗物质晕，是星系碰撞的关键。暗晕使得星系比它们的光学外观大得多，这暗示星系之间相互作用和并合的可能性比较大。考虑两个星系彼此靠近，当它们做轨道运动时，星系彼此的暗晕相互作用，减缓了星系的运动。潮汐力剥去了晕中的物质，暗晕物质在星系之间被重新分配或完全从星系中丢失。无论是哪种情况，都会造成一个更强大的相互作用，可以极大地改变两个星系的轨道。

在较小的星系团中，星系的速度足够低，相互作用的星系倾向于"粘在一起"，然后并合——如同在计算机模拟中，这是最常见的结果。在更大的星系团中，星系移动速度更快，而且往往彼此通过而不"粘连"。无论哪种方式，近距离交会都会对所涉及的星系产生重大影响（见3.3节）。如果我们等待足够长的时间，我们就将有机会亲眼看到星系碰撞是什么样子的：我们最近的大邻居仙女星系（见图1.2），目前正在以120km/s的速度接近银河系。在数十亿年后，它将与银河系发生碰撞，然后我们就可以亲自测试天文学家的理论了！

奇怪的是，虽然碰撞会严重破坏所涉及星系的大尺度结构，但却对它们包含的单个恒星毫无影响。每个星系内的恒星只是彼此擦过。与星系团中的星系相反。星系中的恒星是如此之小，远小于恒星之间的距离，当两个星系发生碰撞时，恒星的数量仅仅在一段时间内增加一倍，但它们仍然有足够大的空间以避免碰到对方。碰撞可以重新排列每个星系的恒星和恒星际物质，往往产生壮观的、可能在遥远的距离上可见的恒星诞生的爆发；但是从恒星的角度来看，它仍旧"一帆风顺"。

概念理解 检查

✓ 碰撞在星系演化中起什么样的作用？

3.3 星系的形成与演化

以哈勃定律为宇宙中距离的指导，并以星系和更大尺度暗物质分布知识作为基础，让我们来关注星系变成今天这个样子是如何一路走来的。我们可以解释我们看到的不同类型的星系吗？天文学家已经知道，哈勃分类方案中的各种类别之间没有简单的演化联系。∞（2.1节）为了回答这个问题，我们必须了解星系是如何形成的。

不幸的是，相比于恒星形成和演化的理论，星系形成和演化的理论仍然处于起步阶段。星系比恒星更复杂，它们很难被观测，观测了也很难被理解。此外，我们对星系形成阶段的宇宙条件只有部分信息，完全不同于对应的恒星的情况。最后，也是最重要的，恒星们几乎没有相互碰撞，其结果是大多数单星和双星孤立的演化。但是，星系在它们的一生中可能遭受无数的碰撞，使得更难破译它们的过去。事实上，那些在上一节中描述的碰撞模糊了形成和演化之间的区别，使得不同阶段之间很难区分。

然而，一些一般性的想法已经得到了广泛的认可，并且我们可以对这个形成了我们现在所看到的星系的过程发表一些见解。我们首先描述小星系并合形成较大星系的大体情形，然后讨论内部恒星演化和外部影响是如何随着时间而变化的。最后，我们考虑哈勃分类法中的星系类型如何适应这个广阔的图景。

并合与吞并

星系形成的种子播撒在极早期的宇宙——当原始物质中的小密度波动开始增长时（见5.5节）。我们在这里的讨论始于已经形成的"星系前"气体斑点，这些各种各样的碎片质量相当小——只有几百万倍太阳质量，相当于如今最小的矮星系的质量——这些矮星系实际上可能是早期的残余。大多数天文学家认为，星系通过较小天体的并合而增长，如图3.9（a）所示。将这一点与恒星形成过程对比，后者是一个大的星云碎成小块，最终成为恒星。

这个**阶梯式并合**图景的理论证据是由计算机对早期宇宙的模拟提供的，清楚地表明了这个过程的发生。进一步的强有力的支持来自于对高红移星系的观测（意味着它们很遥远，我们看到的光是很久以前发出的），发现它们明显比近处的星系小很多且不规则。图3.9（b）（也见图3.10）显示了一些这样的照片，其中所示的天体距离超过50亿pc。模糊的蓝色光斑是独立的小星系，每个都只包含银河系质量的百分之几。其不规则的形状被认为是星系并合的结果，偏蓝的颜色来自于在并合过程中形成的年轻恒星。

74　今日天文

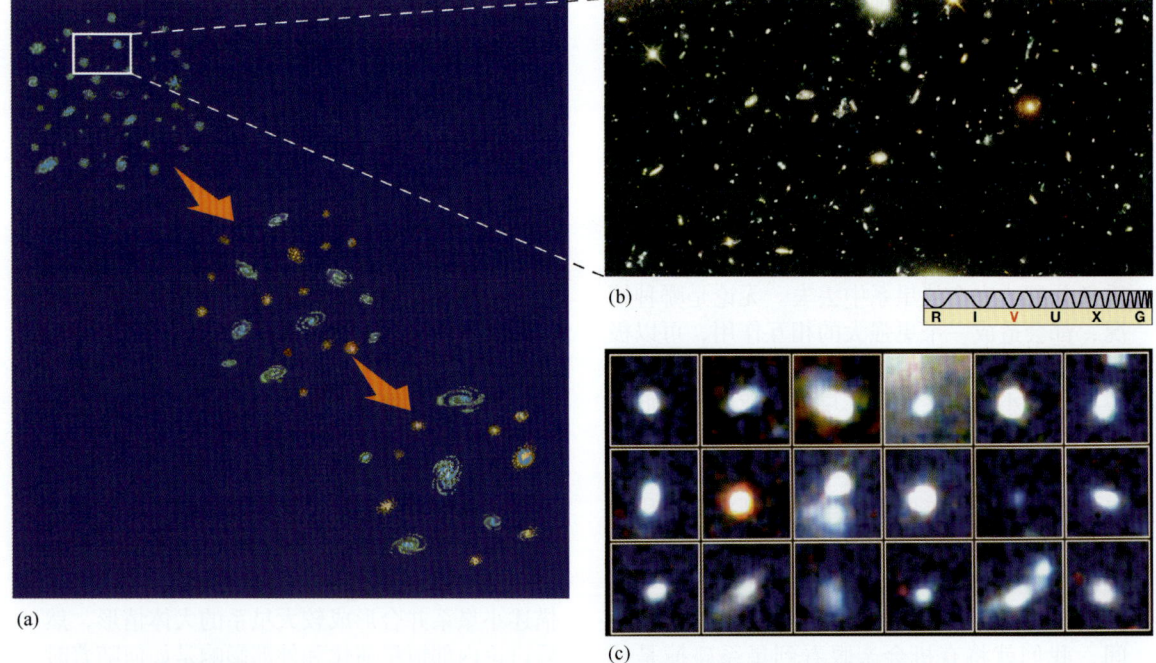

▲图3.9　**星系形成**
（a）目前，星系形成的最好理论认为，较大的星系是较小的星系通过碰撞与并合建立的，如左侧的示意图所示。（b）这张照片是有史以来获取的宇宙最深处的图像，提供了数百个星系碎片的"化石证据"，它们距离我们超过5000 Mpc。（c）这是（b）图选定部分的放大，揭示了丰富（十亿颗恒星量级）的"星团"，集中在空间中一个相对较小的体积内（直径约1Mpc）。这些星系前碎片可能即将并合形成一个星系。图中的事件发生在大约100亿年前。[美国国家航空航天局（NASA）]

图3.9（c）显示了图3.9（b）中的一些天体更详细的视图，它们都处于相同的空间区域，跨度大约1 Mpc，距地球近5000Mpc。每个光斑看上去都是一个约1kpc尺度的扭曲的球体，包含数十亿颗恒星。它们明显偏蓝的色调显示，活跃的恒星形成已经展开。我们看到的是它们在近100亿年前的样子，一群年轻的星系可能准备并合成一个或多个更大的天体。

阶梯式并合提供了对星系演化的所有现代化研究的概念性框架。它描述了数十亿年前开始并延续到今天的星系碰撞与并合的过程（虽然此情况在今天已大大减少）。通过研究星系的性质如何随距离——即回溯时间——而变化，天文学家试图拼凑出宇宙的并合历史。∞
（详细说明2-1）

图3.10是一幅来自哈勃太空望远镜的非凡图像，显示了天空的一片极微小的区域里星系在几十亿年的演化。大而明亮的、较容易辨别哈勃类型的星系大多是（根据它们的红移）相对较近的天体；而在背景上小而黯淡且不规则的星系，则离我们遥远得多。这些遥远星系的大小和外观与那些前景星系相比，强烈支持了这一基本想法：星系在过去更小、更不规则。

演化与相互作用

孑然一身的星系将会缓慢演化、相当稳定，星际气体和尘埃云会变成新一代恒星，主序星演化成巨星，并最终成为致密的残骸——白矮星、中子星和黑洞。星系的整体颜色、成分和外观，随着恒星的周期性演化和星系的星际物质的丰富情况，以多少可预测的方式变化。如果星系是椭圆的，就会缺乏星际气体，随着时间的推移，大质量恒星燃烧殆尽且不被替代，星系会变得暗淡和偏红。对于气体丰富的星系，如旋涡星系或不规则星系，明亮的恒星会导致整体颜色呈蓝色——只要气体可持续保持形成这些亮星。

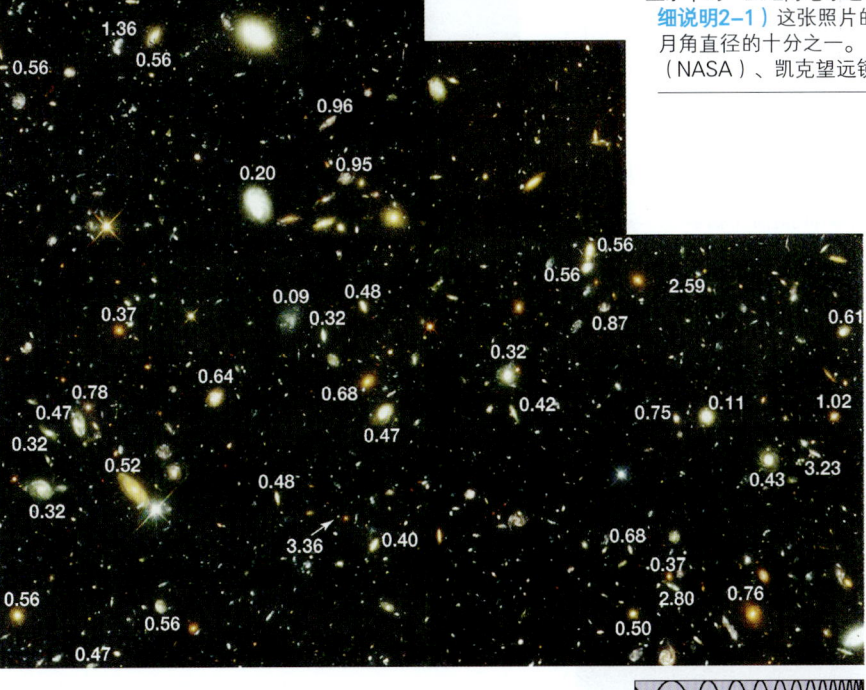

◀ 图3.10　哈勃深场

无数小的、形状不规则的年轻星系可以在这个非常深的光学图像中看到。这张照片被称为哈勃深场-北，曝光时间约100h，拍摄的天体暗至30等。（如图3.9的情况，在这里，"深"的意思是"暗"，意味着我们正在看的天体离我们很远，我们看到的是它们很久以前的样子。）红移测量（正如夏威夷的凯克天文台观测到的叠加值所指的那样）表明，这些星系中的一些距离地球远远超过1000Mpc。∞（详细说明2-1）这张照片的视场大约是2′，不到满月角直径的十分之一。［美国国家航空航天局（NASA）、凯克望远镜（Keck）］

但是，许多——也许是大多数——星系并不是孤单的，它们"居住"在小星系群和星系团里。而且，正如我们刚才看到的，可能会与其他星系长时间进行反复的相互作用。正如上一节所描述的，这些相互作用可以重新排列一个星系的内部结构，压缩星际气体，并触发突然的、剧烈的恒星形成的爆发。交会也可能转移"燃料"到中央的黑洞，驱动一些星系核中的暴力活动。∞（2.4节）因此，恒星爆发和核活动是星系之间相互作用和并合的关键指标。

对星爆星系和活动星系核的仔细研究表明，大多数星系的交会可能发生在很久以前——在红移大于1的地方，那时，星系团更紧密，星系碰撞相应也更加频繁。∞（详细说明2-1）我们看到的这些暴力事件中的大多数，是它们在100亿年前刚刚发生时的样子。观测到的本地星系之间的相互作用是同样的基本过程扩展到今天的样子。图3.11给出这些（大部分）古老事件的图形和艺术总结。

虽然阶梯式并合方案很好地说明了在宇宙的整个演化史中星系的数量和总质量（包括暗物质）的原因，但近年来天文学家已经认识到，这不是"故事"的全部。具体来说，这种情况难以解释星系中气体的分布和观测到的一直到今天的恒星形成率［见图3.11（a）］。许多盘状星系有不对称或变形的气体盘，通常在盘面上方或下方会发现比理论预计更多的气体。此外，观测到的宇宙中的恒星形成率大于我们的预期——如果星系只是简单地消耗它们在很久以前形成时所含有的气体的话。相反，正如银河系的情况，恒星的形成和星系的成长似乎被从星系际空间不断汇入的新鲜气体所增强和延长。∞（1.4节）支持这一图景的证据来自对一些"小"的遥远星系的射电观测，类似图3.9所示的那样，它们表明，可见光星系其实是由巨大的、冷的、大多数是氢气的盘所包围。

因此，我们有充分的证据表明，星系在不断演化，它们在第一批星系前碎片形成和并合的很长时间以后，仍然在对外部因素做出反应。

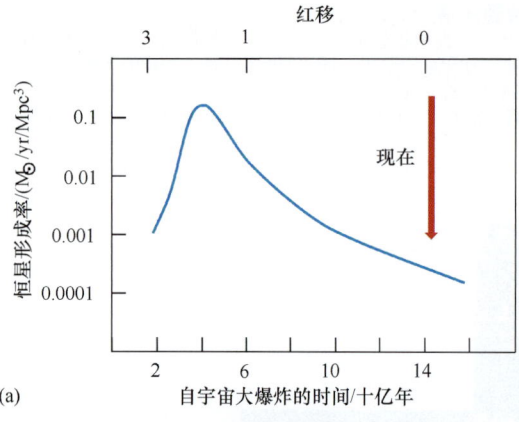

▲图3.11 **星系的构建和恒星形成**
(a)这幅图通过对许多到我们不同距离的星系光度的观测所得,意味着恒星形成率的峰值是在大爆炸之后的数十亿年。矮星系内包含的吸积物质有助于成长为更大的星系,正如(b)中艺术图所描绘的。

并合的类型

不同类型和质量的星系可以导致几乎令人眼花缭乱的各种可能的相互作用。在这里,我们只考虑许多可能性中的少数。

如果一对相互作用星系中的一个碰巧比另一个的质量低得多,那么它与另一个星系的晕的相互作用就导致其向内螺旋,并最终在较大星系的中心附近被打乱。这个过程俗称星系吞食,可能可以解释为什么超大质量星系往往在富星系团的核心处被发现。它们"吞食"了自己的同伴,现在位于星系团的中心,并等待着更多"食物"的到来。图3.12是一个了不起的图像组合,显然在一个遥远的星系团中捕捉到了正在起作用的这个过程。

我们也有较近的星系吞食的例子。小个子的人马座矮星系(见图2.13)正在走向银河系的中心,它们会遭遇类似的命运。理论表明,麦哲伦云(见图2.7)也会最终走向同样的结局。图3.13(a)描绘了一个矮星系是如何被银河系干扰的,这个过程会留下一个剥离恒星的潮汐流,它们都具有类似的轨道和组成,并依然遵循其父星系的轨道路径。

▲图3.12 **星系吞食**
这是戏剧性的一幕,展示了一个正在通过并合更小更轻的星系而"组装"起来的巨大且大质量的星系。大多数星系大概是在宇宙早期以这种方式发展起来的——总体上是一幅自下而上的图景,真正巨大的天体是由富含恒星的基本成分通过阶梯式并合而形成的。这张照片捕捉了发生在大约100亿年前的一次形成过程,那时只是宇宙大爆炸后几十亿年。白框中的部分以放大图像的形式突出显示在左上角,这个星系的编号是MRC 1138-262,绰号"蜘蛛网星系"。放大图更清晰地显示了几十个即将并合成一个单一巨大天体的小星系。
[美国国家航空航天局(NASA)、欧洲航天局(ESA)]

天文学家已经在银河系的晕中发现了无数这样的流，这些流被认为正是这个过程的结果。∞（1.3节）图3.13（b）是一幅广角的斯隆数字化巡天的拼接图（见探索3-1），展示了大约一半的北部天空，对应远离银河系中心的方向，在图中可见有好几个恒星流正穿过视场。最突出的流（已标记出）代表人马座矮星系在过去5亿年中的两个轨道。它们在天空中的位置与人马座矮星系的测量性质一致，而后者目前位于一个从地球上看相反的方向。

现在考虑两个相互作用的盘状星系，其中一个比另一个小一点儿，且每一个的质量都能和银河系相媲美。如图3.14中计算机生成的图像序列所显示的，较小的星系可以大幅度扭曲较大的星系，导致以前不存在的旋臂出现，触发一个延长的恒星形成的阶段。整个事件需要几亿年——这一演化时长用一台超级计算机可以在几分钟内进行模拟。图中的最后一帧看起来与第1章开篇照片所示的双重星系非常相似，而事实上，该模拟正是被构建起来模仿该

双重星系系统的尺寸、形状和速度的。壮丽的旋涡星系M51俗称"涡状星系"，距离地球大约10Mpc；其较小的同伴是一个不规则星系，可能在几百万年前飘过了M51。

如果相互碰撞星系的大小和质量差不多，会怎么样？计算机模拟表明，这种并合可以摧毁一个旋涡星系的星系盘，创建一个星系尺度的星爆阶段。并合的暴力及随后的超新星的影响将大量剩余气体弹入星系际空间中，创造了第2.1节中提到的星系团内热气体。∞（2.1节）一旦恒星形成的爆发消退，生成的天体看起来就非常像一个椭圆星系。椭圆星系的热X射线晕是原来的旋涡星系的星系盘的最后遗迹。图3.7和图3.8的并合星系可能是正在进行中的这一现象的例子。

制造哈勃序列

如果星系通过反复并合而形成和演化，我们可以解释哈勃序列吗？——具体而言，可以解释旋涡星系和椭圆星系之间的差异吗？∞（2.1节）详情还远未确定，但值得注意的是，现在的答案似乎是有限制的肯定。碰撞和近距离交会是随机事件，并不代表星系之间"真正的"演化联系。然而，观测和计算机模拟也表明一些可行的途径已经出现。在这些途径中，可能能够呈现所观测到的哈勃类型，令我们的宇宙开始于一个只有不规则的、富含气体的星系碎片。

正如我们刚才看到的，模拟表明，主并合——大小差不多的大型星系之间的碰撞——往往会破坏星系盘，有效地将旋涡星系变成椭圆星系［见图3.15（a）］。另一方面，次并合——一个小星系与较大的星系相互作用，并最终被后者吸收——往往会留下一个完好的较大星系，或多或少与它在合并前

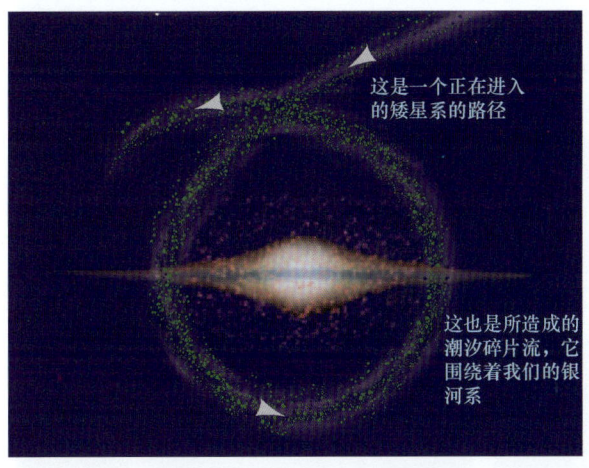
(a)

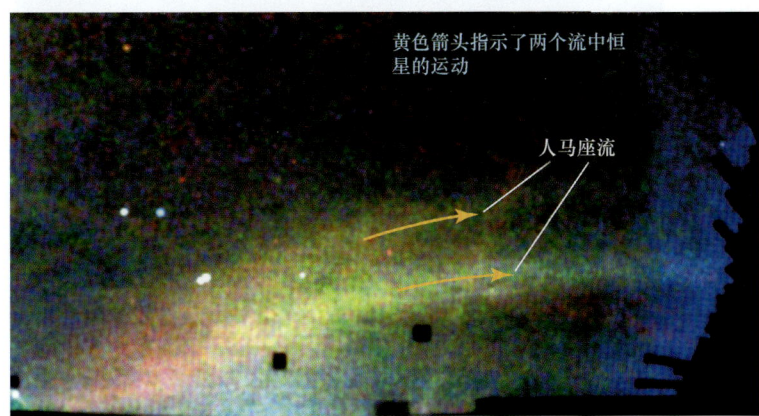
(b)

▶图3.13 银河系的潮汐流
（a）此图描绘了被我们的银河系捕获的一个正在进入的富恒星的星系伴侣的解体和消散。最终，较小的星系消散在较大的一个中，就像被"消化"了，正如其他矮伴星系在很久以前被银河系吞食那样。（b）银河系的这个外部区域显示了无数的恒星，它们已被撕离开了银河系中已经瓦解的卫星星系（颜色表示距离，蓝色是最近的）。几个潮汐流是显而易见的，中间最大的一个展示了正在步入死亡螺旋的人马座矮星系的两个轨道。［V. 贝洛库罗夫（V. Belokurov）、斯隆数字化巡天（SDSS）］

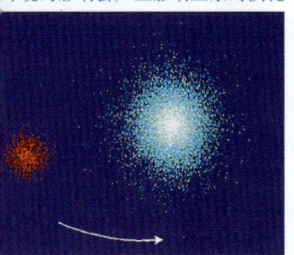  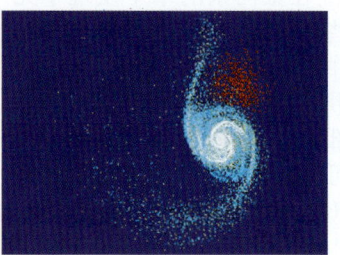 

时间 →

▲图3.14　星系的相互作用
星系能在它们形成很久之后改变形状。在此计算机生成的序列中，两个星系密切互动了几亿年。较小的星系（红色）的引力扰乱了较大的星系（蓝色），将后者改变成了一个旋涡星系。将这台超级计算机模拟的结果与图2.2（b）比较，后者是涡状星系和其小伴侣的一张照片。[J. 巴恩斯、L. 恩奎斯特（J. Barnes & L. Hernquist）]

有相同的哈勃类型［见图3.15（b）］。这是最有可能的大型旋涡星系的成长轨迹——尤其是我们自己的银河系很可能就是如此形成的。

支持这一总体图景的证据来自于如下观测事实：旋涡星系在星系密度较高的区域里（如富星系团的中央区域）比较少见。这些观测与如下观点一致：旋涡星系脆弱的星系盘很容易被碰撞摧毁，而碰撞在星系密集的环境中是比较常见的。旋涡星系也似乎在较大的红移处（也就是在过去）更常见，这意味着它们的数量随时间下降，据推测这也是碰撞的结果。然而，在天文学中，这方面的情况还完全不明确。比如，天文学家知道在宇宙中的低密度区域有众多孤立的椭圆星系，这很难用并合的结果来解释。此外，汇流——其作用是维持星系盘——和碰撞——往往会摧毁星系盘之间的竞争，仍然知之甚少，因为这是星系核活动的效果，我们将在第3.4节讨论。

原则上，与星系并合相关的恒星爆发以与星系性质相关联的方式，在宇宙的恒星形成历史中留下了它们的痕迹。因此，对遥远星系中恒星形成的研究，已经成为检测和量化整个阶梯式并合理论细节的一个非常重要的途径。

概念理解　检查

✓ 除了规模，星系演化与恒星演化之间有什么重要的区别？

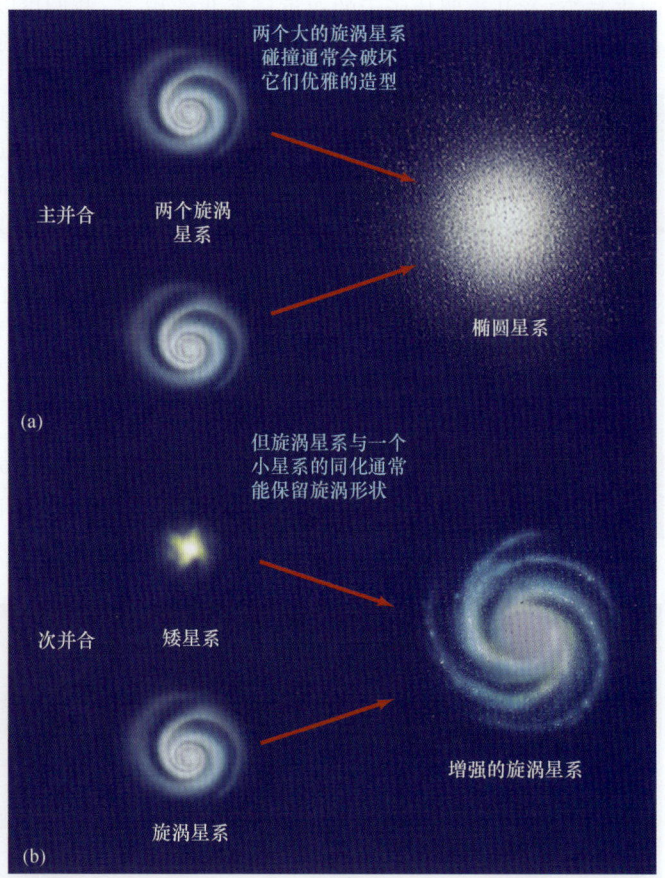

▲图3.15　星系并合
（a）当同样大小的星系聚集在一起，其结果可能是一个椭圆形的星系，因为它们原来的旋臂和星系盘在交会中不容易存活。（b）与此相反，如果一个大旋涡星系吸收较小的同伴，最后的结果可能仅仅是形成一个较大的旋涡星系，与它原始的几何形状几乎一样。

探索3-1

斯隆数字化巡天

本书中使用的许多照片——更不用说流行媒体中的大部分头条图片——来自大型的、知名度高而且通常非常昂贵的仪器，如NASA的**哈勃太空望远镜**和欧洲南方天文台在智利的甚大望远镜。它们拍摄的深空的壮观景象已经彻底改变了我们对宇宙的看法。然而，一个不太知名的，相当便宜的、没有那么雄心勃勃的项目，从长远来看，也可能对天文学和我们对宇宙的认识有同样伟大的影响。

斯隆数字化巡天（SDSS），原本是一个5年的项目，于2000年开始科学运营。该项目旨在系统地绘制出整个天空的四分之一，其规模和精度水平在之前从来没有过。它已编目了近十亿个天体，在5个颜色（波长范围）——从可见光到近红外——记录下它们的视亮度。此外，接下来的光谱观测确定了红移，从而得到了150万个星系和23万个类星体的距离。这些数据已经被用来构造了详细的红移巡天（见4.1节），并探讨了宇宙在非常大尺度上的结构。调查的灵敏度可以在超过十亿秒差距的距离处检测到类似银河系亮度的星系。非常明亮的天体——如类星体和年轻的星爆星系，可在几乎整个可观测宇宙范围内被探测。

第一张图所示为斯隆巡天望远镜，一个用于特殊目的的2.5 m望远镜，坐落在阿帕奇·波因特天文台，位于新墨西哥森史波特附近。此反射式望远镜不是空基的，不使用主动或自适应光学，其空间探测深（即远）度不能与更大的仪器相比。那它怎么可能与其他系统竞争呢？答案是，与其他大多数目前正在使用的大型望远镜不同——后者是数百甚至数千个观测者共享仪器，观测者要争夺使用时间，SDSS望远镜则是专门为巡天的目的而设计的。它具有很广的视场，而且专注于自己的任务，在该项目的持续时间内的每一个晴朗的夜晚对天空进行观测。

夜复一夜地使用一台仪器，加上严格的质量，甚至把天气数据也纳入巡天数据（视宁度不佳或遇到其他问题的夜晚将被舍弃，相应的观测会重来），意味着最终产品是一个异常高质量的均匀涵盖了巨大空间体积的数据库——这是一个对宇宙研究的巨大贡献、一个不可缺少的工具。巡天的视场涵盖了大部分银道面北部的天空，以及围绕南银极的巨大细长条。

储存下来的数百万星系的照片和光谱产生了

大量的数据。全部巡天产生了大约60万亿字节的数据——堪比美国国会图书馆数据的全部！所有这一切都已经向公众发布。第二张图所示为英仙星系团，这只是构成完整数据库的成千上万的图像中的一个。SDSS最近的亮点是，已经检测到了宇宙中已知的最大结构，观测到了已知最遥远的星系和类星体，并一直在限制描述我们宇宙的关键观测参数（见第4章）。

SDSS对天文学的冲击表现在以下方面：宇宙的大尺度结构、星系的起源和演化、暗物质的性质、银河系的结构、星际物质的性质和分布，以及系外行星系统的性质。规格统一、准确、详细的数据库很可能在未来几十年中被几代科学家所使用。它的成功促成了一些更加雄心勃勃的巡天项目跟进，其中的第一个项目于2015年左右开始运作。

[斯隆数字化巡天（SDSS）、R.勒普顿（R.Lupton）]

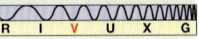

3.4 星系中的黑洞

现在，让我们来讨论类星体和活动星系如何适应刚才所描述的星系演化的框架。类星体在离我们很远的距离比较常见这一事实表明，它们在过去比在今天更为普遍。∞（2.4节）据观测，类星体具有高达7.1的红移（为2013年年初的记录），所以这个过程必然在至少130亿年前开始（见表2.2）。然而，大多数类星体有2和3之间的红移，对应大约20亿年之后的一个阶段。大多数天文学家都认为，类星体代表星系演化的早期阶段——"青春期"阶段，倾向于骤燃和"叛逆"，然后才逐渐进入稳定的"成年"阶段。这一观点被如下事实强化：相同的黑洞产能机制可以解释类星体、活动星系和类似我们的银河系这样的正常星系中心区域的光度。

黑洞质量

在第2章，我们看到了大多数天文学家接受的活动星系核的标准模型——一个超大质量黑洞吸积气体。∞（2.5节）我们也看到，很大一部分"明亮"星系表现出某种类似的行为，尽管在许多情况下，这些行为只代表了星系的总能量输出的一小部分。这表明这些星系中也可能藏有中央黑洞，在适当的环境下具有大得多的潜在活性。我们自己的星系是一个很好的例子。∞（1.7节）位于银河系中心的400万倍太阳质量的黑洞当前是不活跃的，但如果新燃料被供应（例如，一颗恒星或一片分子云太接近黑洞的强引力场时），它就很可能成为一个（相对较弱的）活动星系核。

近年来，天文学家发现，许多明亮的正常星系在其中心包含有超大质量黑洞。图3.16展示了也许是最有说服力的证据，说明一个正常星系中也能有这样一个黑洞。它来自对NGC 4258的射电研究，这是一个旋涡星系，距我们约6Mpc。使用甚长基线射电望远镜阵——一个包括10个射电望远镜的大陆尺度的干涉仪，一支美国-日本团队已经取得了比HST高几百倍的角分辨率。该观测揭示出，一组分子云以有序的方式围绕星系的中心盘旋。多普勒测量表明，一个稍微扭曲的、旋转的盘恰恰以星系的心脏为中心。旋转速度意味着在一个尺度不到0.2pc的区域里，集中了超过4000万倍太阳质量。

类似的超大质量黑洞存在于星系核心的证据在距银河系几千万秒差距范围内的几十个明亮的星系中——有的是正常星系，有的是活动

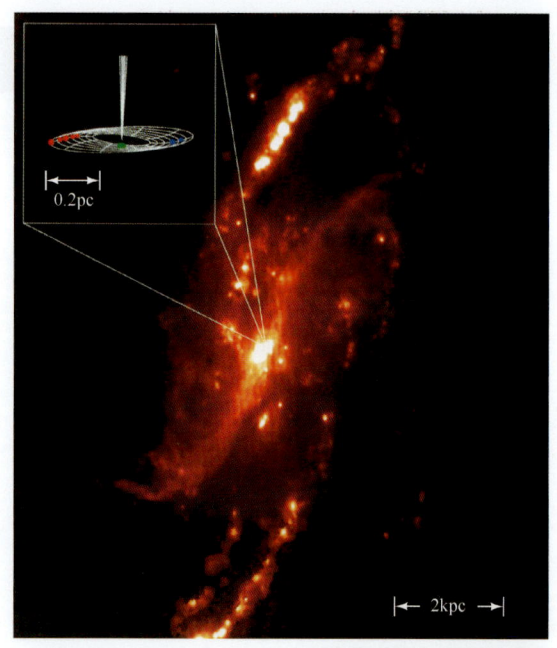

▲图3.16 星系级黑洞
一个射电望远镜网络探测了旋涡星系NGC4258的核心，在这里呈现出的主要是氢的发射线。在最里面的区域（小图），多普勒频移的分子云的盘（用红、绿、蓝点表示）完美服从开普勒第三定律，显然揭示出在盘的中心有一个巨大的黑洞。[J. 莫兰（J. Moran）]

星系——都有。一些观测者走得更远，他们认为，在调查一个星系并可能发现一个黑洞的情况下，给定观测的分辨率和灵敏度，一个黑洞其实就已经被发现了。这是通向下面这个卓越结论的一小步：每一个明亮的星系——活动或不活动的——都包含一个中央超大质量黑洞。这个统一的原则从根本上将我们的正常星系理论和活动星系理论连接了起来。

天文学家还发现，中央黑洞的质量和其所在星系的性质之间具有相关性。如图3.17所描绘的，最大的黑洞往往在最大质量的星系中被发现（通过对核球质量的测量）。这一相关性的原因尚不完全清楚，但多数天文学家认为这最起码意味着，正常星系和活动星系的演化必然非常紧密地相连，正如我们现在所讨论的。

类星体时代

星系中的超大质量黑洞从何而来？说实话，在宇宙历史的早期形成第一批十亿太阳质量黑洞的过程是完全未知的。然而，负责类星体能量发射的吸积过程也很自然地负责了黑洞的质量——只有下落质量的百分之几会被转换

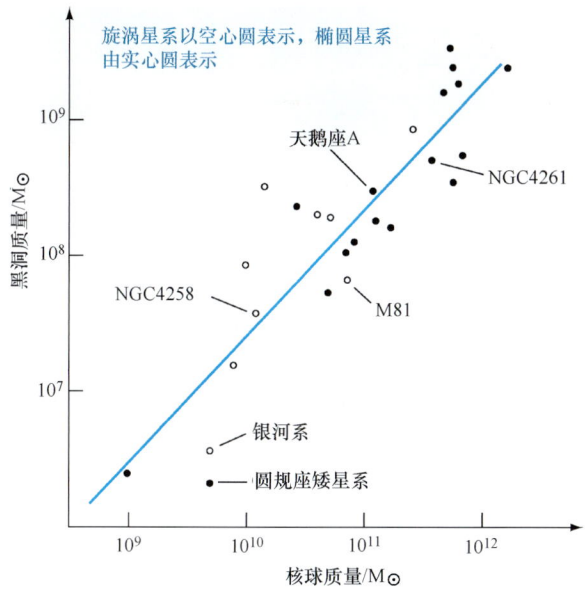

▲ 图3.17 **黑洞质量**
对邻近的正常和活动星系的观测表明，中央黑洞的质量与星系核球的质量紧密相关。在此图中，每个点代表一个不同的星系。直线是对许多星系的数据点的最佳拟合，暗示着一个1/200核球质量的黑洞质量。

为能量，剩下的一旦越过事件视界就会被黑洞永远吞噬。简单的估计表明，驱动类星体所需要的吸积率一般都与通过其他手段推断出来的黑洞质量相一致。

由于已知最明亮的类星体每年吞噬大约1000倍太阳质量的物质，它们这么大的光度不可能维持很长时间——哪怕是100万年也需要十亿太阳质量，足以解释已知的最庞大的黑洞。∞（2.4节），这表明，一个典型的类星体在燃料耗尽前，只在自己高光度阶段维持相对短的时间——也许在某些情况下只有几百万年。因此，大多数的类星体是很久以前发生的相对短暂的事件。

为了造就一个类星体，我们需要一个黑洞以及足够多的燃料来为其"供电"。虽然燃料在宇宙早期是丰富的——以气体和新形成的恒星的形式，但黑洞却并不多见。它们还没有形成，虽然我们对细节同样知道得很少。最终驱动类星体的超大质量黑洞的基本成分很可能是相对较小的黑洞——大约为太阳质量的数百倍或上千倍，由第一代恒星形成。这些小黑洞沉没到它们所在的仍然在形成中的母星系的中心，并合为一个单一的、更大质量的黑洞。

随着星系并合，它们的中央黑洞也会并合，并最终在许多年轻星系的中心形成超大质量（100万倍至10亿倍太阳质量）的黑洞。一些超大质量黑洞可以直接通过密集的原星系碎片中心区域的引力坍缩形成，或者通过在宇宙中一个特别密集区域的吸积或一系列快速并合而形成。这些事件导致了已知最早（红移6~7）的类星体，在130亿年前就已经闪闪发光。然而，在大多数情况下，并合需要较长的时间——大约需要再过20亿年。届时（红移在2~3之间，约为110亿年前），许多超大质量黑洞已经形成了，并且仍有大量活跃的被并合驱动的燃料给它们提供动力。这是宇宙中的"类星体时代"。

直到最近，天文学家们才相信，黑洞会在它们的母星系碰撞时并合，但他们对这个过程没有直接证据——没有"当场抓住"两个黑洞的照片。2002年，钱德拉X射线天文台发现了一个双黑洞——两个超大质量天体，每一个都有几千万太阳质量——位于超亮的星爆星系NGC 6240的中心，该星系本身就是约30万年前一次星系并合的产物。图3.18所示为该星系的光学和X射线图像。黑洞是在（伪彩色）X射线图像中靠近中心的两个蓝–白色天体，它们互相绕转，相距仅1000pc，由于与恒星和气体的相互作用而失去能量，因此被预测会在4亿年之后并合。天文学家现在知道，在相对较近的星系中有几个双黑洞，它们在螺旋着并合的道路上被"当场抓住"。NGC 6240距地球仅120Mpc，所以我们离看到早期宇宙中类星体的并合还很远。不过，天文学家认为，类似的事件一定在数十亿年前发生过无数次——随着星系的碰撞和类星体的闪耀。

遥远的星系通常比它们明亮的类星体核心暗弱得多。其结果是，直到最近，天文学家们才能勉强从类星体的图像中辨别出星系结构。自20世纪90年代中期以来，几组天文学家都使用哈勃太空望远镜来搜索适度距离的类星体的"宿主"星系。从哈勃望远镜的图像中去除明亮的类星体核心，并仔细分析残留的光后，研究人员报告说，在研究的所有例子中——到目前为止有几十个类星体——可以看到寄主星系包裹着类星体。图3.19所示为迄今为止曝光最长的一些类星体。即使没有先进的计算机处理，宿主星系也都清晰可见。

82　今日天文

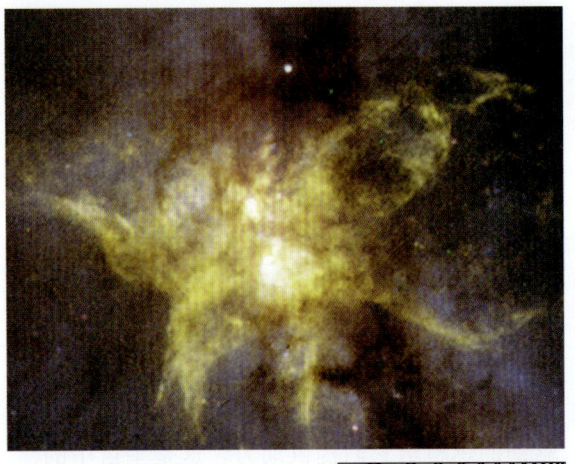
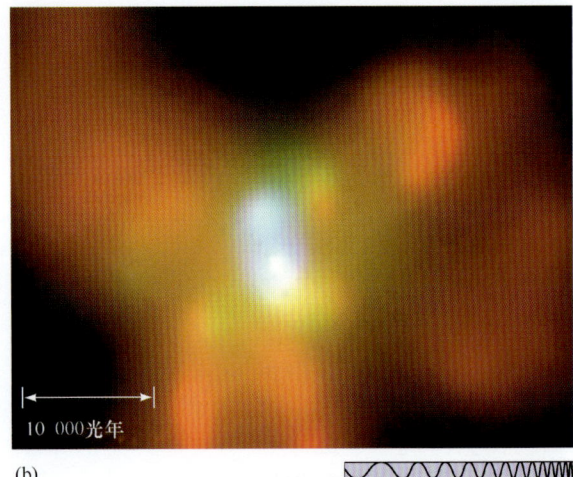

▲ 图3.18　双黑洞
这些是星爆星系NGC6240的（a）光学（哈勃）和（b）X射线（钱德拉）图像，显示了两个超大质量黑洞（靠近X射线图像中心的蓝白色天体）以约1kpc的距离互相绕转。理论估算意味着它们将在4亿年之后并合，释放出一个强烈的引力辐射爆发。光学图像的颜色是真实的，X射线图像中的伪彩色表示了能量范围。［美国国家航空航天局（NASA）］

正如我们在第2章看到的，活动星系和星系团之间的联系已经非常确定，并且许多相对较近的类星体也已知是星系团的成员。∞（2.4节）但是，最遥远的类星体的联系还不太明确，只是简单地因为它们是如此遥远，星系团中的其他成员都非常暗弱，很难被看见。然而，由于已知的类星体数量不断增加，类星体成团的证据（因此也可推测出类星体作为年轻星系团的成员的证据）也在增加。因此，我们最多可以说，类星体的活动与年轻星系团中的相互作用和碰撞是密切相关的。

这种联系也表明了一种可能的情况——黑洞的生长可能会受制于它们母星系的生长。许多天文学家认为有一种叫作**类星体反馈**的过程，类星体的巨大能量输出中的某些部分被周围星系的气体吸收，这或许可以解释图3.17所示的黑洞和核球质量的关系。在这张很有吸引力但意义尚不确定的图片中，被吸收的能量从星系中排出气体，并同时关闭了两个星系的恒星形成和类星体本身的燃料供应，从而连接了中央黑洞的生长和核球中新恒星的形成。

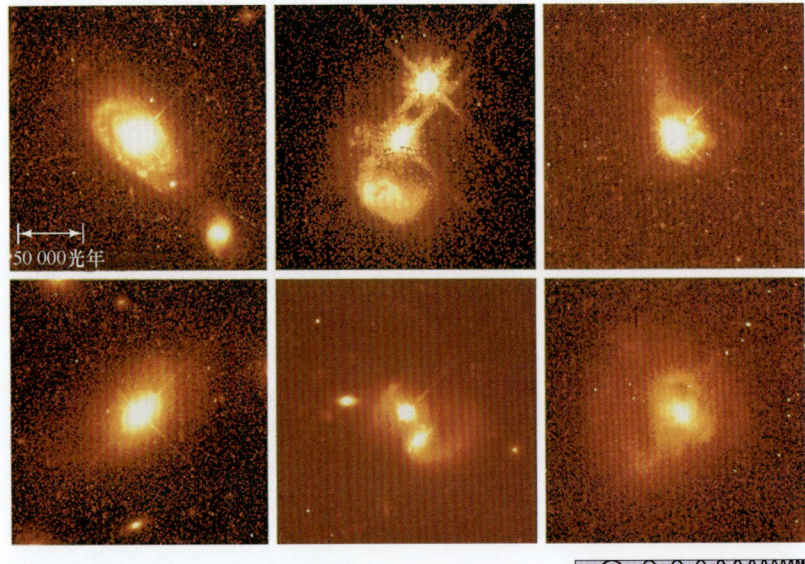

◀ 图3.19　类星体的宿主星系
这些遥远类星体的长曝光图像显示了类星体"居住"的年轻宿主星系，支持了如下想法：类星体代表星系演化早期的高光度阶段。左上角的类星体就是最好的例子，它的星表名称是PG0052+251，距离地球大约700Mpc。［美国国家航空航天局（NASA）］

活动星系和正常星系

在早期，频繁的并合可能补充了类星体的燃料供应，延长了它的发光寿命。然而，由于并合率下降，这些星系处在"类星体"阶段的时间越来越短。大约100亿年前，明亮类星体的数量迅速下降，标志着类星体时代的结束。今天，类星体的数量几乎下降到零（回忆一下，即使最近的类星体也距我们数百Mpc之遥）。∞（2.4节）

大黑洞不会简单地消失。如果一个星系在100亿年前包含一个明亮的类星体，那么在该星系年轻时代驱动其所有活动的黑洞今天必然仍然存在于星系中心。我们看到了作为活动星系的这些黑洞中的一部分，其余的则"蛰伏"在我们身边的正常星系中。这种观点认为，活动星系和正常星系之间的差别主要是燃料供应的问题。当燃料耗尽后，类星体熄灭，其中央黑洞仍然能在之后维持一段时间，其能量输出便会降低到一个相对"涓细"的程度。这个位于正常星系核心的黑洞处于简单的休眠状态，等待着下一次的相互作用引发新的活动和爆发。偶尔，两个邻近的星系可能会互相影响，导致新燃料的洪流流向一个或两个星系的中心黑洞。发动机暂时启动，引起了我们观测到的邻近的活动星系——射电星系、赛弗特星系，以及其他。

如果这总体图像是正确的，这意味着许多相对邻近的星系（但可能不包括我们自己的银河系，其中心黑洞即使在现在也只有区区300万~400万太阳质量）必然曾经有过灿烂的类星体。∞（1.7节）如果有外星天文学家，在数千Mpc以远，在一个特定的时刻观测室女星系团中M87更古老的样子——数十亿年前的样子，他们会谈论其巨大的光度，没有恒星特征的光谱，并有可能谈论它的高速喷流，而且也会想知道，究竟是什么样的奇特物理过程才可能导致其暴力的活动！∞（2.4节）

最后，图3.20所示为类星体、活动星系和正常星系演化之间一些可能（但未经证实！）的联系。如果最大的黑洞位于最大质量的星系，同时也倾向于驱动最亮的活动星系核的话，那么我们可以预期，最明亮的核应位于最大的星系中，这些星系可能是其他大型星系的主并合形成的。由于这种并合的产物是椭圆星系，所以我们便对为什么最亮的活动星系——射电星系会与大型椭圆星系相关这个问题给出了一个合理的解释。∞（2.4节）此外，形成旋涡星系的路线必然源自一系列较小的星系的并合，造成了在这一路径上有较少暴力活动的赛弗特星系。

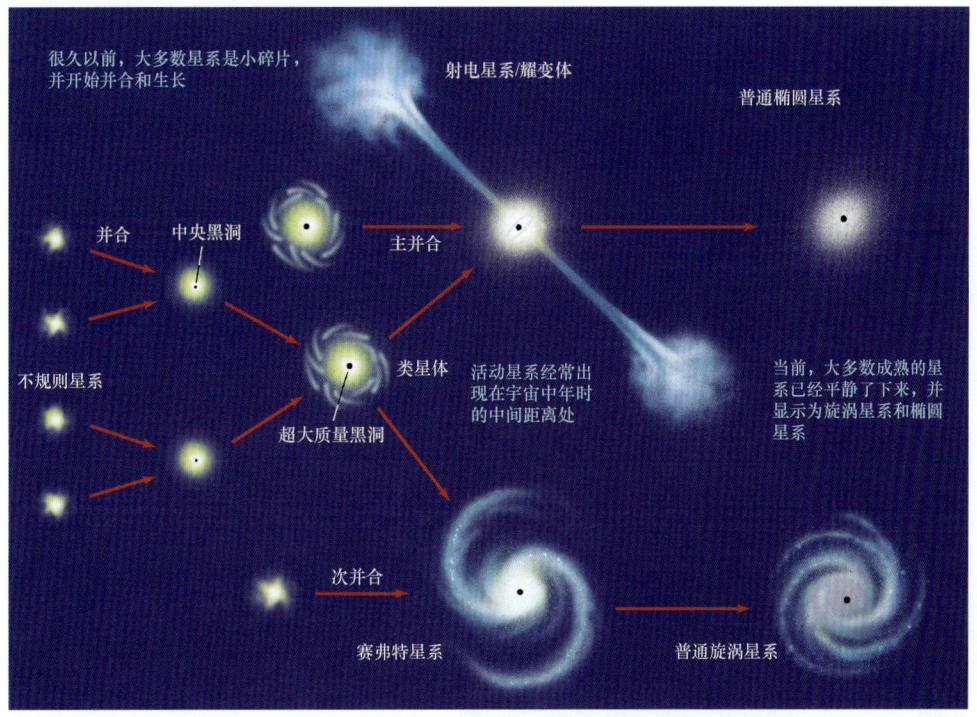

 解说图3.20　星系演化
大多数星系演化序列是从导致高亮度类星体的星系并合开始的，它们的暴力活动之后通过射电星系和赛弗特星系而减少，最终形成正常的椭圆星系和旋涡星系。驱动了早期活动的中心黑洞仍然在后面的时间存在，但其中的许多已经耗尽了燃料。

活动星系核和科学方法

当活动星系核——特别是类星体——被首次发现时，它们的极端性质挑战了传统的解释。最初，超大质量（百万到十亿倍太阳质量）黑洞存在于星系中的想法，仅仅是被提出来解释这些莫名其妙天体的巨大光度和很小尺度的几个相互竞争、互不相同的假说中的一个。然而，由于观测证据的增加，另外的假说被一个接一个地抛弃，大质量黑洞在星系核心的想法先是成为领先的活动星系理论，然后最终成为标准理论。

正如在科学中经常发生的，一个一度被认为是极端的理论现在成了这些现象的可接受的解释。一些天文学家曾经担心，活动星系会威胁物理定律，而现在，它成了我们的星系形成和演化理论的一个必要部分。将正常星系和活动星系的研究、星系形成的研究、大尺度结构的研究整合在一起，就是河外天文学的伟大成就之一。

概念理解 检查

✓ 是否每个星系都有活动的潜力？

3.5 大尺度上的宇宙

许多星系，包括我们自己的银河系，都是星系团——被自身引力结合在一起的百万秒差距尺度的结构——的成员。∞（2.2节）我们自己的小星系群被称为本星系群。图3.21所示为室女星系团——最接近我们的大型星系团——和其他几个堪称我们宇宙邻居的已知星系团的位置，所显示出来的区域的尺度约为70Mpc。图中的每个点代表一个完整的星系，其距离已经通过在第2章中描述的方法之一确定了。

星系团的集团

星系团是顶级的宇宙层次了吗？宇宙中还有没有更大的物质组织？大多数天文学家认为，星系团本身又会聚集成团，形成超级庞大的物质团块，被称为**超星系团**。

总之，银河系附近的星系和星系团构成**本超星系团**，又称室女座超星系团。除了室女星系团外，它还包含本星系群和室女星系团周边20～30Mpc范围内的许多其他星系团。图3.21显示了一幅拓展了的我们宇宙邻居的由计算机生成的三维图像，描绘了室女座超星系团（中心附近）与其他"邻近"超星系团在一个巨大的假想立方体中的位置关系——这个立方体的短边大约为100Mpc。

总而言之，本超星系团的尺度大约是40～50Mpc，包含了大约10^{15}倍太阳质量的物质（数万个星系），其形状非常不规则。本超星系团在垂直于银河系和室女星系团连线的方向上被显著拉长，它的中心落在室女星系团附近。现在，这一事实应该毫不奇怪了——本星系群并不在本超星系团的中心。事实上，我们生活在相当遥远的外围，距中心约18Mpc。

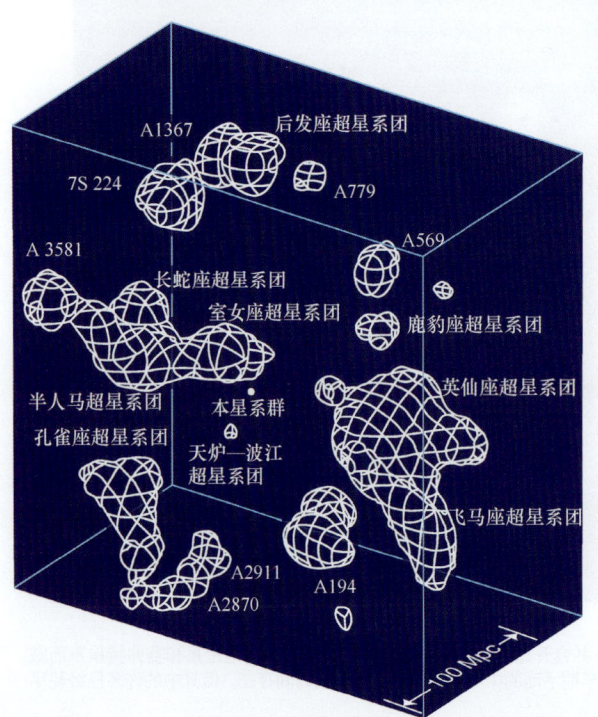

◀ **图3.21 室女座超星系团的3D图**
本图绘制了室女座超星系团（左中）的拉长结构相对于其他邻近超星系团的位置关系，这些超星系团位于银河系（银河系在这个庞大地图中心附近被标记为"**本星系群**"的小圆点内）周围大约十亿光年的范围内。单个的星系未显示在图上。相反，平滑的等高线图勾勒出星系团，每个星系团通过其最突出的成员命名或编号。

红移巡天

我们窥视深空越远,就会看到更多的星系、星系团和超星系团。是否有甚至比超星系团更大尺度的结构?为了回答这些问题,天文学家使用哈勃定律绘制出了星系在宇宙中的分布。

图3.22所示为20世纪80年代由哈佛大学的天文学家所进行的早期宇宙巡天的一部分。利用哈勃定律作为距离指标,团队在一个距银河系大约200Mpc的区域中,以一系列楔形"片"的形式系统地测绘出了星系的位置,每个片厚6°。从北部天空中开始。第一片(如图所示)覆盖包含后发星系团(见图2.1)——在天空中恰好位于几乎垂直于银河系平面的方向上——的天空区域。因为红移被用作主要的距离指示器,所以这些研究被称为红移巡天。

类似图3.22这样的图最显著的特点是,星系的大尺度分布很明显不是随机的。星系似乎被布置成一串,或者纤维状。它们包围着巨大的、星系相对缺乏的、被称为**巨洞**的区域。巨洞占我们附近宇宙总体积的约50%,但质量只有5%~10%。最大的巨洞的尺度大约为100Mpc。对图中所示的巨洞和纤维结构的最可能的解释是,星系和星系团沿着空间中广阔的"泡"的表面延展。巨洞是这些巨大泡泡的内部。因为我们以宇宙切片的方式穿过了泡泡,所以星系看起来像一串珠子一样分布。像肥皂水中的泡沫,这些巨大的泡泡填充着整个宇宙。最密集的星团和超星系团位于几个泡泡相会的区域。室女座超星系团(见图3.21)拉长的形状是同样的丝状结构的一个本地例子。

大多数理论家认为,这种星系——以及实际上所有的尺度大于数百万秒差距的结构——的"泡沫式"分布,其起源可以直接追溯到宇宙最初阶段的环境(第5章)。因此,大尺度结构的研究对我们了解宇宙本身的起源和性质至关重要。

有观点认为,纤维是巡天切片与一个大得多的结构(泡泡的表面)的横截面。这一观点已经在接下来的三个切片——位于第一个的上面和下面——完成时被证实了。图3.22中的红色轮廓线指示的区域被发现继续通过上下两块切片。这个由星系构成的扩展的片状结构被称为"宇宙长城",其大小至少为70Mpc(垂直于本页的平面)乘以200Mpc(在本页平面内)。它是宇宙中已知的最大结构之一。

图3.23所示为一个更新的红移巡天,明显比图3.22给出的大。这项巡天包括了在距银河系大约750Mpc范围内的近24 000个星系。可以看到许多巨洞和"巨壁状"纤维(有些被标了出来),但除了在较大距离上星系数量的总体减少外——基本上是因为根据平方反比定律,更遥远的星系更难被看到——没有明显的证据表明有任何结构的尺度大于约200Mpc。仔细的统计分析证实了这一感觉。显然,巨洞和巨壁代表了宇宙中最大的结构。我们将在第4章再讨论这一事实的深远影响。

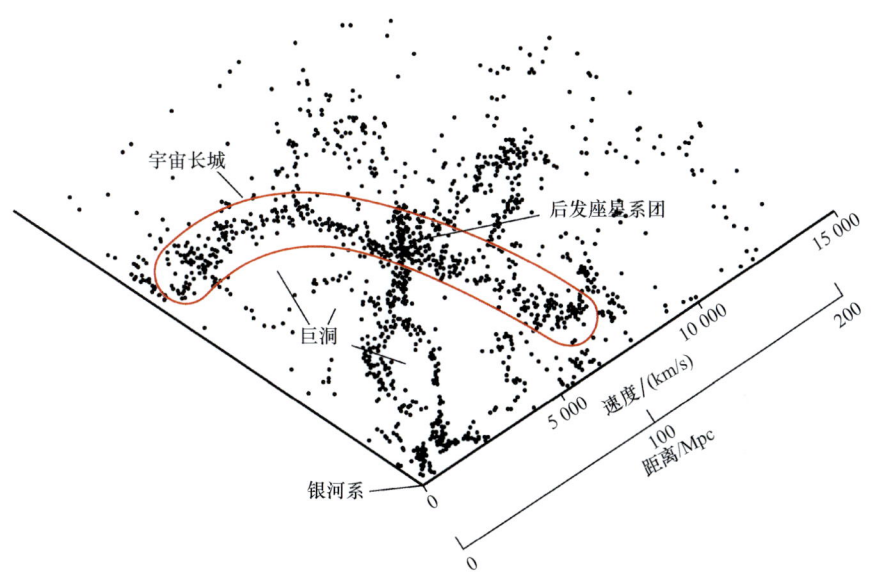

◀ **图3.22 星系巡天** 这是一块宇宙的"切片",涵盖了距我们最远约200Mpc的1732个星系,显示了星系和星系团在大尺度上不是随机分布的。相反,它们似乎有一个纤维状结构,围绕着广袤、几乎空无一物的巨洞。[哈佛-史密松天体物理中心(Harvard-Smithsonian Center for Astrophysics)]

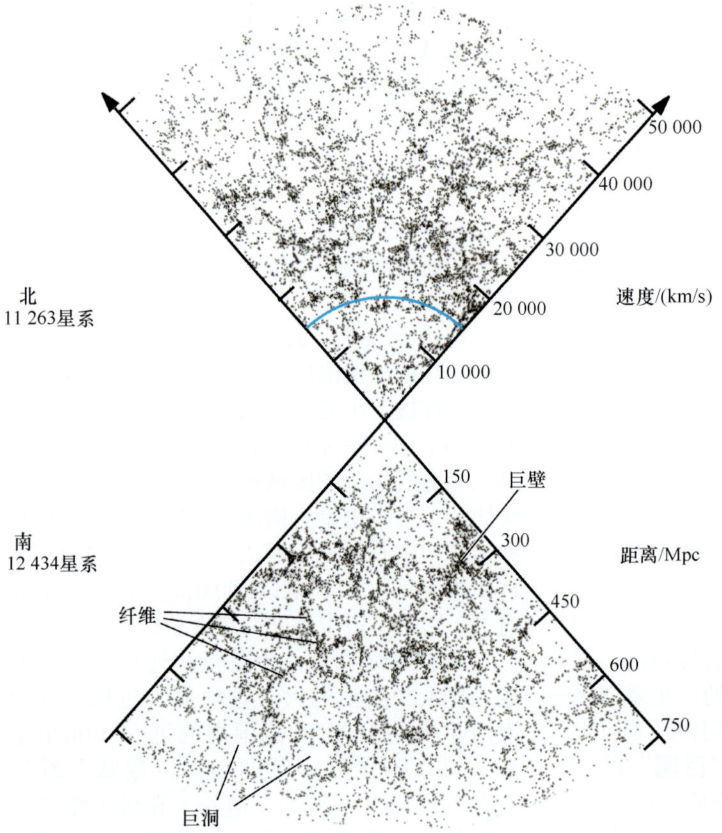

图3.23　更大尺度上的宇宙
这个大尺度的星系巡天，由位于智利的拉斯坎帕纳斯天文台进行。这张图由约1000Mpc范围内的23 697个星系组成，在两个方向上都是80°（宽）×4.5°（厚）的楔形。许多尺度高达100～200Mpc的巨洞和巨壁很明显，但没有更大的结构了。作为比较，图3.22所示的巡天范围在北部天空中被标记为蓝色的弧形。

类星体吸收线

我们如何能在非常大的尺度上探索宇宙的结构？正如我们所看到的，很多物质是黑暗的，即便是"发光"的成分，也因为其太暗弱而很难在远距离上被探测到。研究大尺度结构的一种方法是利用类星体很远的距离、点状的外观和极大的光度。由于类星体是那么遥远，从类星体前往地球的光因而有非常好的机会在途中通过或接近"有趣的东西"。通过分析类星体的图像和光谱，就可以拼凑出其光线穿过的这部分空间的一部分样子。

类星体方法让人想起了用明亮的恒星探测太阳附近的星际介质，不过它们也有相同的基本缺点：我们只能研究类星体所在的那个方向的天空。但是，这个问题会随着正在进行和计划进行的能发现越来越暗天体的大尺度巡天而被逐渐解决。这些巡天中最重要的是斯隆数字化巡天（探索3-1），该巡天已构建了许多北方天空的地图，其中包括数百万个星系和10多万个类星体。

除了展示自己光谱中强烈的红移外，许多类星体还显示出额外的吸收特征，这些吸收的红移程度比类星体本身的红移要小得多。例如，类星体PHL938的一条发射线的红移为1.954，由此得出该类星体距离我们约5200 Mpc，但它又具有仅仅0.613红移的吸收线。这些较小红移的吸收线被解释为，源于比类星体本身距我们近得多（仅约2300Mpc）的中间气体。最大的可能是，这种气体是另外的不可见星系的一部分，刚好位于我们和类星体的视线之间。于是，类星体的光谱给天文学家提供了探测未知宇宙部分的一种方法。

氢原子的吸收线是科学家特别感兴趣的，因为氢组成了宇宙中的大部分物质。具体来说，氢的与基态和第一激发态之间的跃迁有关的紫外（122nm）"莱曼-阿尔法"线，通常被用于这方面的研究。如图3.24所示，当天文学家观测一个高红移类星体的光谱时，他们通常会看到吸收线"线丛"开始于类星体本身的"莱曼-阿尔法"发射线（红移了）的波长，并且延伸到较短的波长。这些线被解释为前景结构——星系、星系团等——中的气体云所产生的"莱曼-阿尔法"吸收特征，这给了天文学家了解沿着视线物质分布的关键信息。

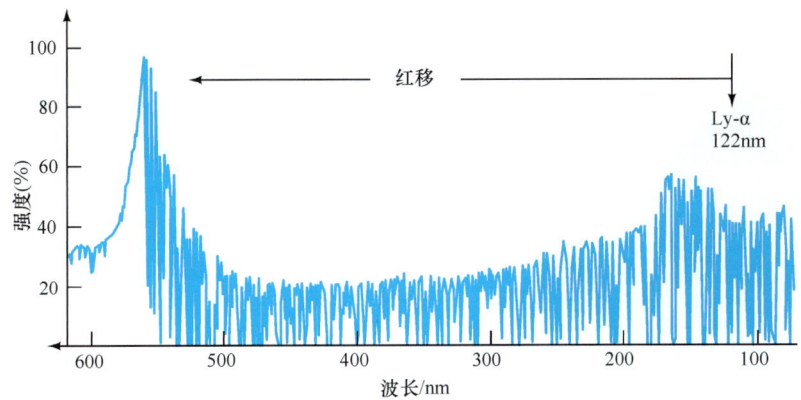

互动图3.24 吸收线"线丛"

类星体QSO 1422 + 2309光谱中数量庞大的吸收线,是来自几百个前景氢云的紫外"莱曼－阿尔法"线,每一个的红移量都稍有不同(但比类星体本身的红移量小)。左侧的峰标记了来自类星体的莱曼－阿尔法发射线,本来在122 nm,但在这里红移到了564nm,已经处于可见光波段。

因此,类星体的光探索了另一种不可见的宇宙气体成分。原则上,每一个氢原子中间云都可以让我们探测宇宙中物质分布的方式,在类星体的光谱中留下了自己的特色印记。通过将这些莱曼–阿尔法线丛与模拟结果相比较,天文学家希望能完善星系形成和大尺度结构演化理论的许多关键要素。

类星体"幻影"

1979年,天文学家惊讶地发现似乎有一个双类星体——两个类星体具有完全相同的红移和类似的光谱,在天空相隔只有几角秒。这样一个双类星体的发现本来就够惊人了,但它们的真相竟然更加惊人的:对这两个类星体的射电发射的仔细研究发现,它们并非是两个不同的天体。相反,它们是同一个类星体的两个单独的像!这样的双类星体的光学图像展示在图3.25中。

是什么能让类星体的图像这样"翻倍"呢?答案是引力透镜——背景天体的光被某些前景天体的引力所偏折和汇聚(见图3.26)。在第1章中,我们看到了银河系银晕中致密天体的透镜效应如何放大一个遥远恒星的星光,允许天文学家探测不可见的恒星级的暗物质。∞(1.6节)在类星体的情况下,这个想法是一样的,只是前景透镜天体是整个星系或星系团,因此光的偏转是如此之大(几角秒)以至于可以形成一些单独的类星体的像,如图3.27所示○。目前已知大约有二十多个这种引力透镜。随着望远镜以越来越高的灵敏度探索宇宙,天文学家们开始认识到,引力透镜是宇宙中比较常见的特征。

○ 事实上,引力透镜的很多理论在第一个透镜类星体的观测之后才被制定,随后再应用于银河系的暗物质搜索。

这些复合图像的存在给天文学家提供了许多有用的观测工具。首先,前景星系的透镜效应往往会增强类星体的光,像刚才提到的那样,使其更容易被观测。与此同时,星系内单个恒星的**微引力透镜**可能会导致类星体亮度较大的波动,允许天文学家既研究类星体,又研究星系的恒星成分。∞(1.6节)由于微引力透镜而增亮的量依赖于发射区的大小,而这又相应的依赖于所观测辐射的波长——例如,X射线从一个靠近中央黑洞的比类星体可见光部分更小的区域中发射出来,如图2.34所示。通过仔细比较在不同波长处亮度的增加,天文学家可以用其他任何方式所不能达到的尺度去探测类星体吸积盘的结构。

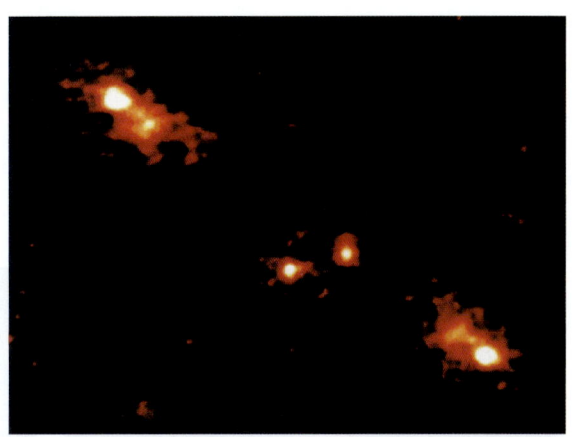

▲ **图3.25 双类星体**

这个"双重"类星体(编号为AC114,距我们约20亿pc)并不是两个独立的天体。相反,两个大的"斑点"(左上和右下)是同一个天体的两个像,通过引力透镜创建。透镜星系本身在图中可能是不可见的——这个图像中靠近画面中央的两个天体被认为是前景星团中的不相关的星系。[美国国家航空航天局(NASA)]

88 今日天文

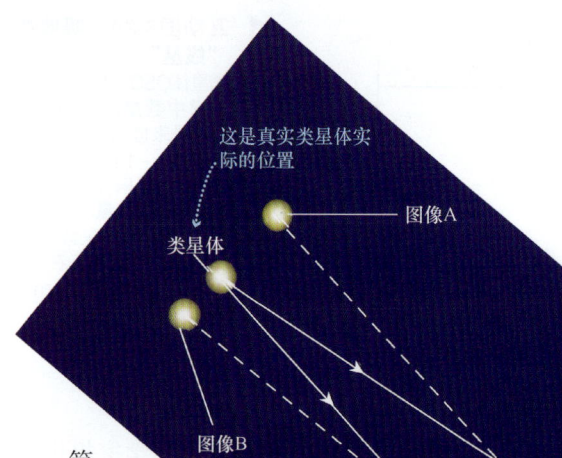

互动图3.26 引力透镜
当来自遥远天体的光在视线方向上接近一个星系或星系团时，背景天体（在这里是类星体）的像有时可以分成两个或更多独立的像（A和B）。前景天体就是一个引力透镜。

允许天文学家确定透镜星系的距离。这种方法提供了一种独立于先前讨论的任何技术的测量哈勃常数的替代手段。使用这种方法的研究人员所报告的H_0的平均值为65 km/（s·Mpc），比我们在本书中假定的值低一点点。

第二，由于不同像的光到我们的路径长度不同，因此在不同的像之间通常存在一个时间延迟，从几天到几年不等。这种延迟提供了对有趣事件的预告，比如类星体亮度的突然变化。因此，如果一个像突然变亮，另一个（或另一些）像就也会按时变亮，这就给了天文学家研究这一事件的第二次机会。时间延迟也

▼图3.27 爱因斯坦十字
（a）"爱因斯坦十字"，一个类星体相互分开只有几角秒的多重像。本图显示了位于中央的星系产生的同一个类星体的四重像。（b）一个简化的艺术图，展示了如果地球在右边，遥远的类星体在左边，这时会发生什么。[美国国家航空航天局（NASA）、D. 贝里（D. Berry）]

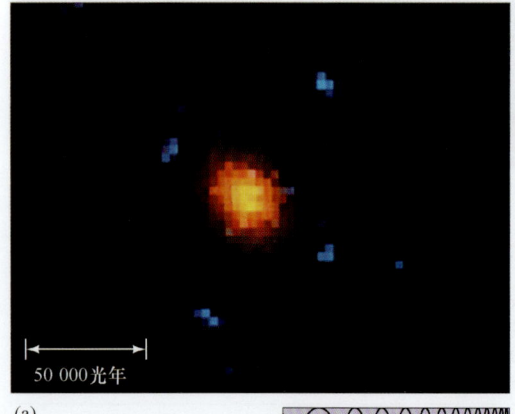
(a)

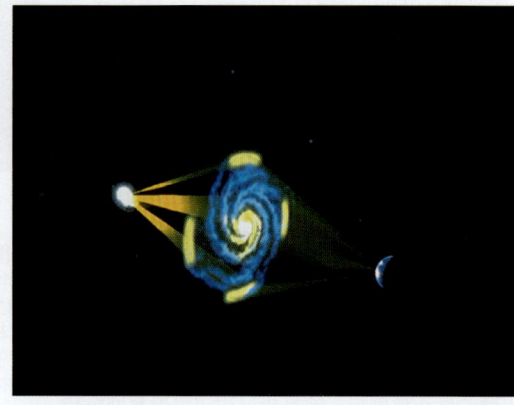
(b)

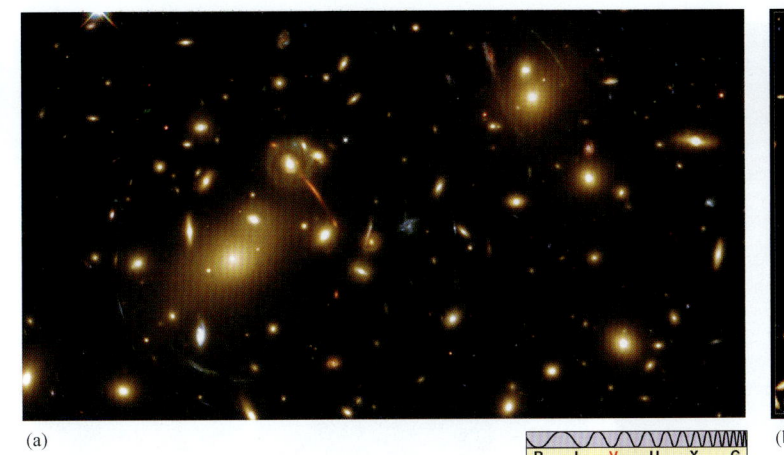
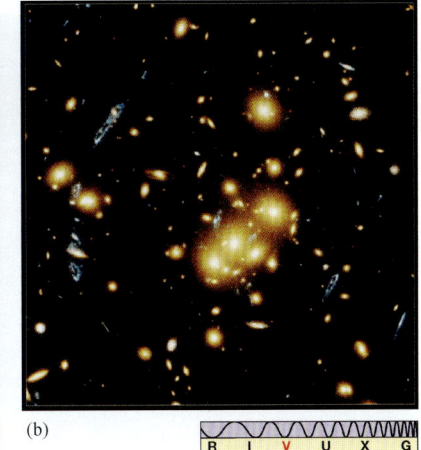

(a)   R I V U X G   (b)   R I V U X G

▲图3.28　**星系团引力透镜**
（a）这幅壮观的引力透镜的例子显示了来自非常遥远星系的一百多条暗淡的弧线。穿过前景星系团（A2218，距我们大约十亿秒差距）的纤细线条类似于蜘蛛网，但它确实是A2218的引力场——偏折了背景星系的光，扭曲了其外观——造成的幻象。通过对扭曲程度的测量，天文学家可以估计居间星系团的质量。（b）另一星系团，编号是0024+1654，距我们约15亿pc，显示出来的红黄色斑点大多数是正常的椭圆星系，蓝色环状结构是一个单个背景星系的像。［美国国家航空航天局（NASA）］

最后，通过研究背景类星体和星系与前景星系团的引力透镜，天文学家可以更好地了解暗物质在这些星系团中的分布，而这是宇宙大尺度结构中的一个很重要的问题。

绘制暗物质地图

天文学家已经将首先从类星体研究中学会的方法扩展到了所有遥远天体的引力透镜上，以便更好地探测宇宙。遥远暗淡的不规则星系——如果目前的理论是正确的，它们就是宇宙的原料（见3.3节）——在这里特别令人感兴趣，因为它们比类星体更常见，它们能更好地覆盖天空。通过研究由前景星系团造成的背景类星体和星系的引力透镜，天文学家可以更好地了解暗物质在大尺度上的分布。

图3.28（a）和图3.28（b）显示了暗淡的背景星系的像是如何被前景星系团的引力弯曲成弧形的。弯曲程度允许我们测量前景星系团的总质量（<u>包括</u>暗物质的质量）。在图3.28（b）中可见的（多为蓝色的）环形和弧形特征是一个单个的遥远（看不见的）旋涡或环状星系，由前景星系团（图中的黄色斑点）的引力透镜效应造成的多重像。

我们甚至可以通过仔细分析背景天体的扭曲而重构出前景天体的暗物质分布，从而提供一个方法，可以获得在尺度上远大于之前方法的物质分布情况。图3.29是一个重构的地图，显示了距一个小星系团（靠近地图中心的最亮的斑点）中心数百万秒差距处有暗物质存在。注意暗物质分布的拉长结构，让人联想到室女座超星系团和在大尺度星系巡天中所看到的纤维状结构。

2006年，天文学家利用这些技术获得了可能是暗物质的第一次直接观测证据。图3.30显示了一个叫作1E0657-56的遥远星系团的光学和X射线合成图像。模糊的红色区域显示了星系团中热的X射线发射气体的位置，这是<u>发光</u>物质的主体。蓝色区域表示了大多数物质实际所在的地方，通过研究该星系团对背景星系的透镜效应而确定。需要注意的是，大部分物质并不以热气体的形式存在，这意味着在星系团中，暗物质的分布不同于"正常"物质。

对于这个奇怪形状的解释是，我们正在目睹两个星系团之间的碰撞。每个星系团最初的热气体和暗物质都分布在整个系统内，但当两个系统相撞时，每个系统中的气体云的压力便会倾向于让对方停下来，令气体云落后于星系和暗物质前进位置的中心。气体和暗物质之间的分离直接违背了一些被认为已经可以解释星系和星系团的"暗物质问题"的非正统引力理论，这可能会被证明是我们对宇宙大尺度结构认识的关键部分。

 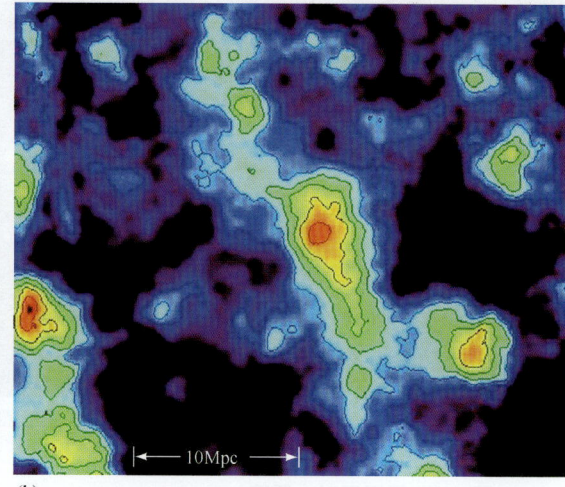

(a) (b)

▲ 图3.29 暗物质地图
图中背景天体测量到的扭曲能显示出宇宙中的暗物质地图。对这一包含小星系团的天区的光学图像（a）的分析揭示了暗物质的分布（b），以与（a）图同样的比例显示在可见的星系团（箭头指向的（a）图中靠近中心的黄色星系团块）。［J. A. 泰森（J. A. Tyson）、阿尔卡特–朗讯（Alcatel-Lucent）、美国国家光学天文台（NOAO）］

概念理解 检查

✓ 对遥远类星体的观测，如何告诉我们距我们较近的宇宙的结构？

箭头指示了这两个星系团现在移动的方向，这可能是自大爆炸后宇宙中最有活力的碰撞。

▶ 互动图3.30 星系团碰撞

星系团必然也会偶尔发生碰撞，正如这里展示的情形。这个合成的星系团在星表中的编号是没有特色的1E0657-56，名字叫作"子弹星系团"。这是一个距我们约10亿pc的一片区域的合成图像，显示了以白色表示的来自星系本身的可见光，和以红色表示的来自星系团内热气体发射的X射线。蓝色代表推测的两个巨大星系团内的暗物质，它们的位置已明显偏离了两个星系团的正常物质。［美国国家光学天文台（NOAO）、美国国家航空航天局（NASA）］

终极问题 令每个人都烦恼的暗物质是什么？这种只产生引力效应，却不可能通过电磁手段来探测的物质真实存在吗？或者，难道这意味着我们对引力在非常大尺度上起作用的方式的理论存在严重错误？暗物质——现在还有暗能量（见第4章）——代表了当今天文学最重要的科学难题，谁能解决它们就将立即成为名人。很多科学家都在很努力地尝试，但还没有人成功。

章节回顾

小结

❶ 邻近的旋涡星系的质量可以通过研究它们的自转曲线来确定。天文学家还通过对双星系和星系团的研究来获得相关星系质量的统计估计。

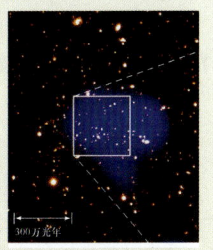

❷ 测量星系和星团的质量揭示出大量暗物质的存在。暗物质的比例随着考察尺度的增大而增加。宇宙中90%以上的质量是黑暗的。已经在许多星系团内的星系中发现了大量的热X射线发射气体，但不足以解释从动力学研究推断的暗物质。

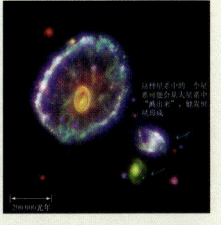

❸ 研究人员知道，没有简单的演化序列连接旋涡星系、椭圆星系和不规则星系。大多数天文学家认为，大型星系形成于较小的星系的并合。星系之间的碰撞和并合，以及星系际气体的吸积都对星系演化起着非常重要的作用。当一个星系与邻居近距离交会或者相撞时，会导致一个**星爆星系**（p.71）。交会引起的强潮汐扭曲会压缩星系气体，造成普遍的恒星形成。旋涡星系之间的并合最有可能形成椭圆星系。

❹ 类星体、活动星系和正常星系可能是一个演化序列。当星系开始形成和并合时，其条件可能适合在其中心形成大黑洞，结果可能会产生高光度的类星体。最亮的类星体消耗如此多的燃料，以至于其能量发射寿命一定很短。由于燃料供应减少，类星体变暗，它所在的星系成为间歇可见的活动星系。在更晚的时候，星系核变成实质上不活动的，这样就留下了一个正常星系。许多正常星系都被发现含有大质量的中央黑洞，这表明大多数星系具有活动能力——如果它们与邻居相互作用的话。**类星体反馈**（p.82）可以部分解释为什么黑洞质量与它们母星系的质量相关。

❺ 星系团本身倾向于聚集在一起形成**超星系团**（p.84）。室女星系团、本星系群和其他几个邻近的星系团形成本超星系团。在更大的尺度上，星系和星系团被排列在巨大的"泡泡"表面，这些泡泡表现为大量物质围绕着被叫作"**巨洞**"

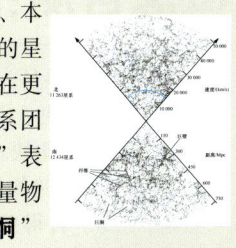

（p.85）的低密度区域。这种结构的起源被认为与宇宙极早期时代的环境密切相关。

❻ 类星体光谱可以被用作沿观测者视线探索宇宙的探针。有些类星体已被观测到双重或多重影像，这是由引力透镜造成的——前景星系或星系团弯曲和汇聚了更遥远类星体的光。分析遥远的星系被前景星系团扭曲了的图像，可以提供确

定星系团——包括其中的暗物质——质量的方法，远远超出了星系本身的光学图像所能提供的信息。

标记 **POS** 的问题探索科学过程。标记 **VIS** 的问题着重于阅读和视听资讯的理解。

LO 后紧跟的是本章引言中学习目标的编号。

指定的课后作业请访问 MasteringAstronomy 网站。

复习与讨论

1. **LO1** 描述两种用于测量星系质量的技术。
2. **LO2** 为什么天文学家认为星系团中含有比我们能看到的多得多的质量?
3. **POS** 我们有什么证据表明星系在相互碰撞?
4. 描述对星系的形成和演化而言,碰撞起什么样的作用。并合如何将星系从一种类型变换为另一种类型?
5. **LO3** 你是否认为星系之间碰撞导致的演化在意义上等同于恒星的演化?
6. 我们是否有证据表明,我们自己的银河系与其他星系在过去曾经碰撞过?
7. 什么是星爆星系?它们在星系演化中扮演什么角色?
8. 为什么天文学家认为类星体代表星系演化的早期且相对短暂的阶段?
9. 类星体中心能源发生了什么?
10. **LO4 POS** 为什么星系演化理论认为,在许多正常星系的中心应该有超大质量黑洞?
11. 对星系核中有超大质量黑洞这个问题,天文学家有什么证据?
12. 什么是红移巡天?什么是巨洞?
13. **LO5** 描述在非常大尺度(超过 100 Mpc)上的星系物质分布。
14. **LO6 POS** 对遥远类星体的观测如何能被用来探测它们与地球之间的空间?
15. **POS** 天文学家们如何"看到"暗物质?

概念自测:选择题

1. 更大质量的星系是:(a)更遥远的;(b)其中的恒星形成更快;(c)包含老年恒星的比例更大;(d)旋转更快。
2. 一个含有大量暗物质的星系将会:(a)显得更暗;(b)转得更快;(c)排斥其他星系;(d)有更多的紧紧缠绕的旋臂。
3. 根据 X 射线观测,星系团内、星系之间的空间是:(a)完全没有物质;(b)很冷;(c)非常热;(d)充满了暗星。
4. 相对于发光的恒星物质,星系团中暗物质的比例:(a)比在星系中的比例更大;(b)比在星系中的比例更小;(c)与星系中的比例相同;(d)未知。
5. **VIS** 哈勃深场(见图 3.10)显示了一小块天空,其角大小与下列哪项相同?(a)一根绳子的厚度;(b)一毛钱硬币;(c)紧握的拳头;(d)伸直的手臂举起的篮球。
6. 星系通过下列哪项演化?(a)破碎成更小的星系;(b)并合成更大的星系;(c)将它们的气体和尘埃抛入星系际空间;(d)用光了所有气体,最终成为椭圆星系。
7. 根据星系演化的现有理论,类星体发生在:(a)演化序列的早期;(b)靠近银河系;(c)当椭圆星系并合时;(d)演化序列的后期。
8. 许多邻近的星系:(a)会变成黑洞;(b)包含类星体;(c)有射电瓣;(d)有更活跃的过去。
9. **VIS** 如果来自遥远类星体的光没有经过任何居间氢原子云,那么图 3.24("吸收线")就必须重新绘制,以显示:(a)更多的吸收特征;(b)极少的吸收特征;(c)一个单一巨大的吸收特征;(d)短波的特征更多,长波的特征更少。
10. **VIS** 如果图 3.26("引力透镜")展示了一个更大质量的透镜星系,类星体的影像会:(a)相距更远;(b)离得更近;(c)更暗;(d)更红。

问答

问题序号后的圆点表示题目的大致难度。

1. ●● 仙女星系正以120km/s的视向速度接近我们的银河系。考虑该星系目前距我们800kpc，忽略速度的横向分量和引力对运动的加速效果，估计两个星系将在什么时候碰撞。

2. ●● 根据图3.1中的数据，估计星系NGC4984从中心向外20kpc范围内的质量。

3. ●● 使用开普勒第三定律（1.6节），估算要保持一个星系以750km/s的速度在半径为2Mpc的圆轨道上围绕一个星系团的中心运动需要的质量。鉴于这类计算需要大量的近似值，你认为它真的是估计星系团质量的一个很好的方法吗？

4. ●● 计算在温度为2000万K的气体中的氢原子核（质子）的平均速度。将你的答案与一个以半径为1Mpc的圆轨道绕一个质量为10^{14}太阳质量的星系团运动的星系的速度进行比较。

5. ●● 一个小的卫星星系，以圆轨道围绕一个大得多的母星系运动，运动方向恰好完全平行于我们从地球上看过去的视线方向。测得的卫星星系和母星系的退行速度分别为6450km/s和6500km/s，两个星系在天空中分开的角度为0.1°。假设H_0 = 70 km/（s·Mpc），计算母星系的质量。

6. ● 在一次星系碰撞中，两个大小相似的星系以1500km/s的相对速度穿过对方。如果每个星系的直径是100kpc，那么碰撞事件将持续多久？

7. ● 假设有一种效应的产能效率（即释放出的能量与能转化的总的质–能之比）为10%，计算一个10^{41}W的类星体。如果它持续闪耀100亿年，会消耗多少质量？

8. ● 一个红移0.20的类星体的光谱包含两组吸收线，红移分别为由0.15和0.155。如果H_0 = 70 km/（s·Mpc），估计造成这两组线的居间星系之间的距离。

实践活动

协作项目

图3.10被称为"哈勃深场"。它包含了太多的星系，一个人很难数清楚。因此，分成小组，每个小组数出图中2cm×2cm随机区域中的星系数量，多数几个区域，然后确定你们组的平均星系数量。由于整个图像的面积是大约500 cm^2，因此将你在2cm×2cm区域中得到的星系数量乘以125，就可以估算出图中星系的总数。请将你的值与另一组进行比较。

个人项目

寻找由Halton Arp制作的《特殊星系图集》的副本。该图集以纸质书的形式出版，但如果找到一个电子版本的话会更方便。请搜寻各种类型的相互作用星系的例子：①潮汐相互作用；②星爆星系；③两个旋涡星系碰撞；④一个旋涡星系和椭圆星系碰撞。对于①，寻找被邻近星系拉出的星系材料，后者也被潮汐扭曲了吗？在②中，星爆活动的最可靠的标志是恒星形成的亮节。你会在什么类型的星系里找到星爆活动？对于③和④，不同的碰撞结果与所涉及的星系类型有什么关系？一个旋涡星系在近距离交会或碰撞后，在最典型的情况下会发生什么？椭圆星系会遭受同样的命运吗？

第4章 宇宙学

大爆炸和宇宙的命运

我们的视野现在扩展为深入空间几十亿秒差距和回溯时间几十亿年。我们已经探求并回答了有关行星、恒星和星系的结构和演化的许多问题。最后,我们正处在解决最大难题的核心位置:宇宙有多大?宇宙已经存在了多久?它还会持续多久?宇宙是如何起源的?又会走向怎样的结局?宇宙是一次性事件呢,还是它能重复和自我更新——以诞生、死亡、重生的形式进行大循环?物质、原子和我们的星系是在什么时候、如何形成的?这些都是基本问题,但也都是很难的问题。

在本章和下一章中,我们将看到现代宇宙学如何解决这些重要问题,以及它要告诉我们关于我们所居住的宇宙的哪些情况。经过长达10 000年的文明,科学可能已经准备好了提供关于一切事物起源的一些见解。

知识全景 宇宙开始于大约140亿年前的一个火热的膨胀,在这里出现的所有能量都将在后来形成星系、恒星和行星。这种膨胀一直持续到今天,膨胀的终点是什么目前仍然不明。这就是宇宙学——在最大的尺度上对宇宙的起源、结构、演化和结局进行研究的学问。

学习目标

本章的学习将使你能够:

1. 陈述宇宙学原理,并解释其意义和观测基础。
2. 解释对黑暗夜空的哪些观测告诉了我们有关宇宙的年龄。
3. 描述膨胀宇宙的大爆炸理论。
4. 列出并讨论目前宇宙膨胀的可能结果。
5. 描述宇宙密度和空间整体几何结构之间的关系。
6. 了解为什么天文学家认为宇宙的膨胀正在加速,并讨论其原因。
7. 解释暗能量对宇宙的组成和年龄意味着什么。
8. 描述宇宙微波背景,并解释它对宇宙学的重要性。

左图:这张图片——所谓的超深场——由哈勃望远镜上的先进巡天相机拍摄。这是有史以来最好的深空照片之一。上千个星系挤在这一张图中,呈现出许多不同的类型、形状和颜色。总之,天文学家估计,可观测宇宙包含约1000亿个这样的星系。[美国国家航空航天局(NASA)/欧洲航天局(ESA)]

精通天文学

访问MasteringAstronomy网站的学习板块,获取小测验、动画、视频、互动图,以及自学教程。

4.1 最大尺度上的宇宙

到目前为止，宇宙在我们考察过的每一个尺度上都展示了它的结构。亚原子粒子构成原子核和原子。原子形成行星和恒星。恒星形成星团和星系。星系形成星系团、超星系团，甚至更大的结构——巨洞、纤维，以及横跨天空的片状结构。∞（3.5节）从一个原子核中的质子到"宇宙长城"中的星系，我们可以从极小的到极大的尺度来追踪物质的"集群"层次。我们会很自然地问："集群现象会有一个尽头吗？在某种尺度上，宇宙是否可被视为差不多光滑且无特征的？"这也许会令人惊讶，顺着我们刚才所描述的趋势，大多数天文学家认为答案是肯定的。这最终是**宇宙学**——研究整个宇宙结构和演化的科学——的关键假设。

结构的终点

我们在第3章看到了天文学家如何使用红移巡天来构建真正在"宇宙"尺度上的宇宙三维地图。∞（3.5节）图4.1是一幅类似于以前显示的地图，基于迄今为止最广泛的红移巡天数据——斯隆数字化巡天。∞（探索3-1），它延伸到近1000Mpc的距离，可与图3.23相比，但因为它包括暗弱得多的星系，所以斯隆地图包含比以前的图片多得多的星系，使得结构更容易被辨别，尤其是在大的距离上。位于楔形中心附近的、延展的星系"纤维"距地球大约300Mpc，被称为**斯隆宇宙长城**，据测量，它大约有250Mpc长、50Mpc厚，是宇宙中目前已知最大的结构。

类似这样的图形含有大量的关于宇宙结构和演化的信息。然而，尽管它们覆盖了天空的广大区域和空间的巨大体积，但对它们的基础研究还仍然相对"本地"，在这个意义上，它们只涵盖了到最远的类星体（距地球超过9000Mpc）的大约10%的距离。∞（2.4节）将这些广角巡天扩展到更大得多的距离上的主要障碍，是对越来越大的空间体积内的所有星系的红移进行测量这项工作本身的工作量和难度太大。

一种非正统的方法是将视野缩小到天空的一些小块上，然后研究这些小块中极其暗弱（因此很遥远）的星系。被巡天过的体积就变成了一个长而薄的"铅笔束"，很深地延伸到空间中，而不是离本地宇宙不太远的一个宽广的片状。如图4.2所示，沿着视线，星系团和巨壁在分布上显示为"尖峰"——差不多同样红移的星系团组，被空间中广阔的空区（巨洞）所隔开。

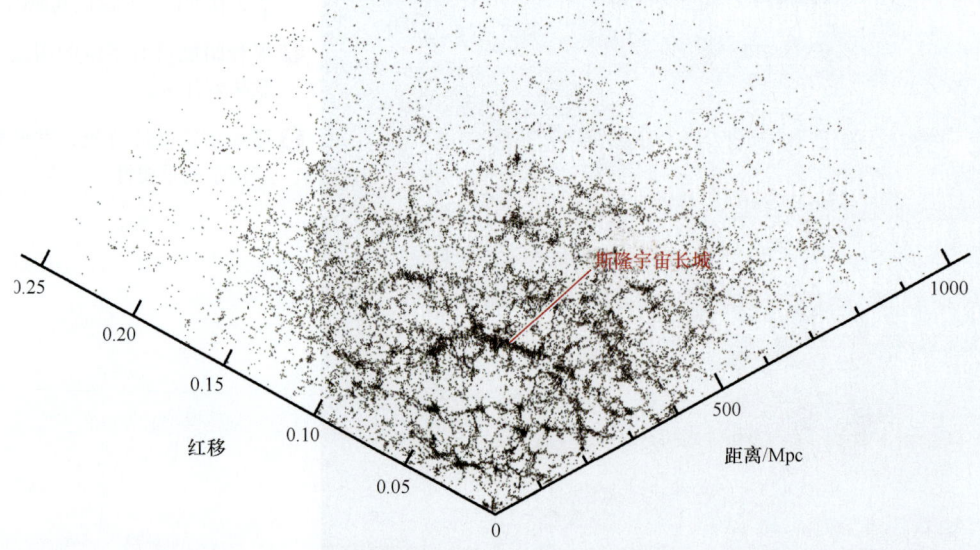

▲图4.1 星系巡天
这张宇宙地图使用来自斯隆数字化巡天的数据绘制。∞（探索3-1）它显示了位于天赤道12°范围内并延伸至差不多1000Mpc距离的66 976个星系的位置。宇宙中已知的最大结构——斯隆宇宙长城——被标了出来，穿过画面中央，绵延近300Mpc。没有证据显示存在更大尺度的结构。[斯隆数字化巡天（SDSS）]

从两种巡天得到的数据似乎都认同，本地宇宙中已知最大结构的尺度"只有"200~300Mpc。没有看到更大的巨洞、超星系团或者星系巨壁。据测量，富超星系团的尺度可达几十Mpc，而最大的巨洞的直径也许是100Mpc。大部分巨壁和纤维的长度小于100Mpc，即使是最大的结构——前面提到的宇宙长城——也可以被解释为较小的结构在统计上的叠加。对类星体光谱中莱曼-阿尔法线丛的研究得出了大致相同的结论。∞（3.5节）总之，没有任何证据显示，在宇宙中有大于300Mpc的结构。

我们将在第5章转向宇宙大尺度结构的起源。在本章，我们仍专注于使"在非常大的尺度上没有结构"这一点，用于我们对宇宙未来的讨论。

宇宙学原理

刚才提到的大尺度研究的结果强烈表明，宇宙在大于数百Mpc的尺度上是**均匀的**（到处都一样）。换句话说，如果我们有一个巨大的正方体——比如边长300Mpc——将其放到宇宙中的任何地方，它的整体内容看起来会大致相同，没有任何地方会是中心。它包含的一些星系将会聚集成团，形成相当大的结构，但另一些却不会。我们会看到无数的巨壁和巨洞。但如果把立方体从一个地方移动到另一个地方，这些天体的总数将变化不大。在这个意义上，宇宙在最大尺度上是平滑的。

宇宙在这些大尺度上也显得是**各向同性的**（在所有方向上相同）。不包括被我们的银河系遮挡的方向，我们在所观测的天空中的任何一个小块中计算每平方度的星系数量，都会得到大致相同的结果——前提是我们要看得足够深（远），这样，本地的不均匀性才不会扭曲我们的样本。换句话说，对天空进行的任何深铅笔束巡天应该得到基本相同的星系数量，与选择了天空中哪一片小块无关。

宇宙学家普遍认为，在足够大的尺度上，宇宙是均匀和各向同性的。这两项假设被称为**宇宙学原理**。没有人知道这些假设是否严格正确，但我们至少可以说，它们与当前的观测是一致的，而且它们为我们的宇宙研究提供了有用的指导和。需要注意的是，宇宙学原理还包括贯穿本书（乃至整个天文学）的重要假设——物理定律是处处相同的。在本章中，我们简单地假设它成立。

宇宙学原理具有深远的影响。例如，它意味着宇宙将会没有边缘，因为这将违反均匀

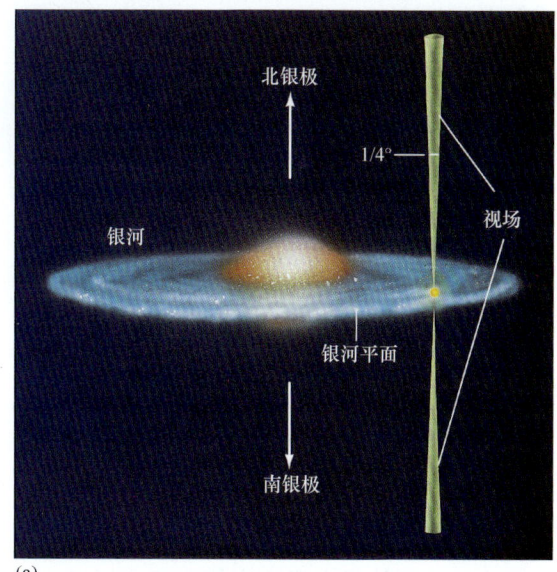

(a)

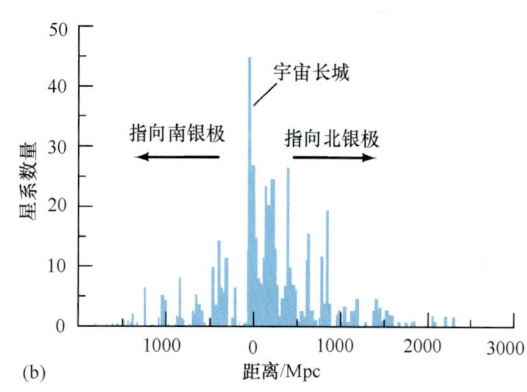

(b)

▲图4.2　铅笔束巡天

这是对位于从地球上看（垂直于银道面）相对方向的天空中两个很小的部分做的一个深"铅笔束"巡天（a），其结果被绘制在（b）中。该图显示了在距我们不同的距离处（最远达2000Mpc）发现的星系数目。无论我们看向天空的哪里，这种独特的"尖桩篱栅"图案在100~200Mpc的尺度上，均凸显了巨洞和星系的大尺度片状结构，但没有给出任何更大的结构。

性假设；此外，它意味着宇宙没有中心，因为这将意味着，在任何非中心的点向外看时，宇宙不可能在所有方向上都是相同的，这违反了各向同性假设。这是我们熟悉的哥白尼原理扩大到真正的宇宙尺度——不但我们不是宇宙的中心，而且没有谁能是中心，因为宇宙没有中心！

概念理解 检查

✓ 在何种意义上，以及在什么尺度上，宇宙是均匀且各向同性的？

4.2 膨胀的宇宙

当你在夜间外出并注意到天空是黑暗的，其实你正在做一个深刻的宇宙学观测。以下是原因。

奥伯斯佯谬

让我们假设，除了均匀和各向同性，宇宙的空间无限，且不随时间变化——这恰恰是一直到20世纪初以前对宇宙的看法。那么，平均而言，宇宙中均匀分布着充满了星星的星系。在这种情况下，当你仰望夜空，你的视线必然会<u>最终</u>遇到一颗恒星，如图4.3所示。这颗恒星可能位于某个非常遥远的星系上，但在概率法则支配下，在一个无限的宇宙中，从地球向外看的视线迟早会碰上一个明亮恒星的表面。

当然，因为平方反比定律，遥远恒星比邻近的暗淡。但是，遥远恒星也要多得多，因为事实上我们在任何给定的方向看到的恒星的数目会随着距离的平方而增加。（只需要考虑增加半径的球体的面积。）因此，遥远恒星的亮度减少与它们数量的增加正好相平衡，这样，所有距离上的恒星对地球上收到的总光量的贡献是相同的。这一事实有一个戏剧性的含义：无论你往哪里看，天空应该与恒星的表面一样明亮。换句话说，整个夜空应该与太阳表面一样灿烂！这个预期与夜空实际外观的明显区别被称为**奥伯斯佯谬**，以19世纪的德国天文学家海因里希·奥伯斯命名，他推广了这个想法。

那么，为什么夜晚是黑暗的？鉴于宇宙似乎是均匀和各向同性的，那在其他两个假设中，一个（或两个）一定是错的：要么宇宙的大小是有限的，要么它随着时间的推移而演化。其实，答案涉及两个方面，与在最大尺度上宇宙的行为是紧密联系的。

宇宙的诞生

在第2章中我们看到，宇宙中所有的星系都是由哈勃定律所描述的方式离我们远去的，

$$退行速度 = H_0 \times 距离$$

在这里，我们把哈勃常数 H_0 取为70km/（s·Mpc）。∞（2.3节）到现在为止，我们使用这种关系作为确定星系和类星体距离的便利方式，但它的作用还远不止于此。

奥伯斯佯谬的一个很好的比喻：想象一片茂密的森林，身处其中的每一个视线最终都将

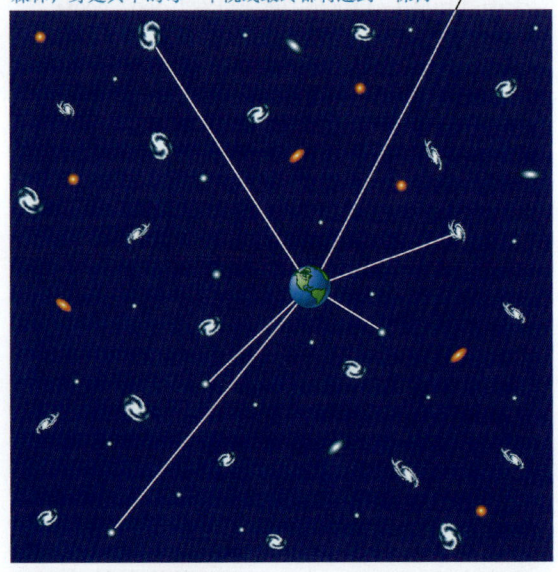

▲图4.3 奥伯斯佯谬
如果宇宙是均匀的、各向同性的、无限大的、永恒不变的，那么从地球发出的任何视线最终应该到达一颗恒星，整个夜空应该是光明的。由于夜空显然是黑暗的，所以这个矛盾被称为奥伯斯佯谬。

遇到一棵树。

假设所有的速度不随时间改变，一直保持为常数，我们可以问一个简单的问题：任何给定星系要运动到目前到我们的距离需要多久？答案可从哈勃定律得出。所用的时间很简单，由移动的距离除以速度，因此根据哈勃定律

$$时间 = \frac{距离}{速度} = \frac{距离}{H_0 \times 距离} = \frac{1}{H_0}$$

取 $H_0 = 70$km/（s·Mpc），这样得到的时间约为140亿年。请注意，它不依赖于距离：更远两倍的星系的移动速度也快两倍，所以它们穿越居间距离所需的时间是一样的。

因此，哈勃定律意味着，在过去的某个时间——根据上述简单的计算，是140亿年前——宇宙中<u>所有</u>的星系是重叠在一起的。事实上，天文学家认为，宇宙中的<u>一切</u>——物质和辐射都一样——被限制在那一瞬间，在一个极其高温和高密度的点上，这个点通常被称为**原始火球**。然后宇宙开始以激烈的速度膨胀，它的密度和温度迅速下降，同时体积迅速增大。这个惊人的、令人难以想象的暴力事件涉及宇宙中所有的一切，被称为**大爆炸**。它标志着宇宙的开端。

因此，通过测量哈勃常数，我们可以估算出宇宙的年龄是 $1/H_0 \approx 140$ 亿年。这个年龄的可能的误差范围是相当大的，一方面是因为哈勃常数还不能精确地知道，另一方面是因为星系在过去以恒定的速度移动这一假设并不太正确。我们将在某一时刻改进我们的估计，但跳出这些细节，这里的关键事实是：宇宙的年龄是<u>有限的</u>。

大爆炸提供了奥伯斯佯谬的解释。无论宇宙在空间上是有限的还是无限的，这已经无关紧要了——至少对所能涉及的夜空的外观而言。由哈勃定律暗示的宇宙有限的年龄是关键。我们只能看到宇宙有限的部分——距我们约140亿光年以内的区域。这个区域以外是未知的——那儿的光还没有来得及到达我们这里。

需要注意的是，虽然上文所描述的似乎把我们放在了膨胀的中央，但哈勃定律其实并不以任何方式违反宇宙学原理。为了说明这一点，如图4.4所示，该图表明了在5个假想的星系中的观测者是如何理解自己邻居的运动的。为简单起见，假设星系之间间隔都相同，互相相距100Mpc，它们遵循哈勃定律且按照 $H_0=$ 70km/（s·Mpc）分开，正如在中间星系（编号3）的观测者所看到的。每个星系下方的第一行数字代表该观测者测得的该星系的距离与退行速度。为了明确，让我们认为星系3是银河系，观测者是地球上的天文学家。

现在考虑星系2上的观测者看到的膨胀是什么样的。例如，星系4，正相对星系3以7000km/s的速度向右移动。相应地，对星系2的观测者而言，星系3又以7000km/s的速度向右移动，因此，对于星系2的观测者而言，星系4正以14 000km/s的速度向右移动，但两个星系之间的距离为200Mpc，所以星系2的观测者测量的哈勃常数是14 000 km/s÷200Mpc= 70km/（s·Mpc），与星系3的观测者测得的哈勃常数相同。星系2的观测者测得的距离和速度被标在第二行。你可以自己确认所有星系的退行速度与距离之比是相同的。

类似地，星系1的观测者得到的测量结果被标在第三行。再一次，速度与距离之比是相同的。结论很清楚：每个观测者都会看到由哈勃定律所描述的总体扩张，并且，比例常数——哈勃常数——在所有情况下都是相同的。因此，绝没有任何一个观测者位于中央。如果宇宙学原理成立的话，哈勃定律其实是唯一可能的膨胀规律。

大爆炸发生在哪里？

现在我们知道了宇宙大爆炸发生于何时。那么有什么办法能确定发生在何处吗？我们认为宇宙到处都一样，然而我们刚刚看到，由哈勃定律所描述的观测到的星系退行表明，所有的星系在过去的同一时间都从一个点膨胀出来。那么，是否这一点与宇宙的其余部分不同呢，这会违反宇宙学原理假设的均匀性吗？答案毫无疑问是否定的！

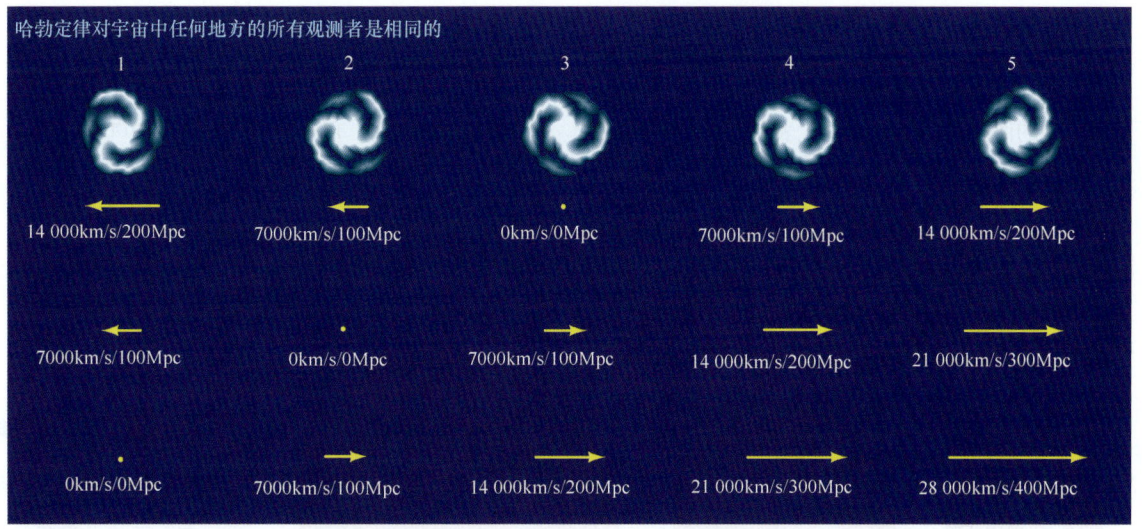

▲图4.4　哈勃膨胀

不管谁来测量，哈勃定律都是相同的。第一行数字是五个星系中居中那个（星系3）的观测者看到的各个星系的距离和退行速度。下面两行数字则是来自星系2和星系1的观测者所看到的情况。在所有情况下，哈勃定律成立：所观测到的退行速度与距离之比是相同的。

要理解为什么膨胀没有"中心",我们就必须让我们对宇宙的认知做出一个飞跃。如果我们将大爆炸简单地想象为一次将物质喷入空间并最终形成我们看到的星系的巨大爆炸,那么前面的推理就是完全正确的——确实存在一个中心和边缘,宇宙学原理将不适用。但是,大爆炸**并不是**在一个原本没有物质的空旷宇宙中发生的爆炸。我们能保持住哈勃定律和宇宙学原理的唯一方法是要认识到,大爆炸涉及整个宇宙——不仅仅是它内部的物质和辐射,而是宇宙本身。

换句话说,并不是星系分离飞向宇宙的其余部分,而是宇宙本身正在膨胀。像在一个烤箱里的一块葡萄干面包里的葡萄干随着面包的膨胀而分离一样,星系只是随着运动而已。

根据这一崭新的观念,让我们再次考虑一些早期的表述。我们现在认识到哈勃定律描述了宇宙本身的膨胀。尽管星系有一些小规模的、个别的随机运动,但平均而言,它们不相对于空间本身移动——任何这样的整体运动都将挑选出一个"特殊"的空间方向违反各向同性的假设。与此相反,构成了哈勃流的那部分星系运动实际上是空间本身的膨胀。膨胀的宇宙在任何时候都保持均匀。没有星系之外的"空无一物"的空间等着它们去填补。在大爆炸时,星系并不是位于宇宙中一个可以明确定义的地方的一个点。相反,整个宇宙就是一个点。并不是说这个点和宇宙的其余部分相同,而是说这一点就是整个宇宙。因此,没有一个大爆炸"发生"的点——因为大爆炸就是宇宙本身的爆炸,它在所有地方同时发生。

为了阐明这一观点,想象一个表面贴满了硬币的普通气球,如图4.5所示。(如果你能做一下实验的话会更好!)硬币代表星系,气球的二维表面代表了我们三维宇宙这块"布"。宇宙学原理可以应用于气球,因为气球的每一点看起来都与其他点几乎相同。想象自己是最左边那张图的三个深色硬币"星系"之一的居民,并注意你相对于邻居的位置。当气球膨胀(正如宇宙膨胀),其他的星系都离你远去,越远的星系退得越快。顺便注意,硬币本身不随气球膨胀。同样地,人类、行星、恒星、星系——所有这一切都通过自己内部的力结合在一起,不会随着宇宙的膨胀而膨胀。∞(2.3节)

无论你选择哪个星系来考虑,你都会看到所有其他的星系都在离你远去。对于这一事实,没有什么特殊或异常之处,这就是宇宙学原理——宇宙中任何地方的观测者都没有特殊的地位。宇宙的膨胀没有中心,找不到一个地方可以被认为膨胀是从这里向外的。每个人都看到了哈勃定律所描述的总体膨胀,以及在所有情况下,哈勃常数都具有相同的值。

现在想象让气球放气。这相当于让宇宙从当前时间回溯到大爆炸。所有的星系(硬币)将在同一时间到达同一地点——在那一瞬间,气球的大小将达到0。但气球上没有一个点可以说是这件事发生的地方。整个气球从一个点膨胀,就像大爆炸包含了整个宇宙并从一个点膨胀。

这个比喻有其缺点。它的主要困难是,在我们的例子中看到的气球是二维的,它在第三个维度——空间中膨胀。这可能暗示三维宇宙正在膨胀"到"第四个空间维度中。这方面我们还不清楚。不过,如果涉及更高的空间维度,它们与我们的宇宙理论不相关。

宇宙学红移

这种膨胀的宇宙的观点要求我们重新解释宇宙学红移。∞(2.3节)以前,我们讨论了星系的红移,并将其作为多普勒频移——即它们相对我们运动的结果。然而,我们刚刚认识到,星系其实并非相对于宇宙运动,在这种情况下,多普勒解释是不正确的。真正的解释是,一个光子在太空中运行,它的波长被宇宙膨胀所影响。在某种意义上,我们可以把光子作为附着在不断膨胀的空间"布料"上,所以其波长随着宇宙而膨胀,如图4.6所示。虽然按照退行速度来指代宇

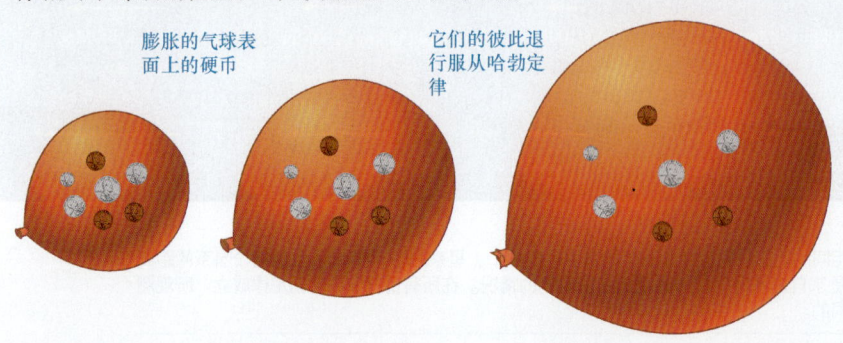

膨胀的气球表面上的硬币   它们的彼此退行服从哈勃定律

互动图4.5 **退行的宇宙**

MA 贴在一个气球表面的硬币随着气球膨胀(左到右)而彼此退行。同样,星系随着宇宙膨胀而彼此退行。随着硬币的分开,任意两个硬币之间的距离增加,并且这个距离增加的速率与距离本身成正比。

宙学红移是天文学上常见的做法，但要记住，严格来说，这是不正确的。宇宙学红移是宇宙大小变化的结果——与速度无关。

光子的红移测量了自该光子被发射后，宇宙已膨胀的量。例如，我们测量一个类星体的光，发现它红移为5，这意味着所观测到的波长是该波长在发射时的6倍（1加上红移），而这又意味着，光是在宇宙只是现在大小的六分之一时所发出的（同时，我们正在观测类星体在那个时候的样子）。∞（详细说明2-1）一般而言，一个光子的红移越大，在该光子被发射时宇宙的大小越小，所以该光子发射发生的时间距今越久远。因为宇宙随时间膨胀，而红移与膨胀相关，所以宇宙学家经常使用红移作为表示时间的方便手段。

这些概念是难以把握的。整个宇宙从一个热的、致密的火球——其外面什么也没有，甚至包括空间和时间都没有——膨胀开来，这一概念需要一些时间来适应。然而，对宇宙的这一描述是现代宇宙学的核心。

科学过程理解 检查

✓ 为什么哈勃定律意味着大爆炸？

4.3　宇宙的结局

宇宙会永远膨胀下去吗？自从哈勃定律被首次发现以来，这一关于宇宙结局的根本问题一直位于宇宙学的核心位置。直到20世纪90年代后期，宇宙学家之间的普遍看法仍是：要想知道答案，需要确定引力将在何种程度上放缓甚至最终扭转目前的膨胀。不过，现在看来，答案会比迄今为止所想象的更加微妙——也许它的含义要深远得多。

临界密度

让我们从另一个比喻开始。假定此时引力是宇宙中影响大尺度运动的唯一力量，并考虑从一颗行星表面发射宇宙飞船。直到最近，这个场景已经远不止一个比喻——这个基本的图像及其含义代表宇宙学家的传统智慧。然而，正如我们将在第4.5节看到的，新的观测已经迫使天文学家对宇宙的看法有了根本性的变化。然而，我们现在提出的简化视图是一个方便的起点，因为它允许我们定义一些基本想法和术语。

这艘飞船运动的可能结果是什么？根据牛顿力学，只有两个基本的可能性，这取决于将飞船的发射速度与行星的逃逸速度相比较的情况。如果发射速度足够高，而且超过行星的逃逸速度，那么飞船将永远不会返回到该行星表面。速度会因为行星的引力而降低，但永远不会达到零。飞船以一个非束缚轨道离开行星，如图4.7（a）所示。或者，如果发射速度低于逃逸速度，那么飞船将达到一个离开行星的最大距离，然后再回落到表面上。这种情况的束缚轨道如图4.7（b）所示。

类似的道理也适用于宇宙的膨胀。想象一下，两个星系相距已知的某个距离，以哈勃定律给出它们当前的相对速度而互相分开。这些星系同样存在两个基本可能性，正如我们飞船的情况：它们之间的距离可以永远增加；也可以增加一段时间，然后再开始减少。更重要的是，宇宙学原理说，对于星系A和星系B，无论是什么结果，该结果都必须适用于<u>任意两个星系</u>——换句话说，相同的表现适用于作为<u>一个整体</u>的宇宙。因此，如图4.8所示，宇宙只有两个选项：它可以继续永远膨胀下去，或者目前的膨胀在某一天停止，转而变成收缩。图中的两条曲线被绘制成它们在今天通过相同的点。鉴于宇宙目前的大小和膨胀速度，两者都是宇宙可能的描述。

辐射也随着宇宙膨胀而同时改变

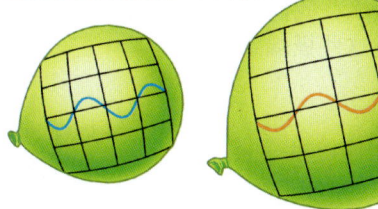

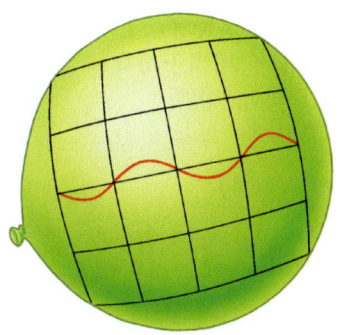

互动图4.6　宇宙学红移
随着宇宙膨胀，辐射光子的波长被拉长，引起宇宙学红移。在这种情况下，随着图表中的基线伸长，辐射从光谱蓝色的短波区域移动到红色的长波区域。

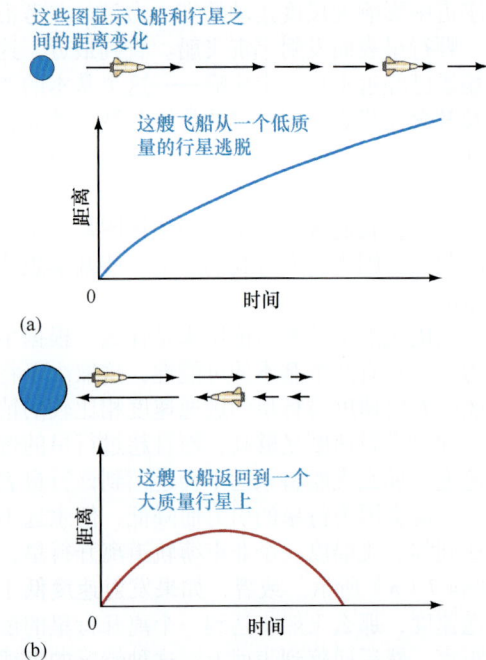

▲图4.7 逃逸速度
（a）一艘飞船（箭头）以大于某个行星（蓝色球）的逃逸速度离开该行星，会沿着非束缚轨道逃离。（b）如果发射速度小于逃逸速度，飞船最终便会降回行星。它离开行星的距离如图所示，先上升、后下降。

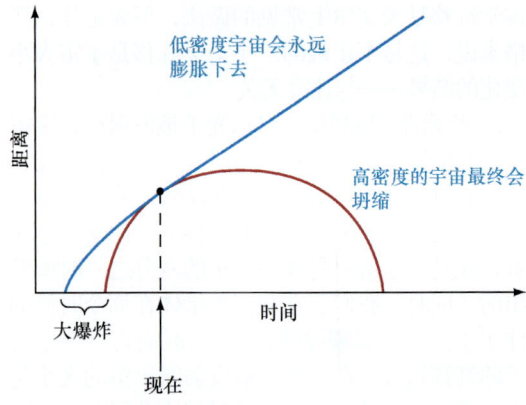

▲图4.8 宇宙模型
将两个星系之间的距离作为时间的函数，本图表现了前文所讨论的两个基本的宇宙：永远膨胀的低密度宇宙和将会坍缩的高密度宇宙。其中两条曲线接触的点代表了现在。

靠什么决定这两个可能性实际将发生哪个？在这个飞船发射的例子中，给定了发射速度（类似于给定了宇宙的膨胀率），行星的**质量**（给定了半径）会决定是否会发生逃逸——一个更大质量的行星具有更高的逃逸速度。对于宇宙来说，相应的因素是宇宙的密度。高密度的宇宙包含足够大的质量以停止膨胀并最终导致坍缩。反之，低密度的宇宙会一直膨胀下去。

这两个结果之间的分界线——如果引力单独作用将会恰好够停止现在膨胀的宇宙密度——被称为宇宙的**临界密度**。取H_0=70km/（s·Mpc），临界密度约为$9×10^{-27}$kg/m³。这是一个非常低的密度——每立方米（相当于小体积的家庭衣柜的大小）仅仅5个氢原子。以更加"宇宙学"的术语描述，即它相当于每立方百万秒差距约0.1个银河系（包括暗物质）。

两个未来

刚刚介绍的两种可能性，代表了我们宇宙完全不同的未来。如果从大爆炸产生的宇宙有足够高的密度，那么它将包含足够的物质来阻止自己的膨胀，星系的退行将最终停止。在未来的某个时候，所有地方——任何星系的任何行星——的天文学家会宣布，所收到的邻近星系的辐射不再红移。（然而，来自遥远星系的光仍然会红移，因为我们将看到它们在过去的样子，那时宇宙仍在继续膨胀。）宇宙的整体运动将平静——至少是暂时的。

膨胀可能会停止，但引力的作用不会。宇宙将开始收缩。邻近的星系将会开始显示蓝移，宇宙的密度和温度将随着物质逐渐被挤压而开始上升。如图4.9（a）所示，宇宙将会坍缩到一个点，需要的时间与它膨胀的时间一样多。首先是星系，然后是恒星会碰撞。随着空间本身的减小，碰撞的频率和暴力事件会增加，整个宇宙朝着超密、超热的奇点收缩，这个奇点很像宇宙起源的那个。宇宙最终会——距今数十亿年后——经历"热寂"，所有的物质和生命都注定要被烧成灰烬，这就是所谓的"大坍缩"。宇宙学家不知道如果宇宙到达这一点会发生什么，我们目前了解的物理定律根本不足以描述这些极端条件。

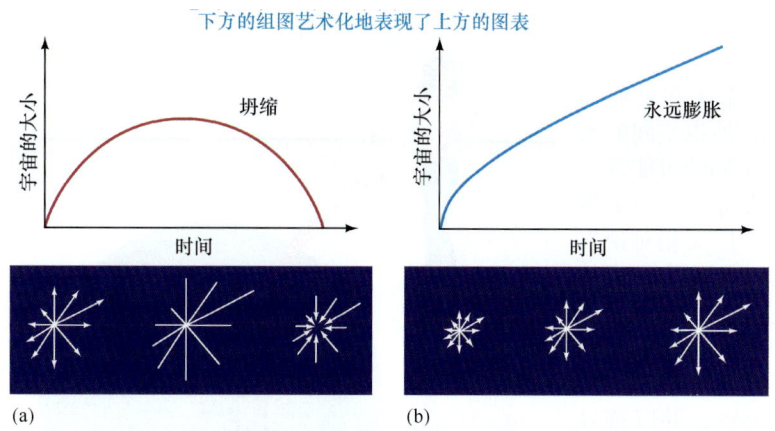

◀ 互动图4.9 **两个未来**
如果引力是影响宇宙膨胀的唯一力量，那么宇宙的物质密度决定了它的命运。（a）高密度宇宙有一个开端、一个结束、一个有限的寿命。下方的组图说明它的演化，从最初的膨胀，到最大尺寸，再到坍缩。（b）一个低密度的宇宙会永远膨胀，随着时间的推移，星系将相距越来越远。

一个完全不同的命运在等待着一个因引力太弱而无法停止目前膨胀的低密度宇宙。如图4.9（b）所示，这样的宇宙将永远膨胀，星系不断退行，它们的辐射随着距离的增加不断减弱。随着时间的推移，地球上的观测者在本星系群外将看不到任何星系（本星系群本身并不膨胀）。即使是用最强大的望远镜，可观测宇宙的其余部分也将一片黑暗，遥远的星系将因太暗弱而不能被看到。最终，银河系和本星系群，也将因为其燃料耗尽而逐渐消失。这个宇宙最终将经历一个"冷寂"——所有的辐射、物质、生命最终都将冻结。

宇宙会在多久之后"冷寂"？天文学家估计，银河系可能含有足够多的气体，以保持数百亿年的恒星形成，恒星中的大部分（低质量的红矮星）可以持续发光数千亿年以上。因此我们可以预期，银河系（以及我们的邻居仙女星系）会继续发光（即便很虚弱的）一万亿年左右。

我们会马上看到，永无休止的膨胀和宇宙坍缩之间的距离并不如上述简单的推理结论那么明确。现在，一些独立的证据和线索表明，引力并不是在大尺度上（见4.5节）对宇宙动力学的唯一影响。结果，虽然刚才所描述的"未来"仍然是宇宙长期演化仅有的两种可能，但它们之间的区别却变得不仅仅是只与物质密度相关了。尽管如此，宇宙的密度——或更准确地说，总密度和临界值的比率——是宇宙学中极其重要的量。

概念理解 检查

✓ 宇宙未来膨胀的两个基本可能性是什么？

4.4 空间的几何学

我们在之前章节中的讨论使用了牛顿力学和引力等熟悉的概念，因为以牛顿体系进行介绍使得宇宙的演化更容易理解。但在现实中，要将宇宙正确地描述为一个动态的、不断演化的天体，会远远超出牛顿力学的范畴，而牛顿力学直到现在仍是我们了解宇宙不可或缺的工具。相反，强大得多的理论——爱因斯坦的广义相对论及其内建的扭曲空间和动态时空的概念，也是必要的。

相对论和宇宙

我们可以这样来粗略地概括广义相对论对宇宙的描述：物质或能量的存在会导致时空的变形或弯曲。自由下落的粒子在弯曲时空中的弧形运行轨迹就是牛顿认为的在引力影响下的轨道。弯曲量取决于存在物质的质量。

当应用到行星、恒星甚至星系的轨道，广义相对论的预测在大多数情况下就与牛顿力学的预测差不多。但对整个宇宙的尺度而言，相对论有一些效应在牛顿理论中没有对应。在这些非牛顿预测效应中，最重要的是这样一个事实：我们周围的空间是弯曲的，弯曲度由宇宙的总密度确定。

再者，广义相对论很清楚地知道这里的"密度"究竟是指什么。物质与能量都必须被考虑在内，因为能量（E）与质量（m）能够靠爱因斯坦著名的质能公式$E=mc^2$进行适当地"转化"。〔也就是说，1焦耳的能量被算作质量的话就是$1\,J/(3\times10^8\,m/s)^2$，得到$1.1\times10^{-17}\,kg$——虽然不多，但质量确实增加了！〕宇宙的总密度不仅包括组成我们身边熟悉的"正常"物质的原子和分子，还包括主导星系和星系团质量的看不见的暗物质，以及携带能量的一切——光子、相对论性中微子、引力波，还有其他任何我们能想到的东西。

宇宙曲率

在一个均匀的宇宙中，曲率（在足够大的尺度上）必然是处处一样的，所以空间的大尺度几何形状实际上只有三个不同的可能性。（有关所涉及的不同类型的几何形状的更多信息，请参阅详细说明4-1）。广义相对论告诉我们，宇宙的几何形状只取决于宇宙密度与临界密度之比（在前面定义过）。正如刚才提到的，取H_0=70km/（s·Mpc），临界密度为9×10^{-27} kg/m³。宇宙学家将宇宙的实际密度与临界密度之比称为**宇宙密度参数**，并以符号Ω_0来表示。然后，根据这个值，密度等于临界值的宇宙的Ω_0= 1，一个"低密度"的宇宙的Ω_0<1，一个"高密度"宇宙的Ω_0>1。

在一个高密度宇宙（Ω_0>1），空间是如此弯曲，以至于它弯回到自身上并"封闭"起来，使得这个宇宙在尺度上**有限**。这样的宇宙被称为**闭宇宙**。很难想象一个三维体均匀地以这种方式弯曲回自身，但是二维版本是众所周知的：它就像是一个球的表面，比如前面讨论过的气球。那么，图4.5是一个三维封闭宇宙的二维近似。正如一个球体的表面，一个封闭的宇宙没有边界，但是其大小是有限的⊖。一个封闭宇宙的一个显著特性如图4.10所示：正如一个在球体表面上的旅行者可以沿直线前进，并最终回到她的起点，一束手电光照向空间的某个方向，可能会最终遍历整个宇宙，并从相反的方向返回！

一个球体的表面弯曲，严格地说，无论我们从给定的点移向哪个方向，这些方向都相同。球体被称为有**正曲率**。然而，如果宇宙的平均密度低于临界值，表面弯曲成一个马鞍形，那么在这种情况下，它具有**负曲率**。大多数人对马鞍的样子有一个好的想法——它在一个方向向"上"弯曲，在另一个方向向"下"弯曲——但从来没有人见过一个均匀的负曲率面，原因很简单，它不能在三维欧氏空间中被构造！它因为"太大"而不适合。一个低密度、马鞍形弯曲的宇宙大小是无限的，通常被称为**开宇宙**。

⊖ 请注意，要想让球体比喻起作用，我们必须想象自己为二维"平面生物"，也许无法想象，也无法以任何方式体验垂直于球体表面的第三个维度。平面生物和它们的光线被限制在球体的表面，就像我们被限制在宇宙的三维体积中。

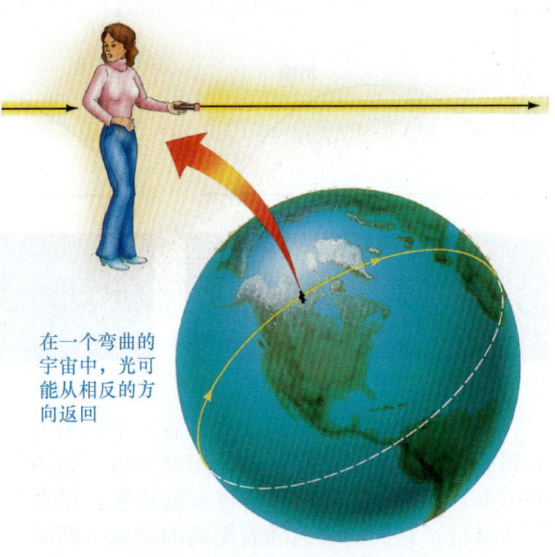

▲图4.10 爱因斯坦弯曲球

在一个闭合的宇宙中，向一个方向发射的光束可能有一天环绕宇宙后从相反的方向返回，就像在地球表面的"直线"运动最终将环绕地球一样。

在一个弯曲的宇宙中，光可能从相反的方向返回

还有一种中间情况，密度恰恰等于临界密度（即Ω_0= 1），这种情况可视化最简单。这个宇宙，被称为**临界宇宙**，没有弧度，它被说成是"平坦的"，并且大小是无限的。在这种情况下，也只有在这种情况下，大尺度下空间的几何形状，才是大家熟悉的高中学过的欧几里得几何。除了它的总体膨胀，这基本上是牛顿所知的宇宙。

欧几里得几何——平直空间的几何——是我们大多数人最熟悉的，因为它是对地球附近空间的一个很好的描述。它是日常经验的几何学。这是否意味着宇宙是平坦的？后者是否又反过来意味着它正好具有临界密度？不一定！就像一个平直的街道地图是一个城市的很好的代表，但我们知道地球其实是一个球体一样，欧几里得几何是太阳系，甚至银河系内空间的一个很好的描述，因为在小于约1000Mpc的尺度上，宇宙的曲率是可以忽略不计的。只有在非常大的尺度上，我们刚才讨论的几何效果才会变得明显。

概念理解 检查

✓ 空间的曲率是如何与宇宙的密度相联系的？

详细说明4-1

弯曲的空间

欧几里得几何是平直空间的几何学，我们在高中就学习过。欧几里得几何由生活在公元前300年左右的最著名的古希腊数学家之一——欧几里得提出，是日常经验的几何学。房子通常建有平坦的地板，书写板和黑板也是平的。我们使用平、直的物体更容易工作，因为直线是任意两点间的最短距离。

当我们在地球表面上建造房屋或任何其他直壁的建筑时，欧几里得几何学的其他基本公理也适用：平行线永不相交，即使延伸到无穷远；任何三角形的内角和总是180°；一个圆的周长等于π乘以圆的直径。（请见附图。）如果没有满足这些公理，墙壁和屋顶将永远无法形成一套房子！

不过，在现实中，地球表面的几何形状不是真正的平面，而是弯曲的。我们生活在球体的表面上，并且在该表面上，欧几里得几何失灵了。相反，球体表面的规则服从**黎曼几何**，以19世纪德国数学家乔治·弗里德里希·黎曼命名。在球面上没有平行的"直"线。球面上的直线其实是一个"大圆"——一个通过球体中心的平面与球面相交的圆弧。任何两条这样的线最终必然会相交。一个画在球面上的三角形的内角总和超过180°——在附图中显示的90°—90°—90°三角形中，总和实际上是270°——并且一个圆的周长小于π乘以圆的直径。

我们看到，一个球的弯曲表面由黎曼球面几何所约束，大大不同于欧几里得平直空间几何。只有当我们把自己局限在表面上的一小块地方时，这两个几何才近似一样。如果与球体的半径相比，这个小块足够小，其表面看起来在邻近区域是"平直"的，欧几里得几何近似才有效。这就是为什么我们可以将我们的家、我们的城市，甚至我们的国家，在一张平整的纸上画成一幅可用的地图，但整个地球的准确地图必须绘制在一个球上。

当我们的工作对象是地球更大的部分时，我们必须放弃欧几里得几何。世界航海家都充分意识到了这一点。飞机不沿可能在大多数地图上呈现为直线的路径，从一个点飞到另一个点。相反，它们沿着地球表面的大圆飞。在一个球的弯曲表面上，这样的路径总是两点之间的最短距离。例如，如图所示，从洛杉矶到伦敦的班机不直接横跨美国和大西洋——这是你通过看平面地图而可能会认为的。相反，它向北边很远的地方飞，在北极圈上空飞越加拿大和格陵兰岛，最后飞越苏格兰，降落在伦敦。这就是大圆路径——两个城市之间的最短路径，如果你查看一个地球仪，你可以很容易地看到这一点。

黎曼几何的"正曲率"空间不是违反平直空间的唯一可能。另一种是"负曲率"空间，由19世纪的俄国数学家尼古拉·伊万诺维奇·罗巴切夫斯基首先进行研究。在该几何形状中，通过任何给定的点有**无数**条线与另一条线平行，一个三角形的内角之和**小于**180°（见最下一幅图），一个圆的周长**大于**π乘以其直径。这种类型的空间由一个弯曲的马鞍表面描述，而不是一个平面或弯曲的球面。这是一种很难可视化的几何学！

大多数**三维**宇宙（包括太阳系，邻近恒星，甚至我们的银河系）的本地区域能通过欧几里得几何正确描述。如果本书中所描述的当前受支持的宇宙学被证明是正确的，那么整个宇宙也是！

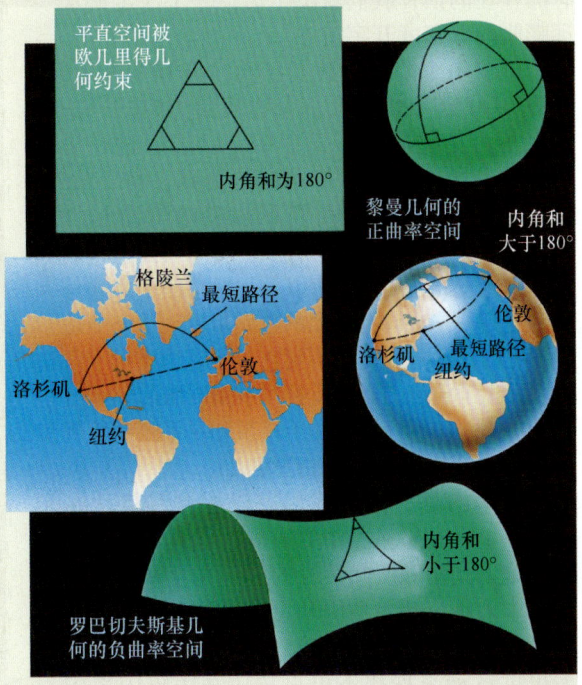

平直空间被欧几里得几何约束 — 内角和为180°

黎曼几何的正曲率空间 — 内角和大于180°

罗巴切夫斯基几何的负曲率空间 — 内角和小于180°

4.5 宇宙会永远膨胀吗？

有什么办法能让我们确定我们所描述的哪个未来会实际发生在我们的宇宙中（除了最简单地等着它发生之外）？宇宙会以一个致密的火球结束吗？如同它开端的那个火球。或者宇宙会永远膨胀吗？以及，我们有希望测量我们所居住的广袤宇宙的几何性质吗？寻找这些问题的答案几十年来一直是天文学家的梦想。我们有幸生活在这样一个时代，天文学家可以对这类问题以密集的观测进行检验，并得出明确答案——即使它们不是大多数宇宙学家所预期的！让我们先来看看宇宙的密度（或等价地，宇宙密度参数 Ω_0）。

宇宙的密度

我们有可能怎样来确定宇宙的密度？表面上看，这似乎很简单：只要测量一个广阔空间中分布的星系的总质量，再计算出空间的体积，然后用质量除以体积，就能算出平均密度。当天文学家这样做时，他们发现发光物质的密度通常只有不到 $10^{-28} kg/m^3$。不管所选择的区域是否包含许多分散的星系或者只有少数富星系团，但得到的结果是差不多的，大概只差两三倍。于是星系计数得到的 Ω_0 的值只有百分之几。如果这一测量是正确的，星系是所有的存在的话，我们就将生活在一个注定要永远膨胀的低密度开宇宙中。

但有一个陷阱。我们已经注意到（在第1和3章中），宇宙中大部分物质是黑暗的——它以不可见物质的形式存在，已经通过在星系和星系团中的引力作用被检测到。∞（1.6节、3.1节）目前，我们不知道暗物质是什么，但我们确实知道它的存在。星系可能包含的暗物质比发光物质多10倍以上，星系团中的这一比例更高——或许星系团的总质量中高达95%是看不见的。尽管我们看不到它，但暗物质对宇宙密度做出了贡献，对"反抗"宇宙膨胀起到了自己的作用。包括已知存在于星系和星系团中的所有暗物质，将 Ω_0 的值增加到约0.25。

不幸的是，虽然我们可以探测和量化暗物质在星系和星系团中的影响，但其大尺度分布是难以测量和所知甚少的。天文学家已经发展技术来研究超星系团和更大尺度上的物质，利用遥远天体的引力透镜以及星系和星系团的大尺度运动来探测不可见物质在宇宙中集中的引力场。∞（3.5节），然而所有这些研究的结果几乎都不增加整体密度。就我们所知，在非常大的尺度上似乎没有"隐藏"太大量的暗物质。大多数宇宙学家都认为，宇宙中物质（发光的加上暗的）的整体密度为临界值的25%～30%——并不足以阻止宇宙目前的膨胀。

宇宙加速

确定宇宙的质量密度是提供 Ω_0 估计值的本地测量的一个例子。但我们得到的结果取决于我们的测量究竟有多本地，并且结果中有很多不确定性，尤其是在大尺度上。在试图解决这个问题时，天文学家们想出了非常规的方法：使用全局测量，覆盖可观测宇宙的较大区域。原则上，这种全局测量应该揭示出我们宇宙的整体密度，而不仅仅是近邻宇宙的密度。

这类全局测量方法的一种是基于I型（碳爆炸）超新星的观测。回想一下，这些天体非常明亮，光度有一个非常狭窄的扩展，使它们作为标准烛光特别有用。∞（2.2节）它们可以被用来作为宇宙的探针，因为，通过测量它们的距离（不使用哈勃定律）和它们的红移，我们可以确定在遥远过去的宇宙膨胀速率。以下是该方法的工作原理。

假设宇宙是减速的，正如我们所期望的引力减缓了它的膨胀。然后，因为膨胀速度下降，很大距离的天体——也就是说，在很久以前发出辐射的天体——应该表现出比哈勃定律所预测的更快的退行。图4.11（a）描绘出了这一概念。如果宇宙膨胀的时间是恒定的，那么退行速度和距离会与黑线有关。（这条线不是很直，因为它将宇宙膨胀适当地考虑在了距离计算中。）∞（详细说明2-1）在一个减速的宇宙中，远处物体的速度应位于黑色曲线的上方，并且离开该曲线的偏差应该大于一个其引力能更有效地减缓膨胀的、更密集的宇宙。

理论如何与现实进行比较？在20世纪90年代后期，两组天文学家宣布了对遥远超新星独立的、系统的巡天结果。这些超新星中的一些显示在图4.11（b）中，数据被标记在图4.11（a）中。这些发现表明，与宇宙减速的图像相差很远，宇宙的膨胀不但没有放缓，反而实际上是在加速！根据超新星数据，很大距离的星系正在退行的速度低于哈勃定律所预测的。离开减速曲线的偏差在图中看上去很小，但它们在统计上是非常显著的，并且两个小组都报告了类似的结果。随后的超新星观测——最近的来自2009年的斯隆数字化巡天——总体上与最初的研究结果相一致。∞（探索3-1）

出于某种原因比邻近的发光略少,那么我们会认为这些遥远的超新星比它们的实际距离远得多,错误将显示为一个在图4.11(a)中相对于黑色曲线的向右偏差——换句话,类似宇宙加速膨胀的情形。

这并不奇怪,因为这个测量承载了太多,超新星测量技术的可靠性一直是宇宙学家严格审查的。然而,尚未提出反对该方法的有说服力的论据,因此没有理由认为,我们已经在某种程度上被大自然所"愚弄"了。就我们目前所知,测量是准确的,加速是真实的。

暗能量

什么可能导致宇宙的整体加速?坦率地说,宇宙学家不知道,虽然已经提出了几种可能性。不管是什么,导致宇宙加速的神秘宇宙场既不是物质,也不是辐射。虽然它携带着能量,但它对宇宙起着整体排斥作用,加速了空间的膨胀。它已经被称为**暗能量**了,也许是当今天文学的首要难题。

如图4.12所示,暗能量的斥力效应正比于宇宙的大小,所以它会随着宇宙膨胀而增加。因此,它在早期可以忽略不计。但今天,由于观测到的加速非常大,因此它是控制宇宙膨胀的主要因素。此外,由于引力的作用随着宇宙的膨胀而减弱,因此,一旦暗能量开始主宰,引力就将永远无法追上,宇宙将以不断增加的步伐继续加速。因此,尽管暗能量的本质有相当大的不确定性,我们至少可以说,暗能量的斥力通过反引力的效果强化了我们之前的结论:宇宙将永远膨胀下去。

一个领先的暗能量候选体是额外的"真空能量"——与空的空间相关联的力量,只在非常大的尺度上起作用。它被简单地称为**宇宙学常数**,具有一个漫长而曲折的历史。它最早由爱因斯坦提出,用来迫使新的广义相对论"预测"出一个静态的宇宙,但随后又从爱因斯坦方程中被撤下,因为哈勃发现,宇宙不是静态的,而是正在膨胀(见探索4–1)。20世纪90年代以来,宇宙学常数再度被提出,成为天文学家建立宇宙模型的主体。但请注意,尽管如下一节所述,考虑了这个力的模型可以适合观测数据,天文学家们对这个力究竟是什么也仍然没有明确的物理解释。它不是任何已知的物理定律所需要的或者能解释的。

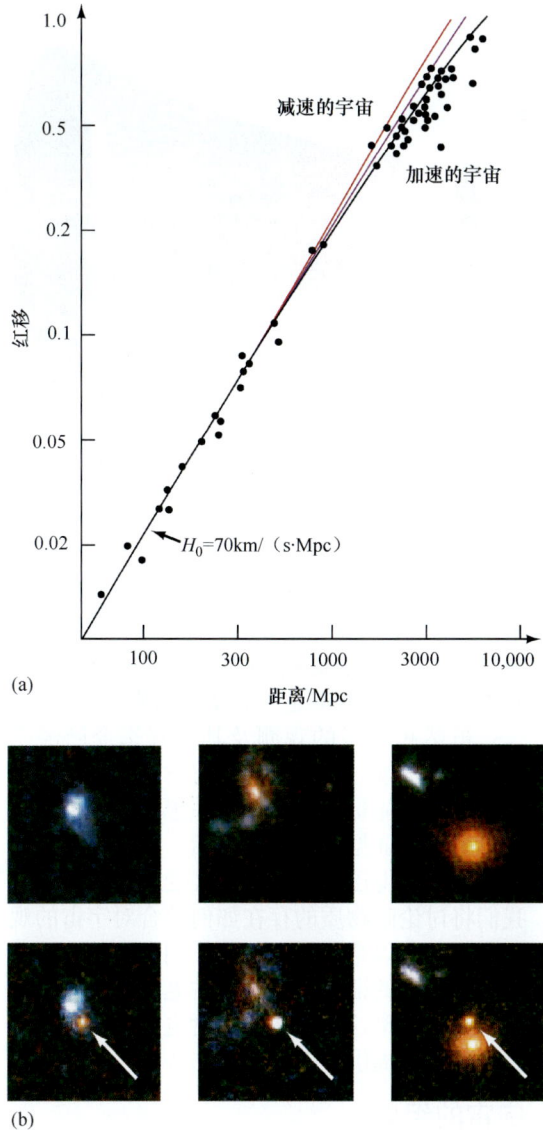

▲ 图4.11 **加速的宇宙**
(a)在一个减速的宇宙(紫色和红色曲线),遥远天体的红移大于由哈勃定律所预测的(黑色曲线)。事实正好相反——宇宙在加速膨胀。数据点显示了对大约50颗超新星的观测,强烈暗示了宇宙膨胀正在加速。(b)下方的一组图显示了三个在遥远星系爆炸的I型超新星(箭头所指),那时宇宙的年龄只将近现在的一半。上方的一组图显示了爆炸之前的相同区域。[哈佛–史密松天体物理中心(CfA)、美国国家航空航天局(NASA)]

这些观测与刚刚描述的"只有引力"的大爆炸模型不一致,并引发了我们对宇宙看法的重大修改。测量是困难的,其结果对超新星的光度到底有多"标准"也相当敏感。有些天文学家开始质疑该方法的准确性。特别是,如果超新星在很远的距离(也就是很久以前),

图4.12 暗能量

引力的吸引作用会"反抗"宇宙的膨胀，但暗能量的斥力却会加快宇宙的膨胀。随着宇宙膨胀，引力减弱，而暗能量的力量增加。数十亿年前，暗能量开始主宰，宇宙的膨胀开始加速，直到今天。

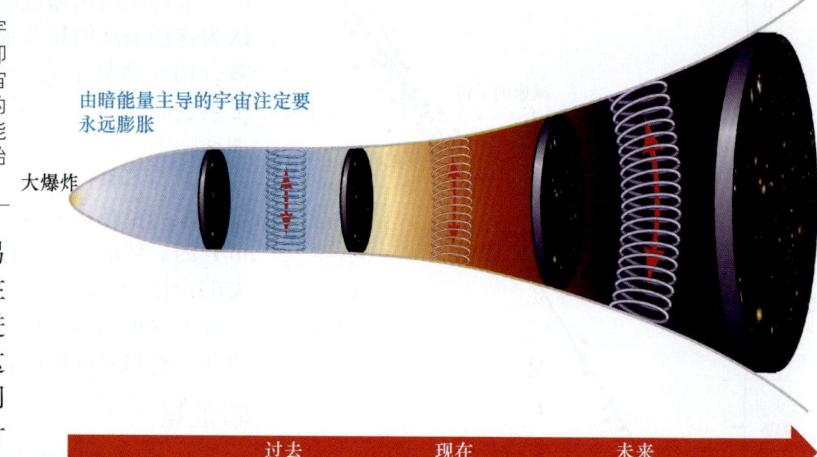

对于宇宙学家的另外一个问题是，斥力在当今的值相当于反抗进一步膨胀的引力的值这一事实。这为什么有问题呢？因为，当我们计算一个包含宇宙学常数的与目前的观测相一致的宇宙的演化时（见图4.14），我们发现，这种状况在早期宇宙中（即当星系正在形成时）并没有出现，在今后100亿或200亿年的时间里也不会出现。换句话说，观测似乎表明，我们生活在宇宙历史中的一个特殊的时期——这个结论会被一直以来以哥白尼原理作为指导的天文学家所强烈质疑。

一个有前途的替代暗能量的候选体，被称为精质⊖，可能会提供避免这个问题的方法。不同于宇宙学常数是空的空间的性质，精质独立于空间所包含的任何物质或"正常"的能量，以依赖于宇宙中的物质和辐射的方式随着时间演化。通过耦合暗能量的行为与宇宙的其他内容，精质可以给下列事实提供一个自然的解释机制：暗能量随着宇宙的膨胀、冷却，以及星系开始形成和发展而出现，并成为主导力量。

理论家在构建宇宙的暗物质内容的模型方面有相当大的自由度，因为很少有确凿的数据来约束他们。宇宙学家正在寻找实验性和观测性的测试，以完善他们的模型，并区别相互竞争的理论。

概念理解 检查

✓ 为什么天文学家认为宇宙将永远膨胀下去？

⊖ 在古代炼金术中，精质是"第五元素"，排在土、气、火、水之后。它被认为是构成天堂和天堂中所有物体的完美物质。

4.6 暗能量和宇宙学

随着我们学习这一章的剩余部分和下一章，有一点是值得铭记的：大爆炸是一个科学理论，就像任何其他的理论一样，必须不断地受到挑战和审查。大爆炸理论对宇宙状态和历史做出了详尽的、可检验的预测，如果这些预测被认为与观测相矛盾，必然会改变，或被替代。刚才所描述的超新星观测是一个很好的例子。

虽然超新星的观测及其解释迄今已经受了严格的审查，但加速的宇宙被一些完全陌生的被称为暗能量的场驱动这一想法，如果不是被其他几个证据大力支持的话，在宇宙学家间可能不会获得迅速而广泛的接受。在本节中，我们将讨论暗物质的存在如何符合对宇宙的观测，甚至可以帮助解决一些长期存在的谜团。每一个独立的证据，每一个古老谜题的解决，不只为暗能量这一想法，同时也为宇宙的整个大爆炸理论提供了进一步的支持。

宇宙的组成

除了测量密度和加速度，天文学家还有几个其他手段来估计描述宇宙大尺度结构的"宇宙学参数"。

对早期宇宙（将在第5章进行更详细的讨论）的理论研究有力地表明，宇宙的几何形状应该是严格平直的——就是说，宇宙的总密度应该正好等于临界值。这个想法在20世纪80年代第一次广为流传，并且多年以来，它和观测事实之间似乎有一个主要矛盾——观测事实清楚地显示出宇宙物质密度低于临界值的30%，即使将暗物质也纳入考虑。暗能量通过提供密度可能存在的"额外"形式解决了该冲突，但不是所有的天文学家都对该解决方案的代价感到高兴，因为该方案把另一种未知的成分引入了宇宙中！

探索4-1

爱因斯坦和宇宙学常数

即使最伟大的头脑也会犯错误。第一位将广义相对论用于宇宙研究的科学家不是别人,正是这个理论的发明者——阿尔伯特·爱因斯坦。当得到并解出了描述宇宙行为的方程时,爱因斯坦发现,此方程预言了一个随时间演变的宇宙。但在1917年,无论是他还是其他任何人,都不知道哈勃定律所描述的宇宙膨胀——这要再过10年才会被发现。∞(2.3节)当时,就像大多数科学家那样,爱因斯坦认为宇宙是静态的——也就是说,是不变的和永恒的。他的方程中没有静态解这一发现对爱因斯坦来说,似乎是他的新理论的近乎致命的缺陷。

为了使理论与他的信仰相符,爱因斯坦修补了方程,引入了一个凭空造出来的"混淆因子",描述一个在宇宙大尺度上起作用的假想的排斥力。这个因子现在被称为宇宙学常数。爱因斯坦修改过的方程的一个可能的解,描述了一个宇宙学常数的斥力刚好与引力的吸引作用相平衡的宇宙,使得宇宙的大小在无限的时间里保持不变。爱因斯坦把这个作为他预期的静态宇宙。

爱因斯坦没有预测不断变化的宇宙——这本来将是广义相对论最伟大的胜利之一,而是屈服于"宇宙应该是静态的"这种想当然的、没有得到观测证据支持的观念。后来,当宇宙的膨胀被发现,爱因斯坦方程——没有混淆因子——被认为能完美地描述它时,爱因斯坦宣布,宇宙学常数是他的科学生涯中最大的失误。

科学家们都不愿意纯粹为了使结果"显得正确"而引入未知量到他们的方程中。爱因斯坦引入宇宙学常数来修补他认为的他的方程中存在的一个严重问题,但一旦他意识到实际上并不存在问题时,他便立即抛弃了它。因此,天文学家多年间对宇宙学常数一直不感兴趣。

在20世纪80年代,随着物理学家认识到极早期宇宙可能经历了一个阶段。在该阶段,宇宙的演化由各种各样的"宇宙学常数"来确定,这一概念便很有意义地卷土重来了,而且正牢牢地盘踞在许多宇宙学家的宇宙模型中。今天,正如本书中所讨论的,宇宙学常数显然已经完全恢复了,并被确定为领先的"暗能量"——其存在是在非常大的尺度上通过对宇宙的研究而推断出来的——的候选体。如图4.15所示,在爱因斯坦方程中纳入一个合适的暗能量,可引起宇宙膨胀的加速,而不是减速——如果只有引力时就会减速。

对于许多研究者——包括爱因斯坦——来说,宇宙学常数的主要问题是(现在仍然是)这一事实:我们对它的存在和它现在的值还没有明确的解释。领先的物质结构理论确实预测了这样的排斥力,但这些力一般只在极端条件下起作用,并且,在任何情况下,它们的"自然"能量尺度比与宇宙学观测结果相一致的任何东西都要大得多(类似10^{120}这样的因子!)。

正如本文中所讨论的,理论正在努力将宇宙学常数和一个更加合理的尺度——在该尺度上宇宙排斥力可能会起作用——结合在一起。但在我们做出太多关于宇宙学常数在宇宙学中的作用的笼统表述之前,我们也许应该记住其发明者的经历,并应牢牢记住,至少在目前,它的物理意义仍然是完全未知的。

对被认为填满了整个宇宙的辐射场的详细测量(见4.7节和第5章)强烈支持了$\Omega_0 = 1$的理论预测,也与由超新星研究推测出的暗能量是一致的。进一步的独立佐证来自于对星系巡天的仔细分析,如在4.1节所讨论的,这些巡天允许天文学家测量宇宙中大尺度结构的成长。简单地说,在宇宙中,哪里的质量越多——随着引力将物质聚集成越来越大的团块,哪里的星系团、超星系团、巨壁和巨洞就越容易成长。更高的密度意味着结构能更快地形成——或等价地,在过去结构越少,给了我们今天在周围看到的结构。因此,结构的测量限制了Ω_0的值。

值得注意的是,刚才所描述的所有方法都面临着一致的结果!宇宙学家目前的共识是,宇宙恰恰处于临界密度($\Omega_0 = 1$),但这个密度是由物质(多为暗的)和暗能量(可以通过之前在4.4节的讨论换算成质量单位)两者共同构成的。辐射对总量的贡献可以忽略不计(见5.1节)。根据掌握的全部数据——并注意,最近的测量结果之间存在一些显著的差异,如在5.6节讨论的——我们当前的最佳估计是:正常的"发光"物质占总物质的5%,暗物质占大约25%,宇宙密度的其余70%是暗能量。这一组成情况在图4.13中被示意性地绘出。这个假设是构成表2.2的基础,也是本书始终在使用的。

请注意,这样的一个宇宙将永远膨胀,尽管如此,广义相对论的重型结构和弯曲时空也是完美平直的(见图4.14)——一个毫无疑问会逗乐牛顿的讽刺!

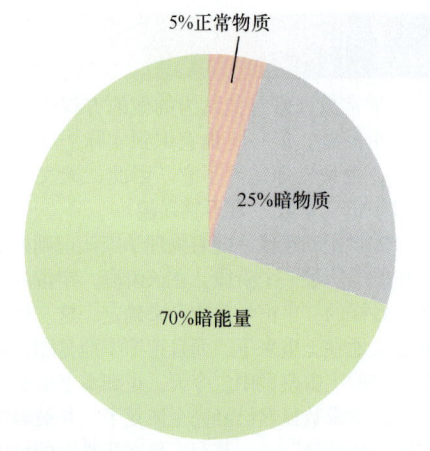

▲图4.13　宇宙的组成

今天，宇宙的大部分是由神秘的暗能量组成的，占比超过三分之二。大约四分之一是暗物质。普通物质只占百分之几——大部分是星系和星系际气体。只是极微量的部分——大约0.5%——由恒星、行星和生命组成。

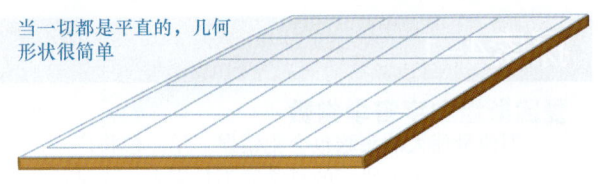

▲图4.14　宇宙的几何形状

在最大尺度上的宇宙是几何平直的——由高中就学过的大家熟悉的欧几里得几何所支配。

宇宙年龄的估计

我们至少有一个其他独立的、非宇宙学的方式来测试前述的重要结论。在4.2节，当我们从哈勃常数广为接受的值估计宇宙的年龄时，我们假设，过去宇宙的膨胀速率是恒定的。然而，正如我们刚才看到的，这是一个相当大的简单化。引力趋于减慢宇宙的膨胀，而暗能量的行为则加快膨胀，宇宙的实际膨胀是两者之间竞争的结果。在没有宇宙学常数时，宇宙在过去会比现在膨胀得更快，所以膨胀速率恒定的假设导致高估了宇宙的年龄——这样的宇宙年龄小于之前算出来的140亿年。相反，暗能量的斥力作用倾向于增加宇宙的年龄。

图4.15说明了这点。它类似于图4.8，只是我们又添加了两条额外的线，一条对应于当前值——一个完全空的140亿岁的宇宙——的一个恒定的膨胀率，另一条对应于具有刚才所描述的参数的最适当的加速的宇宙。一个有着临界密度且没有宇宙学常数的宇宙的年龄约为90亿年。一个低密度的开宇宙（仍然没有宇宙学常数）的年龄大于90亿年，但仍小于140亿年。对应于加速宇宙的年龄为138亿年，恰好非常接近恒定的膨胀的值。

这类计算与通过其他方式估计的年龄如何相比呢？在恒星演化理论的基础上，最古老的球状星团形成于大约120亿年前，大多数球状星团的年龄为100亿～120亿岁，这个范围表示在图4.15中。这些古老的星团被认为与我们的银河系形成在大约同一时间，所以它们能"鉴定"星系形成的时期。更重要的是，它们不能比宇宙更古老！该图显示，球状星团的年龄与具有140亿年历史的宇宙一致，甚至允许星系有二十亿年的时间形成和生长，正如在第3章中讨论的。∞（3.3节）还要注意的是，星团的年龄不能与没有暗能量的临界密度宇宙一致。这种对一项关键预测的独立检查，是支持现代版大爆炸理论的一个重要证据。

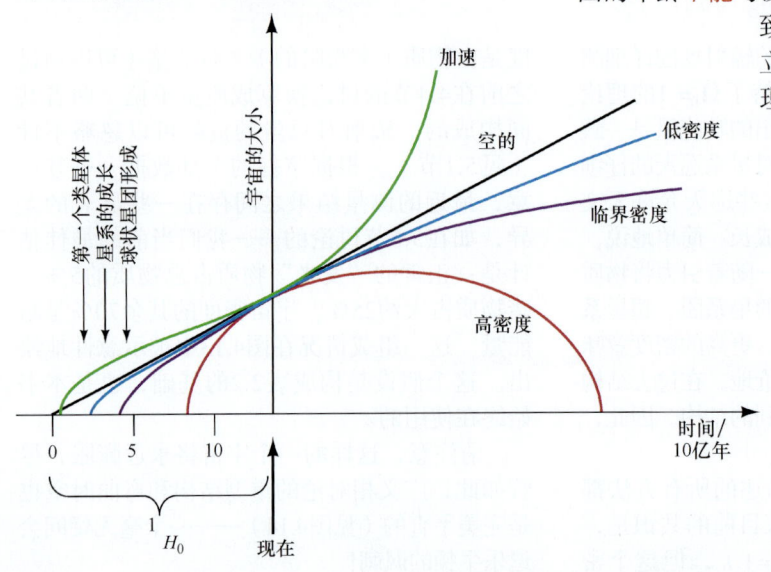

◀图4.15　宇宙年龄

没有暗能量的宇宙年龄（由三根较低的曲线表示，颜色为红色、紫色和蓝色）总是小于$1/H_0$，并由于当今密度较大的值而减小。一个令人厌恶的宇宙学常数的存在增加了宇宙的年龄，用如本书所述的最好的宇宙学参数绘制的绿色曲线表示。

因此，取 $H_0 = 70\text{km}/(\text{s}\cdot\text{Mpc})$，我们目前最好的对宇宙历史的猜测将大爆炸放在约 140 亿年前。第一个类星体出现在约 130 亿年前（红移为 7），类星体达到顶峰的时代（红移 2～3）在接下来的 10 亿年中出现，再往后约 20 亿年，我们的银河系中已知最古老的恒星形成。虽然天文学家目前并不了解暗能量的性质，但这么多单独的推理路线之间很好的一致性确定了许多：刚刚描述的暗物质−暗能量宇宙大爆炸理论是对宇宙的正确描述。但天文学家们还没有准备好放松：这个学科的历史表明，在细节最终揭示前，在前进的道路上仍然可能有一些更加意想不到的迂回和曲折。

概念理解 检查

✓ 为什么天文学家认为暗能量是宇宙的主要成分？

4.7 宇宙微波背景

望向太空深处，相当于看到时间的过去。∞（详细说明 2-1），但我们能回看到多古老的时间呢？有什么办法来研究最遥远的类星体之外的宇宙？我们究竟可以多么接近可感知的时间的边缘——宇宙刚刚起源之时？

这些问题的部分答案是在 1964 年在改善美国电话系统的实验过程中被偶然发现的。作为一个项目的一部分——在计划中的卫星通信中识别和消除干扰，彭齐亚斯和罗伯特·威尔逊两位科学家在新泽西州的贝尔电话实验室，采用如图 4.16 所示的喇叭天线的一部分，研究了银河系在微波（射电）波段的发射。在他们的数据中，他们发现了一个令人烦恼的、怎么也不消失的背景"嘶嘶"声——有点像一个短波广播电台的背景静电。无论他们在何时把天线指向何方，嘶嘶声都一直存在。这个微弱的信号从未减弱或加强，它能在一天中的任何时间、一年中的任何一天被探测到，显然它充满了所有的空间。

这个无线电噪声的来源是什么？为什么它看起来像是均匀来自所有方向、不随时间而变？彭齐亚斯和威尔逊还不知道他们发现了伟大的宇宙学意义的信号。他们寻求这个多余信号的许多不同来源，包括大气风暴、来自地面的干扰、设备短路，甚至天线内部的鸽子粪！最后，在与贝尔实验室的同事们和在附近的普林斯顿大学的理论家们交谈后，两位实验者意识到，这种神秘静电的起源不是别的，正是宇宙本身火球的产物。被彭齐亚斯和威尔逊探测到的无线电嘶嘶声，现在被称为**宇宙微波背景**。他们的发现为他们赢得了 1978 年的诺贝尔物理学奖。

事实上，研究人员在宇宙微波背景被发现之前，就已经很好地预测了它的存在及其一般属性。早在 20 世纪 40 年代，物理学家就已意识到，早期宇宙除了是非常密集的以外，也必然很热；大爆炸后不久的宇宙一定充满了极高能的热辐射——短波的 γ 射线。普林斯顿的研究人员扩展了这些想法，推断出这种原始的辐射频率将从 γ 射线被红移（就是因为宇宙膨胀）到 X 射线和紫外线，并会随着宇宙的膨胀和冷却而最终完全进入电磁波谱的无线电波段（见图 4.17）。在目前的时间，他们认为，原始火球这种红移的"化石遗迹"应该有不超过几十开尔文的温度，峰值在电磁波谱的微波部分。当普林斯顿的小组正在构建一个微波天线来搜索这个辐射时，彭齐亚斯和威尔逊宣布了他们的发现。

▲ 图 4.16 **微波背景发现者**
这种"糖勺"天线是为了与地球轨道上的卫星通信而建的，但罗伯特·威尔逊（右）和彭齐亚斯使用它们发现了 2.7K 宇宙背景辐射。[阿尔卡特−朗讯（Alcatel-Lucent）]

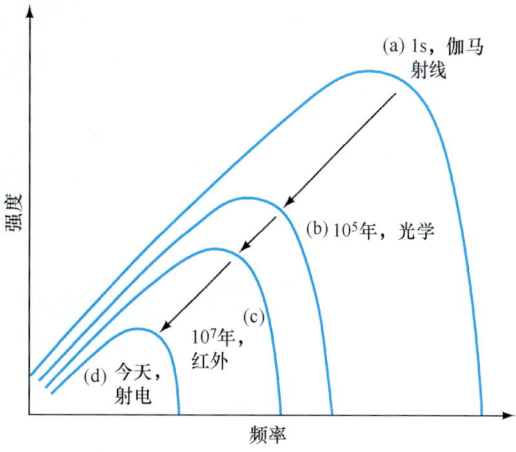

▲ 图 4.17 **宇宙黑体曲线**
从理论上为整个宇宙推导黑体曲线：（a）大爆炸后 1s，（b）100 000 年后，（c）1000 万年后，（d）今天，大爆炸后大约 140 亿年。

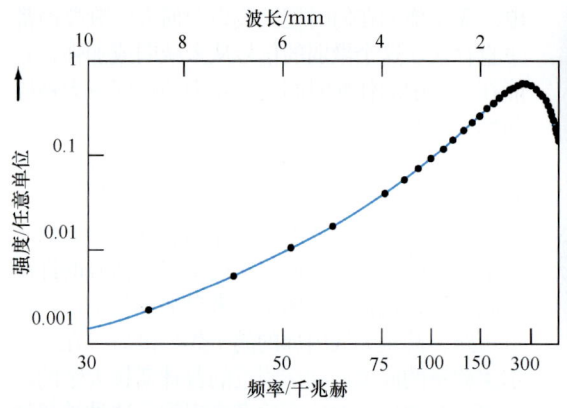

▲图4.18　微波背景光谱
宇宙背景辐射的强度，正如COBE卫星测量的，与理论非常吻合。该曲线是对数据的最佳拟合，对应于2.725K的温度。在这个非常精确的观测中，实验误差比表示数据点的点还要小。

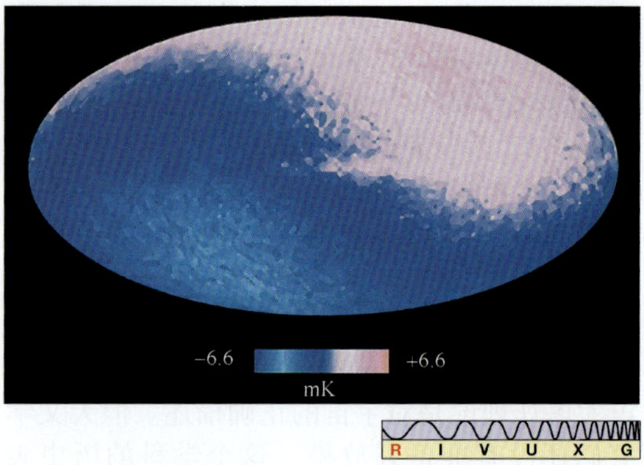

▲图4.19　微波天空
整个天空的COBE地图表明，微波背景在狮子座方向表现出略微有点更热，在相反的方向略微有点更冷。[美国国家航空航天局（NASA）]

普林斯顿大学的研究人员证实了微波背景的存在，并估计其温度约为3 K。但是，由于大气的吸收，电磁波谱的这部分恰好很难从地面进行观测。于是，天文学家又花费了25年确切证明了辐射是由黑体曲线描述的。1989年，宇宙背景探测器（COBE）卫星在峰值两边测量了微波背景的强度，从0.5mm向上到约10cm。结果显示在图4.18中。实线是最符合COBE数据的黑体曲线，与对应于约2.7 K的宇宙温度有近乎完美的契合。

图4.19显示了一幅覆盖整个天空的微波背景温度的COBE地图。蓝色区域比平均值偏热约0.0034K，红色区域比平均值偏冷相同的量。然而，这个温度范围不是微波背景的固有属性，相反，它是地球的运动穿过空间的结果。如果我们相对于宇宙膨胀正好完美地静止（如同图4.5中贴在膨胀的气球表面上的硬币），那么我们将看到几乎完全各向同性的微波背景，如图4.20（a）所示。但是，如果我们正相对于该参照系移动，如图4.20（b）所示，那么从我们前面来的辐射应该会因为我们的运动而稍微蓝移，从后面来的辐射则应该会红移。因此，对一个运动的观测者，微波背景在前面应该会略热于平均值，而在后面应该会略冷。

数据显示，地球的速度大约是380km/s，大致方向朝向狮子座。一旦这种运动的影响被修正，人们便会发现宇宙微波背景惊人的各向同性。它的强度在天空中的所有方向几乎都是恒定的（事实上，起伏不超过$1/10^5$），成了大力支持了构成宇宙学原理的关键假设之一。

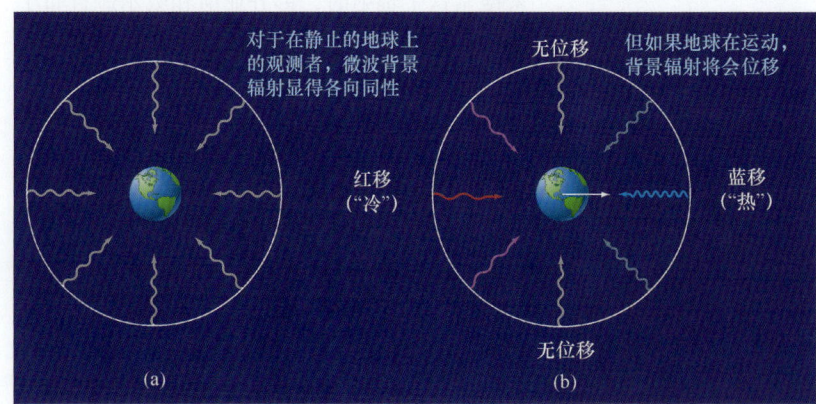

◀图4.20　地球在宇宙中的运动
（a）对一个相对于宇宙膨胀静止的观测者，宇宙微波背景辐射显得各向同性。
（b）一个运动的观测者在一个方向（运动方向）测到"热"的蓝移的辐射，并在相反的方向测到"冷"的红移的辐射。

第4章 宇宙学

当我们观察微波背景时，我们几乎一路回看到了宇宙的开端。我们今天收到的呈现为这些射电波形式的光子，自从宇宙年龄在大约40万年——在那时，根据我们的模型，宇宙的大小不到现在的千分之一——以来，就没有与物质进行过相互作用。为了探索得更远，回到大爆炸本身，需要我们进入核物理和粒子物理的世界。宇宙大爆炸是所有的粒子加速器中最大也最具威力的！在下一章中，我们将看到，对原始火球的研究，如何帮助我们理解当今的结构和我们所居住的宇宙将来的演化。

概念理解 检查

√ 宇宙微波背景是在什么时候形成的？

终极问题 阿尔法和欧米茄，开始和结束。宇宙的起源是什么？什么将是它的最终结局？人类敢提出这样真正的大问题，那么天文学家有希望回答它们吗？今天的科学家正在积极整理被稳步增加的数据所支持的过多的想法，试图解决如此基础的以至于以往只有哲学家和神学家曾经提出的问题。但是，这就是今天的科学。我们可能正站在回答那些可能还没有人问过的一些最深刻问题的最前沿。

章节回顾

小结

❶ 红移巡天显示，在超过数百Mpc的尺度上，宇宙似乎是大致**均匀的**（所有地方都一样，p.97）和各向同性（在所有方向都一样，p.97）的。在**宇宙学**（p.96）——将宇宙作为一个整体进行研究的科学——中，研究人员通常假定宇宙是均匀和各向同性的。这个假设被称为**宇宙学原理**（p.97），并意味着宇宙不会有中心或边缘。

❷ 如果宇宙是均匀的、各向同性的、无限的、不变的，那么夜空将是光明的，因为任意一条视线最终将遇到一颗恒星。夜空是黑暗的这一事实被称为**奥伯斯佯谬**（p.98）。其解释在于这样一个事实：不管宇宙是有限的还是无限的，我们只能看到它距离地球有限的部分——在这个区域里，光线从宇宙诞生以来有足够的时间到达我们。

❸ 逆着时间追踪观测到的星系的运动，暗示大约140亿年前宇宙由一个炙热而密集的**原始火球**（p.98）构成，在**大爆炸**（p.98）后迅速膨胀。然而，星系并不是飞散到原本空无一物的宇宙的其余部分，相反，是空间本身在膨胀。大爆炸并不是发生在空间中任何特定的位置，因为在那一瞬间，空间本身被压缩到一个点——大爆炸在所有地方同时发生。由于光子的波长被宇宙膨胀"拉长"，于是发生了宇宙学红移。自从光子被发射出去以后，观测到的红移的程度是对宇宙膨胀的直接测量。

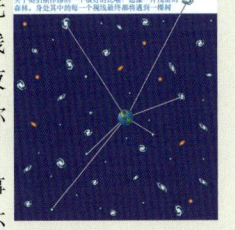

❹ 目前的膨胀只有两种可能的结果：要么宇宙将永远膨胀下去，要么最终会坍缩。**临界密度**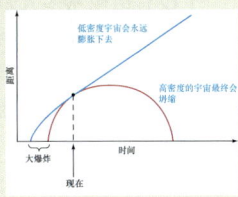（p.102）是引力可以单独战胜目前宇宙的膨胀并导致宇宙坍缩所需要的物质密度。大多数天文学家认为，宇宙今天的总物质密度不超过临界值的约30%。

❺ 广义相对论提供了在最大尺度上对宇宙几何形状的描述。时空的曲率由宇宙的总密度确定，包括物质、辐射和暗能量。一个高密度（大于临界值）宇宙的曲率足够大，宇宙"弯回"自身，因此宇宙的大小是有限的，有点儿像一个球体的表面。这样的宇宙被称为**闭宇宙**（p.104）。一个低密度的**开宇宙**（p.104）大小无限，并具有"马鞍形"的几何形状。**临界宇宙**（p.104）的密度精确等于临界值，并且在空间上是平直的。

❻ 对遥远的超新星的观测表明，宇宙的膨胀正在加速，显然是由**暗能量**（p.107）——一种存在于整个空间的神秘的排斥力——所驱动的。暗能量的物理本质是未知的。可能的候选体包括**宇宙学常数**（p.107）和精质。

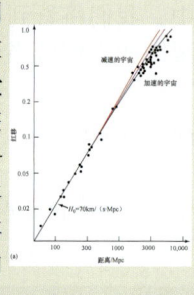

❼ 现有的最佳观测数据与如下想法一致：宇宙是平坦的——也就是说，恰好有着临界密度，物质（主要是暗的）占总量的27%，暗能量组成其余的。这样的宇宙在空间上是平直的，并会永远膨胀下去。取 $H_0 = 70 km/(s·Mpc)$，不含暗能量的临界密度宇宙的年龄是大约90亿年。这一年龄估计与通过对恒星演化的研究所得出的球状星团有100亿~120亿年的年龄的结论是冲突的。包含暗能量将宇宙的年龄增加到140亿年，与星团的年龄一致。

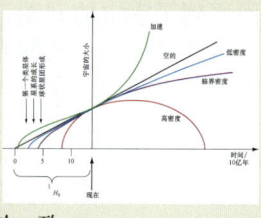

❽ **宇宙微波背景**（p.111）是各向同性的黑体辐射场，充满了整个宇宙。它目前的温度大约是3K。微波背景的存在是宇宙从一个热且致密的点膨胀而来的直接证据。随宇宙的不断膨胀，最初的高能辐射已经红移到了越来越低的温度。

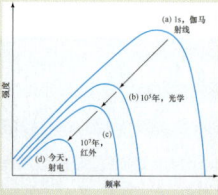

标记**POS**的问题探索科学过程。标记**VIS**的问题着重于阅读和视听资讯的理解。
LO后紧跟的是本章引言中学习目标的编号。

指定的课后作业请访问MasteringAstronomy网站。

复习与讨论

1. **POS**我们有什么证据表明宇宙在非常大的尺度上没有结构？多大是"非常大"？
2. **LO1**什么是宇宙学原理？
3. **LO2**什么是奥伯斯佯谬？它是如何被解决的？
4. 解释对哈勃常数的精确测量如何实现对宇宙年龄的估计。
5. **LO3**为什么说下面这个说法是错误的：宇宙的膨胀让星系向外飞入空无一物的空间。
6. 宇宙大爆炸发生在哪里？
7. 宇宙学红移如何与宇宙的膨胀有关？
8. **LO4**宇宙的什么性质决定它是否会永远膨胀？
9. 是否有足够的物质来停止当前的宇宙膨胀？
10. **LO5** 我们生活在一个"平直"的宇宙中吗？
11. **LO6**对遥远的超新星的观测，告诉我们有关宇宙膨胀的什么信息？
12. **LO7**什么是暗能量？它与宇宙的未来有什么关系？
13. **POS**为什么对球状星团年龄的测量对宇宙学很重要？
14. **LO8**宇宙微波背景的意义是什么？
15. **POS**你是否认为这是很好的科学——主要用暗物质和暗能量来解释宇宙，而这两者都是未知或尚不了解的？

概念自测：选择题

1. 如果在一个大城市的中央做出的观测是各向同性的，则：（a）在每一个方向都有高楼；（b）所有建筑都有完全一样的高度；（c）所有的建筑都是同一种颜色的；（d）有些建筑比别的高。
2. 宇宙学原理会被推翻，如果我们发现：（a）宇宙没有膨胀；（b）星系的年龄超过目前的估计；（c）在所有方向上每平方度的星系数目是相同的；（d）在宇宙中观测到的结构取决于我们看的方向。
3. 如果我们用哈勃定律来估计宇宙的年龄，其结果：（a）取决于我们选择的星系；（b）对所有星系相同；（c）取决于我们看的方向；（d）证明我们在宇宙的中心。
4. 奥伯斯佯谬是由下列哪项解决的？（a）宇宙有限的尺寸；（b）宇宙有限的年龄；（c）遥远星系来的光会红移导致我们看不到它；（d）宇宙有一个边缘。

5. VIS 图4.11（"加速的宇宙"）中的数据点：（a）证明了宇宙没有膨胀；（b）意味着膨胀的减速快于预期；（c）允许对哈勃常数进行测量；（d）表明遥远星系的红移大于如果只有引力在起作用时的预期。

6. 用于测量宇宙加速的星系的距离由下列哪项观测确定？（a）三角视差；（b）谱线致宽；（c）造父变星；（d）白矮星爆发。

7. 观测到的宇宙的加速意味着：（a）我们理解暗能量的性质；（b）与星系中的发光物质相比，暗能量的量很小；（c）暗能量的量超过宇宙中物质-能量的总质量；（d）暗能量具有比预期更高的温度。

8. 基于我们目前对当今宇宙的物质密度的最佳估计，天文学家认为：（a）宇宙的大小是有限的，将永远膨胀下去；（b）宇宙的大小是有限的，最终将坍缩；（c）宇宙的大小是无限的，将永远膨胀下去；（d）宇宙的大小是无限的，最终将坍缩。

9. 宇宙的年龄被估计为：（a）比地球的年龄更小；（b）与太阳的年龄相等；（c）与银河系的年龄相等；（d）大于银河系的年龄。

10. 宇宙背景辐射被观测到来自：（a）我们银河系的中心；（b）宇宙的中心；（c）新泽西州的无线电天线；（d）均匀来自所有方向。

问答

问题序号后的圆点表示题目的大致难度。

1. ● 如果一个星系巡天的灵敏度能探测到暗于20等的天体，一个与银河系亮度相等的星系（绝对星等-20等）最远能在多远的距离上被探测到？

2. ●● 假设 H_0 = 70km/（s·Mpc），估计在上一题计算出的距离处的银河系的红移。

3. ● 如果整个宇宙充满了银河系一样的星系，平均密度为每立方百万秒差距0.1个，计算问题1中的巡天总共能探测到多少个星系——如果该巡天覆盖了整个天空的话。

4. ● 根据本章所述的<u>没有宇宙学常数</u>的大爆炸理论，宇宙的最大可能年龄是什么？如果 H_0 = 60km/（s·Mpc）？70km/（s·Mpc）？80km/（s·Mpc）？

5. ●● 8个星系位于一个正方体的8个角上。每个星系到其最近的邻居的当前距离是10Mpc，整个立方体根据哈勃定律而膨胀，H_0= 70km/（s·Mpc）。计算正方体一角相对于对面那个角的退行速度。

6. ●● 室女星系团被观测到有1200km/s的退行速度。取 H_0= 70km/（s·Mpc），如果我们处在一个临界密度宇宙，计算这样一个球——球心位于室女星系团的中心，边界刚好包含银河系——体积内的总质量。这个球表面的逃逸速度是多少？

7. ● 对于70km/s/Mpc的哈勃常数，临界密度为 9×10^{-23} kg/m³。（a）1立方天文单位体积内对应多少质量？（b）要包含1个地球质量的话，需要一个多大的正方体？

8. ●●（a）宇宙微波背景当今的峰值波长是多少？计算当背景辐射峰值分别位于（b）红外，在10μm处；（c）紫外，在100 nm处；（d）光谱的伽马射线区域，在1nm处，宇宙的大小相对于现在的大小。

实践活动

协作项目

做一个二维宇宙模型，并在其上研究哈勃定律。找一个可以吹得很大的气球。将它吹胀到大约一半，在其表面上到处点上点儿，代表星系，将点编上号，这样到后面就不会混淆。每个小组成员选择一个点作为他（她）的家园星系。测量到各个星系的距离。现在，将气球吹胀到全大，并再次测量距离。计算出每个星系的距离变化，这是对退行速度的测量。参照图2.17或图4.11所绘制的速度与新的距离的图表。你是否发现了"哈勃"定律呢？无论你选择哪个点作为家园，其结果是否都一样呢？

个人项目

各向同性是指在所有方向上看到的东西都相同。考虑你当前位置几英里（译注：1mile=1.6km）范围内的建筑、地理特征，以及相似的物体，你能感觉到你的本地宇宙是各向同性的吗？如果没有，是否在某个尺度上你能感到各向同性——即便只是近似的？

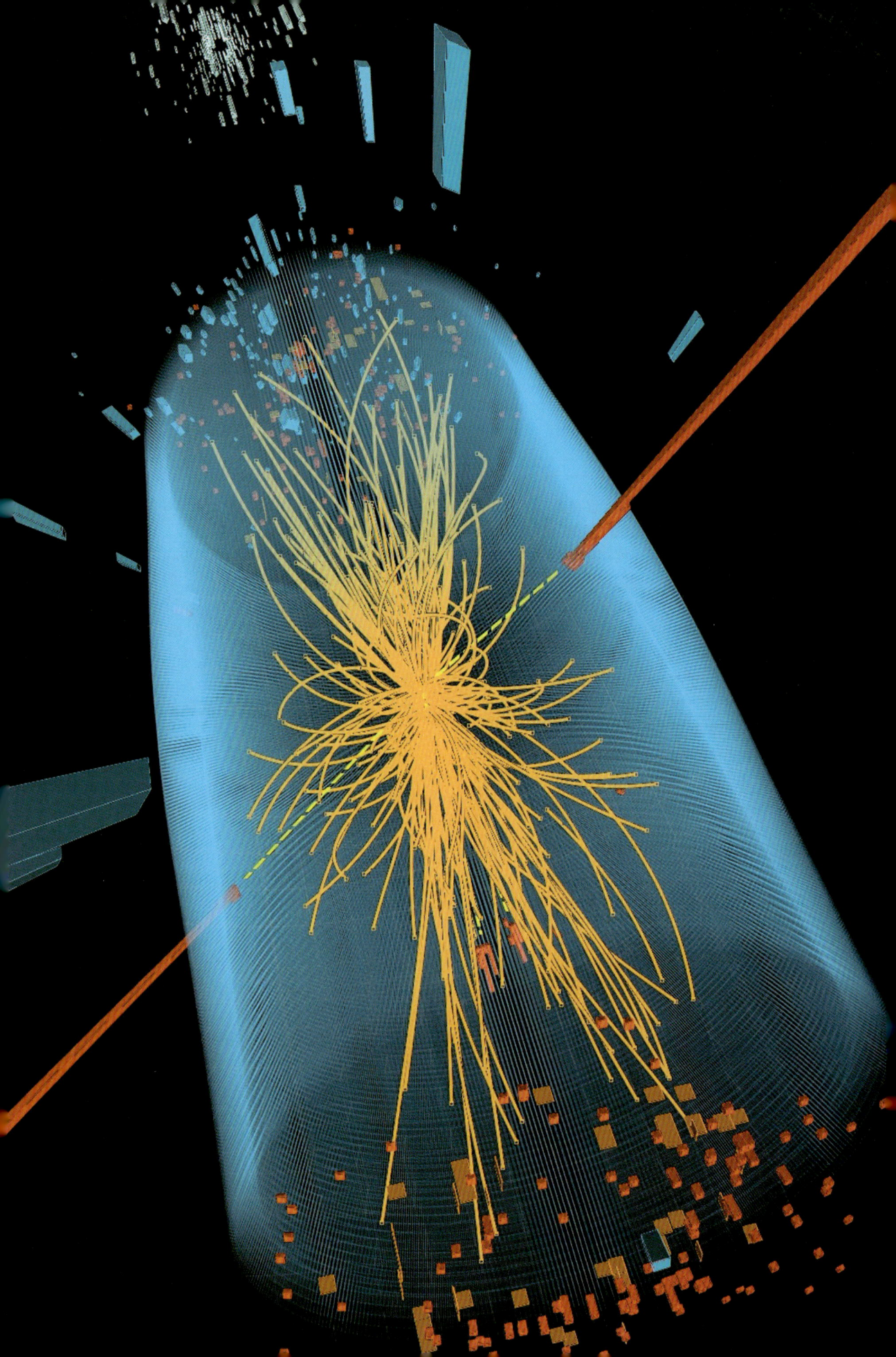

第5章 早期宇宙

回到时间的起源

宇宙在最初几秒钟时的情况是什么样的？这些情况如何变成了我们今天所看到的宇宙？在研究我们的宇宙最早的瞬间时，我们进入了一个真正陌生的领域。随着我们朝着大爆炸回溯时间，我们习惯的东西一个接一个地溜走——原子消失了，然后是原子核，接下来甚至是基本粒子本身。

在开始的时候，宇宙由难以想象的高温的纯净能量组成。随着它的膨胀和冷却，古老的能量形成了粒子——这些粒子构成了今天我们所看到的我们身边的一切。现代物理学现在已经到了一个点，几乎可以达到大爆炸本身那一瞬间，允许科学家揭开时间开端的一些奥秘。

知识全景 现代宇宙学做出了令人震惊的预测，整个可观测宇宙可以在极早期——大爆炸后几分之一秒——被追溯到微观的"量子"起伏。宇宙的大尺度结构与物理学上已知的最小尺度是密不可分的。

学习目标

本章的学习将使你能够：

❶ 描述宇宙刚刚诞生时的特性。

❷ 解释物质是怎么从原始火球中产生的。

❸ 描述辐射与物质是如何参与宇宙的膨胀和冷却的。

❹ 描述最简单的原子核是在何时以及如何形成的。

❺ 解释第一个原子形成的重要性。

❻ 总结视界和平度问题，描述宇宙膨胀理论如何解决它们。

❼ 描述宇宙大尺度结构的形成。

❽ 解释对微波背景辐射的研究如何让天文学家测试和量化他们的宇宙模型。

左：在日内瓦附近的瑞士–法国边境的地下，科学家们使用世界上最大的物理实验室来比以往任何时候都更深入地探索物质。大型强子对撞机模拟发生在宇宙起源后1s内的亚原子质子的猛烈碰撞事件。这里，在一个被蓝色遮蔽的探测器内部，两个质子（红色条纹）发生碰撞，产生粒子的喷射（黄色），使科学家得以检测他们关于宇宙是如何开始的最好理论。[欧洲核子研究中心（CERN）]

精通天文学

访问MasteringAstronomy网站的学习板块，获取小测验、动画、视频、互动图，以及自学教程。

5.1 回到大爆炸

在最大尺度上，宇宙是一个由大致均匀的物质（主要是暗的）、辐射和暗能量所组成的混合体。∞（4.5节）正如我们已经看到的，"物质"包括由质子、中子和电子组成的正常物质，以及组成的天文学家仍在争论的暗物质。暗能量是弥漫在貌似真空的星系际空间的神秘排斥力。我们最多可以说，我们生活在一个几何"平直"的宇宙中，其中，宇宙所有成分的总质量–能量密度精确地等于临界值。∞（4.3节、4.4节、4.6节）根据理论模型，宇宙中没有足够的物质可以让引力战胜暗能量的斥力，扭转目前的膨胀。

因此，宇宙的未来似乎很清楚：宇宙注定要永远膨胀下去。在本章中，我们将注意力转向过去。要了解早期——即大爆炸之后很短的时间——的宇宙，我们必须更密切地关注物质、辐射和暗能量在宇宙中所扮演的角色。首先，我们盘点它们对宇宙总能量密度的贡献。

宇宙的组成

基于现有最好的观测数据，宇宙学家认为，今天，宇宙中超过70%的质量–能量以暗能量的形式存在。∞（4.6节）而剩余的30%几乎都是物质。因此，就目前而言，暗能量主宰着宇宙密度，物质位居次席，不过差距很大。我们可以用第4章的结果来量化刚才的描述。取哈勃常数H_0=70km/（s·Mpc），临界密度为9×10^{-27}kg/m³ ∞（4.3节）。因此，总体而言今天宇宙中暗能量的密度略大于6×10^{-27}kg/m³，当前的物质密度略小于3×10^{-27}kg/m³。

宇宙中大部分辐射是以宇宙微波背景——充满了所有空间的低温（3 K）辐射场——的形式存在。∞（4.7节）令人惊讶的是，虽然微波背景辐射非常微弱，但它仍含有比曾经存在的所有恒星和星系发出的能量更多的能量！其原因是，恒星和星系虽然是很激烈的辐射源，但只占据了一小部分空间。将这些能量平摊到整个宇宙的体积中，就会比微波背景辐射的能量低至少10倍。那么，对于我们当前的讨论主题，我们暂且把宇宙微波背景作为宇宙中辐射的唯一重要形式。

辐射是否在宇宙的大尺度演化中扮演了重要的角色？为了比较物质和辐射，我们必须像往常一样，先将它们转换成一个"共同货币"——无论是质量或能量。我们将比较它们的质量。我们可以将微波背景中的能量等效地表达为密度——首先通过计算任意单位空间中的光子数，然后再使用关系式$E=mc^2$将这些光子的总能量转化为质量。当我们这样做时，我们得到微波背景的等效密度为约5×10^{-31}kg/m³。因此，在当前，暗能量和物质在宇宙中的密度远远超过辐射的密度。

宇宙中的辐射

宇宙是否一直被暗能量主导？要回答这个问题，我们必须要了解暗能量、物质和辐射的密度如何随着宇宙的膨胀而改变。为此，宇宙学家构造了宇宙的理论模型，考虑到爱因斯坦广义相对论的影响，结合已知的物质和辐射的性质并将其假设为暗能量的性质。这些模型描述宇宙中的量（如不同成分的密度）如何随着宇宙的演化而变化。他们还做出可以直接与观测相比较的详细预测。模型和现实之间显著的一致（5.5节）是天文学家倾注了这么多心血对宇宙的密度、成分和在前面章节中描述的演化进行测量的最主要原因。

如图5.1所示，模型表明，随着宇宙尺度的增加，物质和辐射的密度都在下降，就像膨胀稀释了原子和光子的数目一样。而且辐射的能量也因为宇宙学红移而减少，因此，随着宇宙成长，辐射密度下降的速度比物质密度下降的速度更快。暗能量的行为是一个非常不同的方式。根据理论，它是一个大尺度现象，随着宇宙膨胀（见图4.12）越来越重要。实际上（如果它的行为就像爱因斯坦的宇宙学常数），随着宇宙的膨胀，与暗能量相关的密度保持恒定。∞（探索4–1）

因此，当我们逆着时间回头看且越来越接近大爆炸时，辐射密度比物质密度增加得更快，它们俩增加的速度又比暗能量密度增加得快。这些事实使我们得出关于过去宇宙组成的两个重要的结论。

1）虽然暗能量主导了今天的宇宙密度，但它在早期时代是不重要的，并且在我们的讨论中可以忽略在极早期宇宙条件下的暗能量。天文学家估计，物质和暗能量的密度在约40亿年前是相等的。在那之前，以宇宙学的说法，宇宙是由**物质主导**的。

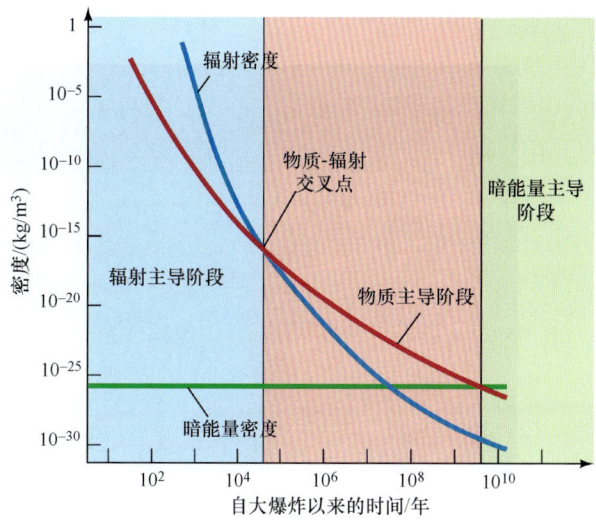

▲ 图5.1 辐射–物质主导

随着宇宙的膨胀，每单位体积的物质粒子和光子的数量减少。光子的能量因为宇宙学红移而被额外降低。其结果是，随着宇宙的成长，辐射密度（蓝色曲线）比物质密度（红色曲线）下降得更快，在早期的时候，在交叉点之前，辐射主导着物质。今天，暗能量（绿线）主导着物质和辐射。

2）虽然在目前，辐射密度远小于物质密度，但在更为久远的过去的某段时间，它们必然也是相等的。在那时之前，辐射是宇宙的主要组成部分，被称为**辐射主导**。交叉点——物质和辐射密度相等的时候——发生在大爆炸之后约50 000年，当时的宇宙比今天小6000倍左右。当时的背景辐射的温度约16 000K，所以它的峰值在光谱的近紫外部分。∞（4.7节）

在这套书中，我们一直在关注宇宙成为物质主导和（或）暗能量主导后很久以后的历史——随着宇宙朝着我们今天看到的状态变稀薄和变冷，星系、恒星和行星形成并演化。在这一章中，我们考虑一些重要事件——在很早期的、热的、辐射主导的宇宙中，远在任何恒星或星系存在之前——它们对决定宇宙的现状起着重要的作用。

粒子产生

微波背景辐射的存在意味着，早期宇宙被强烈的辐射场主导，该辐射场的温度随着宇宙的膨胀而稳步下降。在这些时候，占优势的温度和密度远远大于迄今为止我们所遇到的——即使是在超新星的核心。要了解大爆炸后不久的条件，我们必须更深入地钻研在非常高的温度下的物质和辐射的行为。

了解非常早的事件的关键在于被称为**粒子对产生**的过程，其中两个光子产生一个**粒子–反粒子**对，如图5.2（a）所示的电子和正电子的具体情况。通过粒子对的产生，物质从以电磁辐射形式存在的能量中直接创建。也可能发生相反的过程：一个粒子和它的反粒子相互**湮灭**并产生辐射，如图5.2（b）所示。以辐射形式存在的能量可以转化为以粒子和反粒子形式存在的物质，粒子和反粒子可以转换回辐射——它们服从质量和能量守恒定律。

一个辐射场的温度越高，其典型成分光子的能量越大，通过粒子对产生而创建的粒子的质量也越大。对于任何给定的粒子，有一个被称为粒子的**阈值温度**的概念。这是一个临界温度，高于它，粒子对产生是可能的；低于它，粒子对产生就是不可能的。阈值温度随着粒子质量的增加而增加。对电子，它约是 6×10^9K。对质子——比电子质量大近2000倍——它刚刚超过 10^{13}K。

作为粒子对产生如何影响早期宇宙的组成的一个例子，考虑随着宇宙的膨胀和冷却，电子和正电子的产生。在高温下——高于约 10^{10}K——大多数光子有足够的能量来形成电子或正电子，粒子对产生是司空见惯的。空间因为电子和正电子而"沸腾"——它们不断地被辐射场创建，然后再彼此消灭，并再次形成光子。粒子和辐射被认为已经处于**热平衡**状态：粒子对产生和创造新的粒子–反粒子的速度与它们彼此湮灭的速度相等。随着宇宙的膨胀，温度下降，平均光子能量也下降。到温度跌破10亿开尔文的时候，光子不再有足够的能量让粒子对产生发生，只有辐射留了下来。图5.3描绘了这种变化是如何发生的。

极早期宇宙中的粒子对产生是今天的宇宙中存在的所有物质的直接原因。**我们看到我们周围的一切都是随着宇宙的膨胀和冷却而从辐射中被创造出来的**。因为我们在这里思考这个问题，我们知道有些物质必然从早期的那些暴力时刻中幸存下来。出于某种原因，在早期的时候，物质略微超过反物质——每十亿个质子–反质子对大约多出一个额外的质子。这些在数量上多于它们的反粒子的少量残渣随着温度下降到低于能创造它们的阈值而残留下来。没有剩下的反粒子来消灭它们，颗粒的数目一直恒定保持至今。随着宇宙的膨胀和冷却，这些幸存者被认为从辐射场**冻结了出来**。

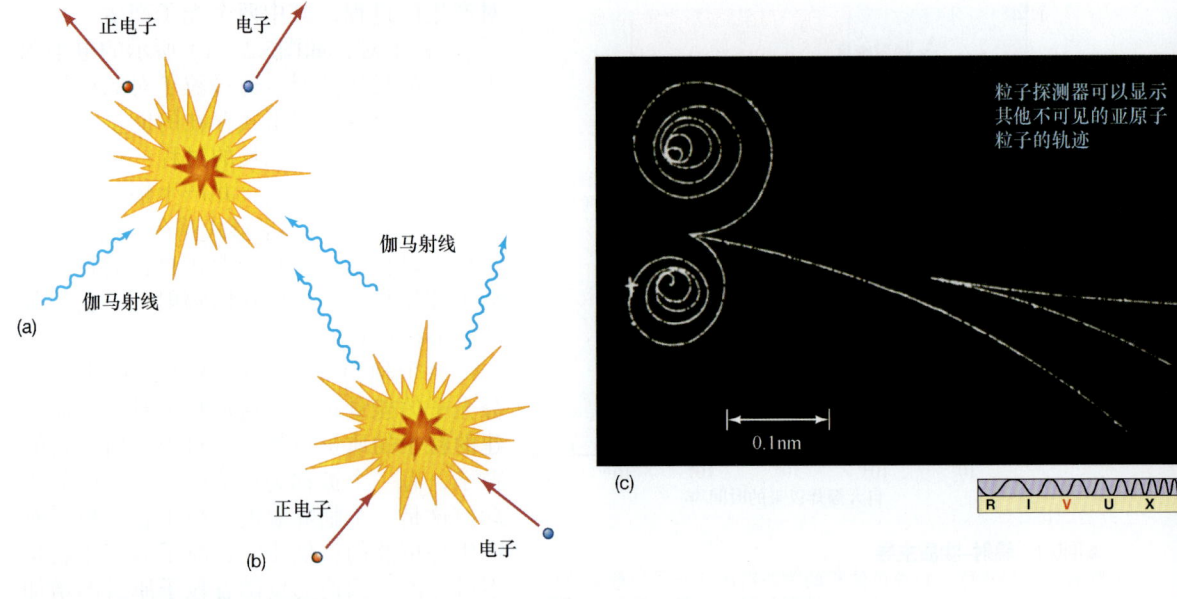

▲图5.2 粒子对产生

（a）两个光子可产生一个粒子–反粒子对——如果它们的总能量超过所产生的粒子的质量–能量。在本例中产生了一个电子–正电子对。（b）相反的过程是粒子 – 反粒子湮灭。在本例中是一个电子和一个正电子互相摧毁，消失在一束伽马射线中。（c）这是实际观测，在亚微观尺度，给出了两个伽马射线（其路径在左边是不可见的，因为它们是电中性的）撞出一个原子中的电子，并让其飞起来（最长的轨道）。在同一时间，该伽马射线提供足够的能量，以产生电子–正电子对（螺旋形的路径，其曲线在探测器磁场中位于相反方向，因为它们有着相反的电荷）。[费米实验室（Fermi Laboratory）]

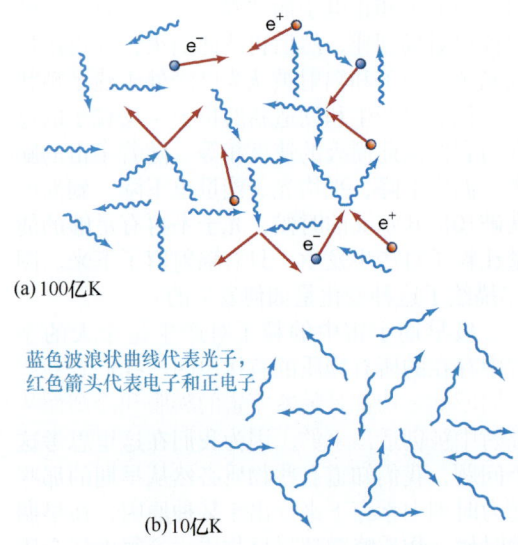

▲图5.3 热平衡

（a）在100亿K的高温下，大部分光子有足够的能量来产生粒子 – 反粒子对（电子 – 正电子对），所以这些粒子数量庞大，能够与辐射平衡。图中e–代表电子，e+代表正电子。（b）在约10^9K以下，光子的能量太少，不足以使粒子对产生发生，所以电子和正电子不再与背景辐射场处于热平衡状态。

根据模型，在宇宙存在的头100s左右，就产生了构成我们今天所知道的所有物质的基本成分。当温度下降到低于10^{13}K时，质子和中子冻结出来，当时宇宙的年龄只有0.000 1s。更轻的电子在更晚些时候冻结出来，在大爆炸后大约1min左右，当温度低于10^9K时。这个宇宙演化的"物质创生"阶段结束于电子——已知最轻的基本粒子——从冷却的原始火球中出现时。从那时起，物质继续演化，聚集成越来越复杂的结构，并最终形成了原子、行星、恒星、星系和我们今天看到的大尺度结构。但就实质上而言，自那个很早的时期以来，并没有创建新的物质。

概念理解 检查

✓ 早期宇宙是辐射主导的这一说法意味着什么

5.2 宇宙的演化

在大爆炸后最初的几千年,宇宙是小而致密的、由辐射主导的。我们将这一时期称为**辐射期**。有些物质在此期间存在,但它只是原始大爆炸火球的盲目的伽马射线的污染物。之后,在**物质期**,物质变成了主导。随着宇宙朝着我们今天看到的状态冷却和变稀疏,原子、分子和星系形成了。今天,我们生活在**暗能量期**,暗能量正在成为宇宙中越来越重要的组成部分。

让我们对早期宇宙的研究从对开始于大爆炸的宇宙历史的总体时代的概述开始。图5.4描绘了宇宙的温度和密度是如何在辐射期和物质期迅速下降的,并确定了宇宙发展的8个显著时代。请注意随着我们从左往右,水平轴上的时间尺度是如何从1s的一小部分增加到数千年的——宇宙的变化率随着宇宙膨胀很明显地大幅放缓。我们将在未来的几节里更加详细地专注于这些时代,但我们不能忽视大的图景和各个时代所在的地方。

在大爆炸之前?

大爆炸是时空的**奇点**——目前的物理定律表明,宇宙大小为零且有着无限的高温和密度的一瞬间。正如我们在《今日天文——恒星:从诞生到死亡》第11章中看到的——当时我们讨论了黑洞中心的奇点——这些预测不应该过于按照字面意思去理解。奇点的存在释放出这样的信号:在极端条件下,做出预测的理论——在这种情况下是广义相对论——已经被破坏了。

目前,还没有理论能让我们越过宇宙开始时的奇点。我们没有方法能描述这些最早的时候,所以我们也没有办法回答这个问题——"在大爆炸**之前**是什么?"事实上,由于我们目前所了解的物理规律,这个问题本身可能毫无意义。大爆炸代表整个宇宙的开端——质量、能量、空间和时间在那一瞬间才出现。在没有时间的情况下,"之前"这个概念便不存在。因此,一些宇宙学家认为,询问在大爆炸之前发生了什么,有点像问北极的北边有什么一样!然而有些人不同意,认为当正确的量子引力理论——所谓的"关于一切的理论",统一了引力和量子力学——被建立起来后,会消除奇点,使我们能够知道在大爆炸之前是什么。

宇宙的诞生

虽然可以忽略创世本身的那一刻,但理论家仍然认为,根据今天的物理学,我们只能了解大爆炸后一个非常短的时间——事实上仅为10^{-43}s——之后的宇宙中的物理环境。

为什么理论家不能把我们的知识应用于大爆炸本身?答案是,我们目前没有一种理论能够描述在最早期的宇宙。在大爆炸后仅10^{-43}s时,宇宙处于极高温和极高密度的极端环境中,引力和其他基本力(电磁力、强力、弱力,详见详细说明5-1)不能被区分——与我们今天看到这些力有完全不同的特点,见表5.1。这四种力在早期据说是统一的——在效果上,只有一种自然力。

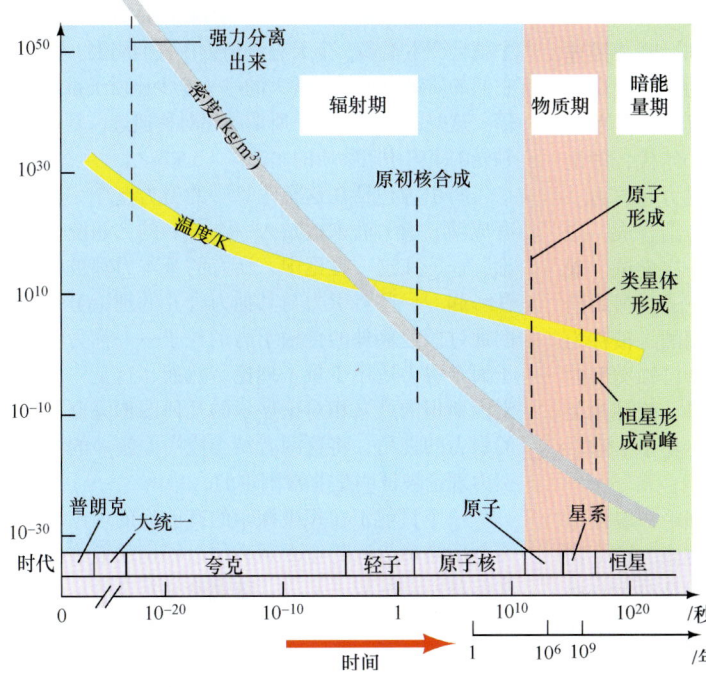

▲图5.4 **宇宙历史的时代**
贯穿宇宙历史的平均温度和平均密度。在最早的时候,宇宙是一个辐射的海洋,只有一种统一的自然力。随着宇宙的膨胀和冷却,宇宙历史上后来的一些关键事件被标了出来,我们将在后面的章节中进行讨论。

探索5-1

关于基本力的更多知识

我们曾指出，宇宙中所有物质的行为是由三个基本力支配的：引力、电弱力（电磁力和弱力的统一）、强（核）力。在地面实验室中，这些力显示出来的性质互相之间有很大的不同（表5.1）。引力和电磁力是长距离、遵循平方反比的力，而强力与弱力的有效范围很短——分别为10^{-15}m和10^{-17}m。此外，这些力并不是作用于同样的粒子。引力作用于一切；电磁力只作用于带电粒子；强力在原子核粒子——如质子和中子——之间起作用，但它不作用于电子和中微子；弱力在某些特定的核反应和放射性衰变中展现出来。强力比电磁力强137倍，比弱力强100 000倍，比引力强10^{39}倍。

事实上，在原子核层次之下有更多的结构。质子和中子不是大自然真正的"基本"粒子，它们实际上是由被称为**夸克**的亚微粒子构成的。（这个名字来源于小说家詹姆斯·乔伊斯在他的著作《芬尼根守灵夜》中创造的一个毫无意义的词。）根据当前理论，宇宙中有6种不同类型的夸克（它们的名字很隐晦：上、下、粲、奇、底、顶）。我们所说的强力实际上是一个将夸克彼此结合在一起的相互作用的表现。

从表面上看，人们可能想象不到，刚才描述的完全不相似的力之间有任何隐含的、更深层次的联系，但有确凿证据表明，它们真的只是单一的基本现象的不同方面。在20世纪60年代，理论物理学家成功地用电弱力来解释电磁力和弱力。此后不久，又进行了将强力和电弱力结合成一个单一的、无所不包的"**超力**"的第一次尝试。现代版的这个超力的一个中心思想是，通过强力而相互作用的夸克，与只受电弱力作用的、被称为轻子的粒子之间是——对应的。六种已知类型的夸克与六种不同类型的轻子——电子，两种相关的"类电子"粒子（称为μ介子和τ介子）和三种类型的中微子——成对。

将强力和电弱力结合在一起的理论一般被称为**大统一理论**，缩写为GUTs。（请注意，这个词是复数——目前尚无某个GUT被证明是对大自然唯一正确的描述）。对大统一理论的一个总体预测是，这三个非引力的力只有在极端高能的情况下才是无法区分的——对应的温度超过10^{28}K。在该温度之下，超力分裂成两个，显示出其单独的强力和电弱力特点。按照粒子物理学的说法，我们说，在强力和电弱力之间有一个对称，这个对称在温度低于10^{28}K时会破缺，让这两个力的不同特征显现出来。在"低"温时——低于约10^{15}K，这个温度覆盖我们所知的在地球和恒星上几乎所有东西的范围——有第二个对称破缺，电弱力分裂，显露出我们更熟悉的电磁力和弱力的性质。

电弱理论的关键预测在20世纪70年代得到了实验验证，让理论的原创者（谢尔登·格拉肖、史蒂文·温伯格和阿布杜思·萨拉姆）获得了1979年的诺贝尔物理学奖。大统一理论尚未得到实验验证（或否定），这在很大程度上是因为，必须达到极高的能量才能观测它们的预测。

强力和电弱力是可以统一的！认识到这一点，便引发了一个重要的思想，即**超对称**的概念——将基本力之间存在对称的想法扩展到让所有粒子——那些与力起作用的粒子（如质子和电子）和那些传播这些力的粒子（如光子和胶子，见5.4节）——都平等。超对称的一个特别重要的预测是，所有的粒子都有所谓的超对称伙伴——必须存在的以便使理论保持自洽的额外的粒子。所有这些新粒子尚未被发现，但许多物理学家确信该理论是正确的。

这些新的粒子，如果它们存在的话，在大爆炸中就会产生很多，今天应该仍然在我们周围。预计它们的质量也将是非常大的——至少比质子重1000倍。这些新的粒子——所谓的超对称遗迹，是目前领先的宇宙中暗物质的候选体（5.5节）。

将引力包括在这幅图景中的努力迄今一直没有成功。引力尚未被纳入一个单一的"超统一理论"——在这一理论中，所有的基本力都被合并在一起。一些将引力与其他力合并的理论努力试图通过假定额外的传输引力的粒子——称为引力子而令引力适用于量子理论。然而，这是一个与爱因斯坦的广义相对论展示的几何图形完全不同的引力的视角，将这两者结合成一个统一的量子引力理论被证明是非常困难的。

一个目前正在积极探索的有前途的理论，旨在利用被称为**弦**的亚微观物体以特别的模式振动来解释所有的粒子和力。**弦理论**是复杂的，但它解决了许多棘手的技术问题，许多理论家认为，它目前对统一自然力提供了最大的保证。虽然如此，但我们仍然要意识到，目前没有理论能成功地对极早期宇宙的环境做出任何明确的说法。一个完整的量子引力理论在继续困扰着研究人员。

表5.1 基本力和粒子

力度	范围/m	起作用的粒子	统一（温度）		
强力	10^{-15}	夸克组成的物质（质子、中子等）	电弱力 (10^{15}K)	大统一理论/超力 (10^{28}K)	量子引力 (10^{32}K)
电磁力	无限	带电粒子（质子、电子等）			
弱力	10^{-17}	轻子（电子、μ介子、τ介子、中微子）			
引力	无限	一切			

结合量子力学（对微观现象的正确描述）与广义相对论（描述最大尺度上的宇宙）的理论一般被称为量子引力论。从大爆炸开始到10^{-43}s这段时间通常被称为**普朗克时代**，以量子力学的创造者之一马克斯·普朗克命名。不幸的是，至少在目前还没有得出可行的理论，所以我们根本无法有意义地讨论在普朗克时代的宇宙。

到普朗克时代的结束，温度为约10^{32}K，宇宙充满了辐射和由粒子对产生机制创造的众多亚原子粒子。大约在那个时候，引力从其他的自然力中分离出来——从那时起，它与其他力不同了，并自那以后一直保持独特性。而强力、弱力和电磁力还是统一的。描述这个时代的现代理论被统称为大统一理论，缩写为GUTs（见**详细说明5-1**）。因此，我们将这一时期称作大统一时代。

冻结

大统一理论预测，大自然四个基本力之中的三个——电磁力，以及原子核中的强力和弱力——实际上是一个单一的、无所不包的"超力"的不同方面。但是，这种统一明显只在极高能量下才会出现——对应的温度超过10^{28}K，在较低的温度下，超力显示出其单独的电磁力、强力、弱力的方面。

量子物理学的一个基本概念是这样一个想法：基本粒子之间的力靠另一种类型的被统称为玻色子的粒子的交换而起作用或被**介导**。我们可以将两个粒子想象为在玩快速抛掷游戏，将**玻色子**作为一个球，如图5.5所示。当球被来回抛时，力就被传递了。例如，在普通的电磁学中，所涉及的玻色子是**光子**——总是以光速运行的电磁力的集合。强力是由被称为**胶子**的粒子介导的。电弱理论共包括四个玻色子——无质量的光子和其他三个大质量的粒子，被称为（由于历史原因）W^+、W^-和Z^0，所有这些粒子已经在实验室的实验中被观测到了。以此类推，引力（在理论上）是被**引力子**介导的。所有我们目前在这本书中遇到的粒子——电子、质子、中子、中微子——都会至少"抓"住这些"球"中的一些。

在第5.1节中，我们看到粒子是如何从宇宙中被"冻结出来"的——随着宇宙的温度降到令粒子对的产生活动停止的阈值温度以下。现在我们知道，自然界的基本力是被粒子介导的，我们也可以明白——至少在总体上——随着宇宙的冷却，基本力是如何冻结的。根据大统一理论，统一强力和电弱力的粒子是非常大质量的——至少有质子质量的10^{15}倍（可能还要大得多）。正是因为这个粒子是如此大质量的，强力和弱电力的统一才仅在极高的温度下才会变得明显。

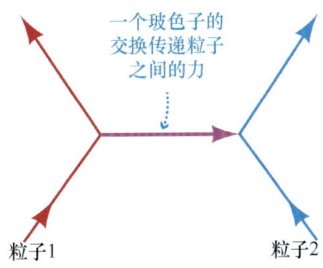

▲图5.5 **基本力**
粒子之间的基本力通过其他被称为玻色子的粒子的交换来传输。当两个粒子相互作用时，它们交换玻色子，有点儿像玩亚微观球的抛掷游戏。

在低于10^{28}K的温度下，强核力与电弱力（弱力和电磁力的统一）区别开来。一旦宇宙冷却到那个温度——在大爆炸后大约10^{-35}s——大统一时代就结束了。根据很多大统一理论，那个时代的一个重要遗产可能是形形色色的基本粒子——只与正常物质有非常微弱的相互作用的非常大质量（尚未观测到）的奇异粒子——的出现和随后的冻结出来。这些"奇异"的粒子是暗物质——被认为大量存在于星系内和星系际空间看不见的深处的未知成分——的最佳候选体。
∞（1.6节、3.1节）

夸克和轻子

我们下一个对辐射期的主要细分涵盖了这样一个时期——所有"重"的基本粒子——也就是说，按照质量从高到低：质子、中子和组成它们的夸克——与辐射处于热平衡。我们将这一时期称作夸克时代，因为夸克是通过强力而相互作用的所有粒子的基本组成部分。

宇宙继续膨胀和冷却。在温度约10^{15}K（大爆炸后10^{-10}s）时，电弱力中的弱力和电磁力开始显示其各自的特征。负责电弱力的W粒子和Z粒子的质量是质子质量的约100倍。它们产生的阈值温度——大约10^{15}K——标记出弱力和电磁力分道扬镳的这个点。

大爆炸之后大约0.1ms（10^{-4}s），温度已降至远低于10^{13}K，这是创造质子和中子（夸克组成的最轻的稳定粒子）的阈值温度，夸克时代结束了。现在，宇宙的主要成分是轻质粒子——μ介子（详细说明5-1）、电子、中微子和它们的反粒子——它们与辐射仍处于热平衡中。比较这些较轻粒子的数目，在这个阶段只剩下极少数的质子和中子，大多数都被消灭了。

电子，μ介子和中微子被统称为轻子（leptons），这个词的词源是希腊词"轻的"（即不重）。因此，我们把宇宙历史的这一时期称为轻子时代。在那个时代，在温度约为3×10^{10}K的情况下——大爆炸后大约1s——迅速变稀薄的宇宙变得对中微子透明，这些幽灵般的粒子从那以后便可以自由在空间中穿梭。（自从宇宙诞生几秒钟以后，大多数中微子便不与其他任何粒子相互作用了！）当宇宙年龄大约是100s时，轻子时代结束了，温度下降至约10^9K——这个温度太低，以至于电子–正电子对的产生不能发生。这个时候，宇宙的密度是水密度的10倍左右。

当质子和中子开始融合成较重的原子核时，辐射期最后的显著事件发生了。在这个时期的开端——我们将其称之为核时代——温度是几亿开尔文，融合发生得非常迅速，在环境变得太冷以至于进一步的反应不能发生之前，接连快速的形成了氘（"重"氢）和氦。到那时，宇宙的年龄大约是15min，很多我们今天所观察到的氦已经形成。

物质和暗能量期

随着时间的流逝，宇宙不断膨胀并冷却，辐射让位给物质，后者成为宇宙的主导成分。我们的下一个主要时代在时间上从大爆炸后50 000年（辐射期结束）延伸至大约1亿年。由于原始火球的强度减弱，一个至关重要的变化发生了——也许是宇宙历史上最重要的变化。在核时代的结尾，辐射仍然压倒物质。与质子和电子的结合一样快，辐射再次打破它们将它们分开，阻止了即使是最简单的原子或分子的形成。然而，随着宇宙的膨胀和冷却，早期的辐射主导的情况最终结束了。原子一旦形成，就会保持完整。我们称这个时期为原子时代。它在大爆炸后2亿年结束。那时，第一代恒星形成了，它们强烈的辐射让宇宙再电离。

最后两个时代一起带领我们到宇宙目前的年龄。在这些靠后的时期，变化以更稳重的步伐发生。在宇宙大约30亿岁的时候，大尺度结构和大多数星系形成了。第一次，宇宙在宏观尺度上不再均匀。辐射期总体均匀的宇宙成了包含巨大物质团块的宇宙。我们把大爆炸后2亿年到30亿年这段时期称为星系时代，因为当时的主要事件都与星系的构建有关。在它结束时，大尺度结构和大多数星系的主要部分已经形成，类星体在明亮地闪耀，初代恒星在燃烧和爆炸，帮助决定它们的母星系未来的形状。

从那时起，星系继续并合和演化，恒星形成率达到高峰，行星和生命出现在宇宙中。最后这两个时代，包括当前的 恒星时代——之所以这样命名，是为了那些在星系内正在形成的无数恒星。

概念理解 检查

✓ 为什么越来越轻的粒子随着宇宙的膨胀而从宇宙中"冻结出来"？

5.3 原子核和原子的形成

我们现在有了完成我们的元素创造故事的所有原料。恒星核合成理论非常好地解释了观测到的宇宙中重元素的丰度，但当涉及轻元素（尤其是氦）的丰度时，也有理论和观测之间的差异。简而言之，今天宇宙中氦的总量——以质量算约占25%——这个量太大了，无法只用恒星的核聚变来加以解释。广为接受的解释是，氦的这个基本水平是 原初的——也就是说，它在宇宙早期很热的时代，在任何恒星形成之前，就被创造出来了。大爆炸后不久，通过核聚变生产比氢重的元素的过程被称为**原初核合成**。

早期宇宙中氦的形成

大爆炸后约100s，温度已下降到约10亿开，从"奇异的"暗物质粒子中分离出来，宇宙中的物质由电子、质子和中子组成——在数量上，质子超过中子，比例约5∶1。发生核聚变的舞台已经搭好。质子和中子结合产生氘原子核（简称为 氘核），含有1个质子和1个中子：

$$^1H（质子）+中子 \rightarrow {}^2H（氘）+能量$$

虽然这种反应在轻子时代必然频繁发生，但当时的温度还是如此高，以至于氘原子核在它们形成时就被高能伽马射线打碎了。宇宙不得不等待，直到它变得足够冷，氘才能生存下去。这段等待时间有时也被称为 氘瓶颈。

只有当宇宙的温度跌破大约9亿开时——在大爆炸后大约2min，氘终于能够形成和持续。一旦这件事发生，氘迅速通过众多反应转化成较重的元素，包括：

$$^2H+{}^1H \rightarrow {}^3He+能量$$
$$^2H+{}^2H \rightarrow {}^3He+中子+能量$$
$$^3He+中子 \rightarrow {}^4He+能量$$

其结果是，一旦宇宙通过了氘瓶颈，融合便迅速进行，形成大量的氦。在短短的几分钟内，大多数自由中子都被消灭了，留下了一个物质含量主要是氢和氦的宇宙。图5.6描绘了一些导致氦形成的反应。将其与《今日天文——恒星：从诞生到死亡》第5章图5.27对比，后者描绘了今天氦在如太阳这样的主序星的核心是如何形成的⊖。

我们可以想象，这种融合可能继续创造越来越重的元素，就像在恒星的核心发生的那样，但是这并没有发生。在恒星里，密度和温度随着时间的推移都在慢慢 增加，允许越来越大质量的核形成，但在早期宇宙中却是完全相反的。温度和密度都在迅速 下降，使得随着时间的推移，环境对融合越来越不利。在中子的供应完全用光之前，核反应就被有效地停止了。在这个时候，氦原子核和质子之间的反应也许同样形成了微量的锂（氦之后的元素），但实际上，宇宙膨胀时的融合停留在氦上。原初核合成的短暂时代在开始约15min后就结束了。

到核合成期结束时——约大爆炸后1000s，宇宙的温度是约3亿开，宇宙的元素丰度确定了下来。仔细的计算表明，每一个氦原子核的形成都对应约12个质子剩余下来。因为一个氦原子核的质量是质子的4倍，氦在宇宙物质的总质量中占约四分之一：

⊖ 驱动太阳的质子－质子链在原初氦形成中没有发挥显著作用。开始了该反应链的质子－质子反应与这里讨论的质子－中子反应相比是很慢的，同时它之所以在太阳里重要，仅仅是因为太阳内部不包含使后者的反应成为可能的自由中子。

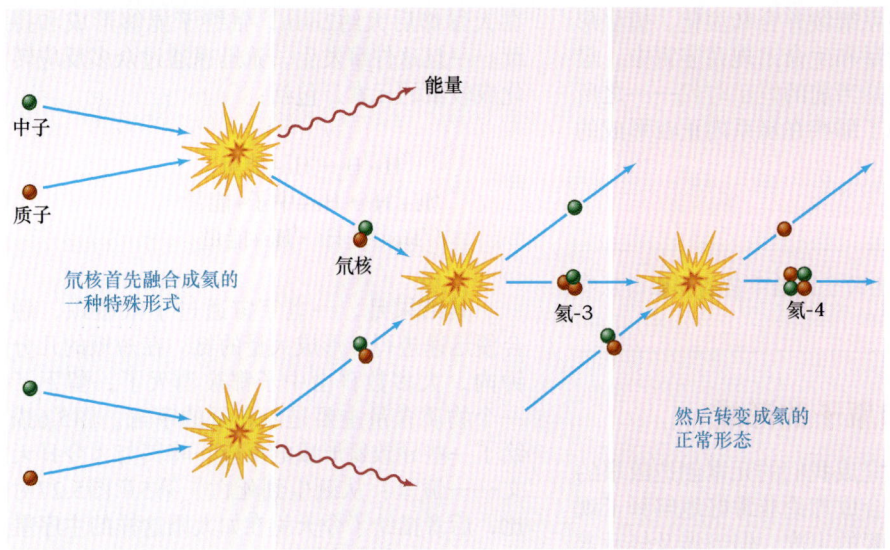

▲图5.6 **氦形成**
在早期宇宙中导致氦形成的一些反应序列。（回想一下，氘核是氘的原子核，即重氢）。

$$\frac{1个氦原子核}{12个质子+1个氦原子核} = \frac{4质量单位}{12质量单位+4质量单位}$$

$$= \frac{4}{16} = \frac{1}{4}$$

宇宙中其余75%的物质是氢。直到几乎10亿年之后，恒星中的核合成才会改变这些数字。

上述计算意味着，所有的恒星和星系的质量中应该包含至少25%的氦。例如，在太阳中的这个数字约为28%。但是，很难厘清原初核合成和后来在恒星里的氢燃烧对今天的氦丰度的贡献。我们确定原初氦数量的最大希望是研究已知最古老的恒星，因为它们形成得很早——在恒星核合成有时间来显著改变的宇宙氦含量以前。不幸的是，从早期一直存在到现在的恒星是低质量的，因此相当冷，使其光谱中氦的谱线非常微弱，难以被精确测量。然而，尽管这是不确定的，但观测与刚才所描述的理论总体上是一致的。

记住，当这一切进行时，在辐射主导的宇宙中，物质只是一个微不足道的"污染物"。在氦形成时，辐射所占的量是物质质量的约5000倍。氦的存在对确定今天恒星的结构和外观是非常重要的，但它的创造与那时宇宙的演化完全不相关。

氘和宇宙的密度

在原子核时代，虽然大多数氘刚一形成就很快融合成氦，但在原初核反应停止时，仍然有少量氘遗留下来。对氘的观测——特别是由那些在太空中的卫星做出的，能够捕捉到氘最强的光谱特征，恰好发射在光谱的紫外波段——表明，目前的氘丰度约为每10万个质子，2个氘原子核。然而，不像氦，氘在恒星中不会被显著地生产出来（事实上，氘往往在恒星中会被摧毁），所以我们今天看到的所有的氘都必然是原初的。

这一观测对天文学家是非常重要的，因为它为他们提供了一个灵敏的方法——并且完全独立于前面章节中所讨论的技术——探测当今宇宙中物质的密度。根据理论，如图5.7中所示，今天的宇宙密度越大，在早期就有越多的粒子在氘形成时就与之发生反应，于是在核合成结束时留下的氘就越少。观测到的氘丰度（在图上标出）与理论结果的比较，意味着今天的密度至多为$5 \times 10^{-28} \text{kg/m}^3$——只有临界密度的百分之几。

因此，宇宙中物质的大部分（约90%）明显是以难以捉摸的亚原子粒子的形式存在（例如，在第1章中讨论的，作为暗物质候选体的WIMPs），而这些粒子我们并不完全了解其性质，其是否真的存在，还没有在实验室的实验中被最终证实。∞（1.6节）为简便起见，从这里开始，我们将约定，"暗物质"这个词只是指那些未知的粒子，而不是指"恒星类"暗物质，比如黑洞、褐矮星和白矮星（也在第1章中讨论过）——它们是由了解得相对比较充分的正常物质构成的。

第一个原子

大爆炸后数万年，辐射不再是宇宙的主要组成部分，物质期开始了。在原子时代的开始，物质由电子、质子、氦原子核（原初核合成形成的）和暗物质组成。温度为数万开尔文——对氢原子的存在而言过于热了（虽然一些氢离子可能已经形成）。在随后的几十万年中又发生了重大变化：宇宙又膨胀了十倍，温度降到几千开尔文，电子和原子核结合形成中性原子。当温度下降到约3000K的时候，宇宙便由原子、光子和暗物质组成了。

原子核和电子结合形成原子的时期被称为**退耦**时代，因为正是在这个时代，背景辐射与正常物质分离开来。许多天文学家也将此阶段称为**复合期**（虽然从技术上来讲，质子和电子在之前从未被结合成原子的形式）。

在早期，物质被离子化，宇宙中充满大量的在所有波长上与电磁辐射频繁相互作用的自由电子。结果，光子跑不了多远就会遇到一个电子，并将其散射出去。实际上，宇宙对辐射是不透明的。物质和辐射被这些相互作用强烈"绑定"——或"耦合"——在一起。在电子与原子核结合形成氢原子和氦原子后，只有特定波长的辐射——与这些原子的谱线相符合的辐射——才能与物质发生相互作用。其他波长的辐射几乎可以永远旅行下去而不被吸收。因此，宇宙变得几乎透明。从那个时候起，大部分光子基本上能畅通无阻地穿过空间。随着宇宙的膨胀，辐射一直在冷却，最终成为我们今天所看到的微波背景。

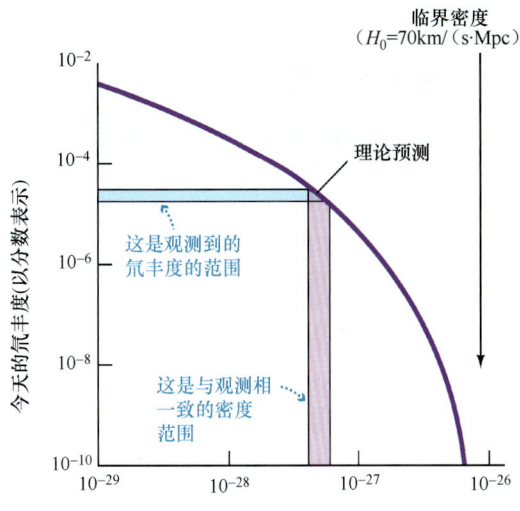

▲ 图5.7　氘丰度
今天的氘丰度在很大程度上依赖于早期存在的物质的量，而这反过来又决定了宇宙今天的密度。因此，测量宇宙中氘的量为我们提供了物质总密度的估计值。对氘最好的测量是在蓝色窄带内，并暗示物质在宇宙中的密度至多为临界值的百分之几。

但在我们根据这个数字跳到任何深远的宇宙结论之前，我们必须做出一个非常重要的限制。正如刚才所描述的，原初核合成**只**依赖于早期宇宙中质子和中子的存在。因此，氦和氘的丰度测量只告诉我们宇宙中"正常"物质——由质子和中子构成的物质——的密度。这一发现对宇宙的整体组成具有重大的意义。正如我们前面看到的，天文学家已经得出了结论，由于各种各样的原因，物质的总密度正好大约是临界值。∞（4.5节）在这种情况下，如果正常物质的密度只有临界值的百分之几，那么我们不得不承认，不仅宇宙中大部分的物质是暗的，而且大部分的暗物质不是由质子和中子组成的。

我们将在第5.5节看到，因为正常物质和暗物质与背景辐射场的相互作用不同，所以对宇宙微波背景辐射的研究使我们能够区分这两种物质。由**普朗克**卫星做出的观测已经发现，正常物质的密度只有临界密度的5%，与基于氘丰度的估计有非常好的一致性。

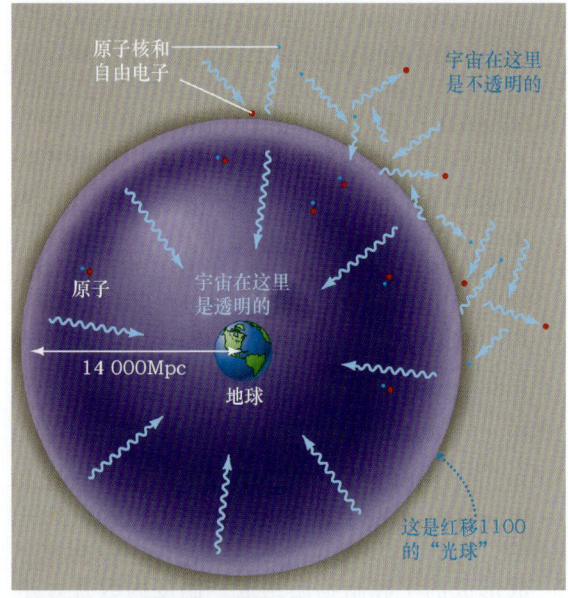

▲ 图5.8 辐射–物质退耦
当原子形成时，宇宙变得对辐射几乎透明。因此，宇宙背景辐射的观测揭示了当红移是1100、温度低于约3000 K时宇宙中的环境。对于我们如何能在宇宙只有140亿岁的情况下看到14 000Mpc（460亿光年）之外的空间区域的解释，见详细说明2–1。

现在地球上检测到的微波光子自它们退耦以来一直在宇宙中遨游。根据最适合观测数据的模型，这些光子最后一次与物质发生相互作用（在退耦时代）是在宇宙大约40万岁时，当时的宇宙比现在小（也更热）约1100倍——也就是在红移为1100处。如图5.8所示，原子形成的时代创造了一种在宇宙中的"光球"，以约14 000Mpc的距离完全围绕地球——在这个距离上，光子在退耦前与物质发生最后一次相互作用。∞（详细说明2–1）

在光球的我们这侧——也就是自从退耦以来——宇宙是透明的，在另一侧——退耦前——它是不透明的。因此，通过观测微波背景，我们探测宇宙的环境几乎是一路逆着时间回到了大爆炸，这非常类似于我们研究阳光能得到的关于太阳表面层的知识。

科学过程理解 检查

✓ 我们怎么知道宇宙中大部分暗物质并不是由"正常"粒子组成的？

5.4 暴胀的宇宙

在20世纪70年代末，试图拼凑出宇宙演化图景的宇宙学家面临着两个让人不得安宁的难题，它们用标准大爆炸模型不能简单地解释。这些问题的解决导致了宇宙学家重新考虑了自己对极早期宇宙的观点。

视界和平度问题

第一个问题被称为**视界问题**，它涉及宇宙微波背景辐射显著的各向同性。∞（4.7节）回忆一下，这种辐射的温度几乎是恒定的，在所有方向上，约2.7 K。想象在天空中两个相反的方向观测微波背景，如图5.9所示。正如我们刚才看到的，这些辐射最后一次和宇宙中的物质相互作用是在红移为1100左右时。因此，观测这两个遥远的宇宙区域——在图上标记为A和B——时，我们正在研究在它们发出这些辐射时相互远离几百万秒差距的区域。背景辐射非常精确的各向同性这一事实意味着，在我们所看到的辐射离开它们的时候，区域A和B有类似的密度和温度。

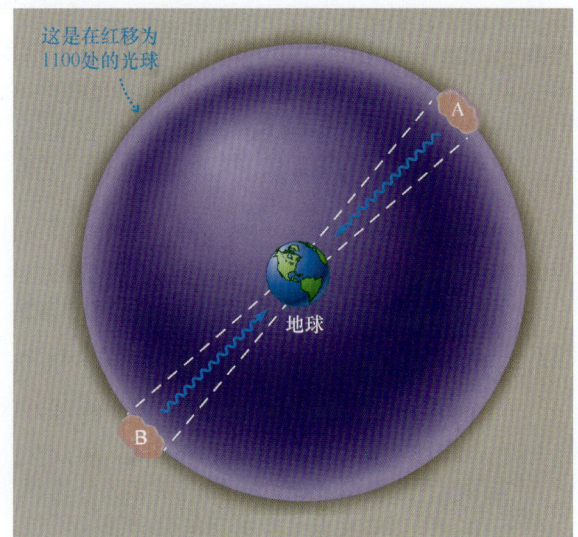

▲ 图5.9 视界问题
微波背景辐射的各向同性表明，当我们现在观测到的辐射离开它们的时候，宇宙中的区域A和B彼此非常相似。但自从宇宙大爆炸以来，没有足够的时间让它们能够彼此相互作用。那么，为什么它们居然看起来一样呢？

问题在于，根据刚才所描述的大爆炸理论，没有很好的理由来解释为什么这些地区实际上应该彼此相似。让我们看一个日常的例子，我们都知道，热量从高温区流向低温区，但需要时间。如果我们在一个房间的一个角落里烧火，我们必须等待一段时间，其他角落才会热起来。最终，房间达到几乎均匀的温度，但必须在火焰的热量——或者，更一般地，这儿有堆火这个信息有时间传播开以后。

类似的道理也适用于图5.9中的区域A和B。这些区域互相分开许多个Mpc，一直没有足够的时间让信息——速度无法比光速更快——从一个地方传递到另一个地方。用宇宙学的说法，这两个地区被称为是在对方的视界之外。但是如果是这样，那么它们怎么"知道"它们应该看起来一样呢？因为它们之间没有通信的可能，唯一的选择是，区域A和B本身就很相似——这是宇宙学家不愿做出的假设。

标准大爆炸模型的第二个问题是所谓的**平度问题**。无论Ω_0的精确值是多少，它似乎都非常接近于1——宇宙的总密度相当接近临界值。用时空曲率来描述的话，我们可以断言，宇宙是显著接近平直的。∞（4.4节），我们在这里说"显著"是因为，再一次，没有特别的理由，宇宙应该形成非常接近临界值的密度。为什么不是临界值的百万分之一或者一百万倍？此外，如图5.10所示，一个宇宙，就算刚开始很接近临界宇宙，但又不与临界宇宙完全重合，其对应的临界曲线很快就会大大偏离临界宇宙，因此，如果宇宙现在在接近临界值，它在过去就必然极端接近临界值。（源于暗能量的加速确实在事实上倾向于将宇宙推向临界密度，但暗能量并没有主导宇宙膨胀足够长的时间，以令这一事实改变我们的基本结论）。例如，如果今天Ω_0=0.3（约等于"已知的"暗物质的密度），那么在核合成的时候，它相对于临界密度的偏离将会只有$1/10^{15}$（一千万亿分之一）！

这些观测之所以构成"问题"，是因为宇宙学家希望能够解释宇宙目前的状况，不只是接受它"就是如此"。他们宁愿在如下物理过程中解决视界和平度问题：可以让宇宙没有任何特殊性质地演化成我们现在看到的样子。要想解决这两个问题，我们需要逆着时间回到甚至早于核合成或形成我们今天所知道的任何基本粒子的时候——事实上，几乎要回到大爆炸本身的瞬间。

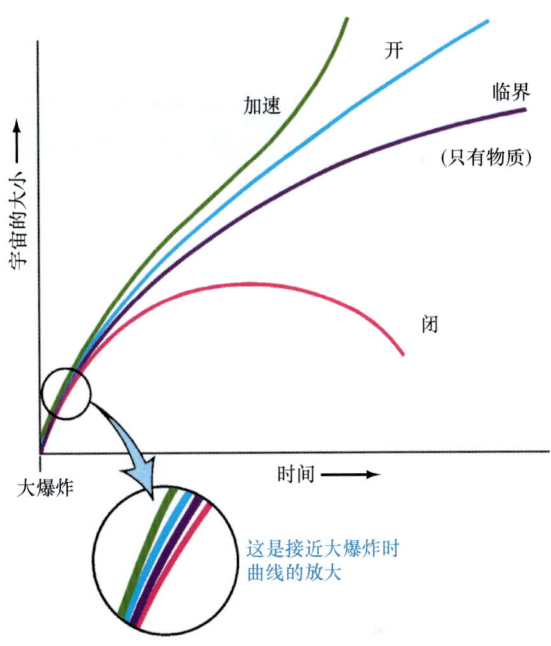

▲图5.10　平度问题
如果宇宙偏离临界密度哪怕只是一点点，这一偏离也会随着时间迅速增长。由于宇宙是像今天这样的如此接近临界值，它必然在过去只偏离临界密度极少的量。

宇宙暴胀

正如我们在第5.2节看到的，在非常早的时期，在大统一和普朗克时代，大多数或所有的自然界的基本力是统一的——也就是说，彼此没有什么区别。描述这种统一的各种理论（例如，在详细说明5-1中总结的）预测——事实上，也依赖于——一个特定的量子力学场的存在，一般在粒子物理学的术语中被称为**标量场**。在这一理论中，该场与粒子的相互作用决定了这些粒子的性质。对于我们的目的，我们可以将这些场想象为宇宙力，渗透所有的空间，与宇宙中的自然粒子分开，但又与后者紧密相关。这些场定义了各种自然力之间的区别，并最终设定了统一发生的尺度。

这一切与宇宙学的关系是什么？在20世纪80年代初，物理学家意识到，这些标量场暂时地增加能量到高于其正常的平衡状态是可能的。基于量子水平的随机涨落，宇宙区域能让自己在这个"升高的"状态保持一段时间。在这种情况下，理论表明，宇宙的这些部分会发现自己处在一个非常奇怪和不稳定的状态——空无一物的空间将获得**真空能量**。这些可能看起来抽象，但这些区域是直接关系到我们的——如果理论家们是正确的，我们就生活在一个这样的区域！

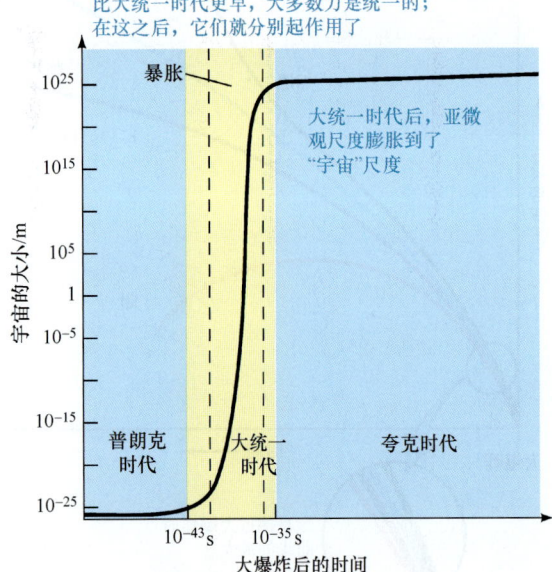

▲ 图5.11　宇宙暴胀
在暴胀时期，宇宙在极短的时间内极大地膨胀了。之后，它恢复了先前的"正常"膨胀速度，但宇宙的大小已比它暴胀之前大了约10^{50}倍。

在这样的区域内——即我们所在的区域——真空能量的临时出现有严重的后果。在一段很短的时间，如图5.11所示，额外的能量导致该区域以巨大的加速率膨胀。当这种情况持续存在时，随着该区域的增长，真空能量密度几乎保持不变，而膨胀随着时间**加速**。事实上，该区域的大小翻了许多番。如图5.11定性地展示了发生在大统一时代结束附近的膨胀，用了多一倍的时间——大约10^{-34}s。这一不受约束的宇宙膨胀时期被称为**暴胀时代**。

实际上，尽管这可能看起来很古怪，但我们已经看到，宇宙确实在这样膨胀——即使在一个悠闲得多的空间中。暗能量（宇宙常数和精质）的领先模型都是标量场，它们的非零真空能量造成了在第4章中讨论的宇宙加速膨胀。∞（4.5节）

最终，标量场回到它的平衡状态，这个区域恢复其正常的真空，暴胀停止了。对图5.11所示的例子，整个事件持续了几乎10^{-32}s，但在这段时间变得不稳定的宇宙的一小块的大小令人难以置信地膨胀了约10^{50}倍。暴胀阶段后，宇宙再次恢复（相对）悠闲地膨胀。然而，发生的一些重要的变化将对宇宙的演变产生深远的影响。

最初的暴胀理论是在20世纪80年代初发展起来的，相关的暴胀时期（见图5.11）在大统一时代结束时。在这种情况下，该标量场是造成强力和电弱力区分开的原因。然而，自那时以来，研究人员已经意识到，适合暴胀的条件可能出现在许多不同的环境下——并可能多次地发生在早期宇宙的演化中。这一概括实际上通过放松暴胀发生在什么时候这一限制将暴胀强化为一种理论，虽然它模糊了如下问题：导致"我们的"宇宙暴胀的时代精确发生在什么时候。

尽管如此，**量子涨落**膨胀成为我们所知道的宇宙这一基本思想现在已相当完善。一些理论家已经走了这么远，表明在普朗克时代的量子涨落可能是导致大爆炸的"扳机"。甚至还有人推测，我们可能生活在一种"自我创造的宇宙"中，它会因为这样的随机涨落而自发地从暴胀中爆发并存在！这类来自绝对空无一物的原始宇宙能量的"统计学"创造，被称为"终极免费午餐。"

注意，有这样一种可能——许多理论家甚至认为其可能性很高——并非宇宙的所有部分都经历了暴胀。只有一些区域变得不稳定，造成了巨大的"泡泡"。我们似乎生活在一个这样的泡泡中，外面的宇宙对我们来说很可能是不可知的。今后，我们的"宇宙"一词将仅指这个泡泡和它的内容物。

对宇宙的影响

暴胀时代为视界和平度问题提供了一个自然的解决方案。视界问题的解决是因为暴胀区域的宇宙有时间来彼此沟通——因此可以建立类似的物理特性——然后拖着它们互相远离，远远超出彼此的通信范围。例如（在图5.11中再次使用该假设），在图5.9中的区域A和B自从创世后10^{-32}s就已经脱离了彼此接触，但在那之前，它们是有接触的。如图5.12所示，它们的性质在今天之所以是相同的，是因为它们在很久之前，在暴胀将它们分开之前，是相同的。

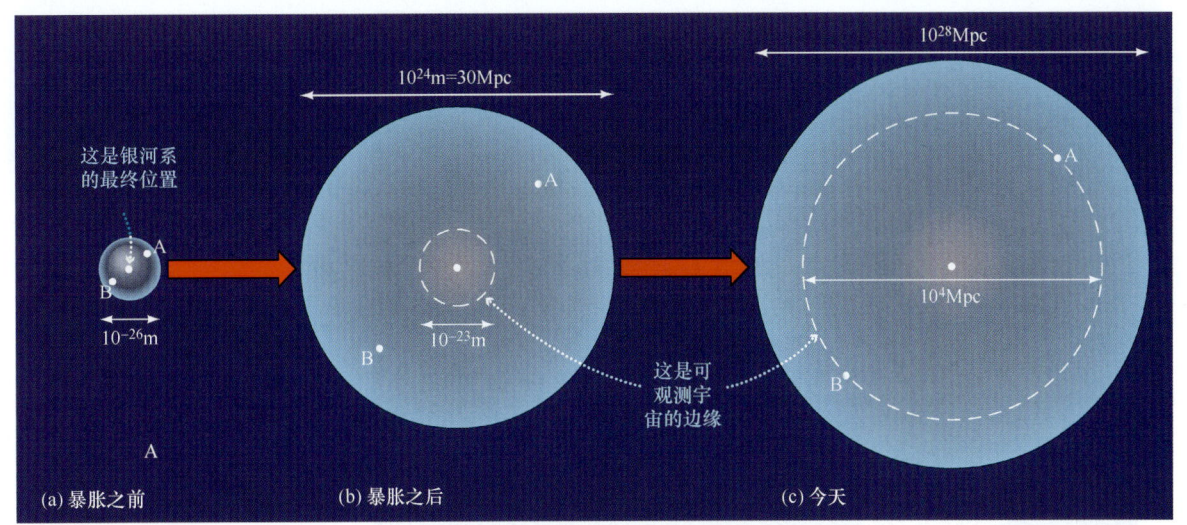

▲ 图5.12 **暴胀和视界问题**
暴胀通过将极早期的宇宙——其中的各个部分有时间彼此相互作用，因此已经变得均匀了——的一个小区域膨胀到巨大的尺寸，解决了视界问题。在（a）中，点A和B非常好地位于宇宙的（阴影的）以银河系的最终位置为中心的均匀区域内。在（b）中，暴胀之后，A和B远远超出了视界（用虚线表示），所以从我们的位置它们不再可见。随后，视界膨胀比宇宙作为一个整体的膨胀更快，使得今天（c）A和B只是刚好重新进入我们的视野。它们现在有相似的性质，因为它们在暴胀时代之前就有相似的性质。

图5.12（a）显示了在暴胀发生前宇宙的一小块。这一点——有一天将会成为银河系所在位置的那个点，位于阴影区域的中心，阴影区域代表在那个时候对那个点而言"可见"的空间部分——就是说，从大爆炸以来有足够的时间让光从这个区域的边缘传播到中心。这整个地区几乎是均匀的，因为它的不同部分已经能够彼此相互作用了，所以各部分之间任何初始的差异在很大程度上都被平滑掉了。图5.9的点A和B也被标记了出来，它们位于均匀的小块内，所以它们有非常相似的性质。阴影区域的实际大小是约10^{-26}m——只有质子大小的一万亿分之一。

如图5.12（b）所示，在暴胀之后，均匀的区域立即膨胀了50个数量级，扩大到直径为约10^{24}m，或30Mpc——比最大的超星系团更大。相比之下，宇宙的可见部分，由虚线表示，仅增长了一千倍，仍是微观的大小。实际上，在暴胀时代，宇宙的膨胀速度远远超过光速，因此，曾经位于后来成为我们的银河系所在位置的点的视界内的地方，现在远远地超出了其视界之外。在这个时候，点A和B已经不再可见，无论是对我们而言或对彼此而言。（注意，虽然相对论限制了物质和能量的速度必须小于光速，但对于作为一个整体的宇宙而言，并没有这种限制。）

自从暴胀结束以来，宇宙已经进一步扩大了10^{27}倍，所以现在围绕我们的空间均质区域的大小是约10^{51}m（10^{28}Mpc）——比最遥远的类星体远10亿亿亿倍。如图5.12（c）所示，视界的膨胀速度比宇宙快，那么点A和B在现在刚好变得再次可见。随着时间的推移，我们可观测的宇宙会逐渐膨胀到这样一些区域——它们其实很久以前就在我们的视野内，只不过因为暴胀而被瞬间拉出了我们的视野。我们将不得不等待很长的时间——至少10^{35}年——才能等来围绕我们的均匀小块的边界再次进入我们的视野。

要了解暴胀如何解决平度问题，让我们回到我们之前的气球类比。∞（4.2节）想象你是一个1mm长的蚂蚁，坐在气球的表面上，并随着它膨胀，如图5.13所示。当气球的直径只是几厘米时，你可以很容易地察觉它表面是弯曲的——它的周长只有你自己大小的十几倍。当气球膨胀到，比方说直径几米的时候，其表面的曲率就没那么显著了——但你也许仍然能感觉到它。然而，当气球膨胀到直径几千米时，其表面的"蚂蚁大小"的小块会显得相当平整，就像对我们而言，地球表面看上去也很平一样。

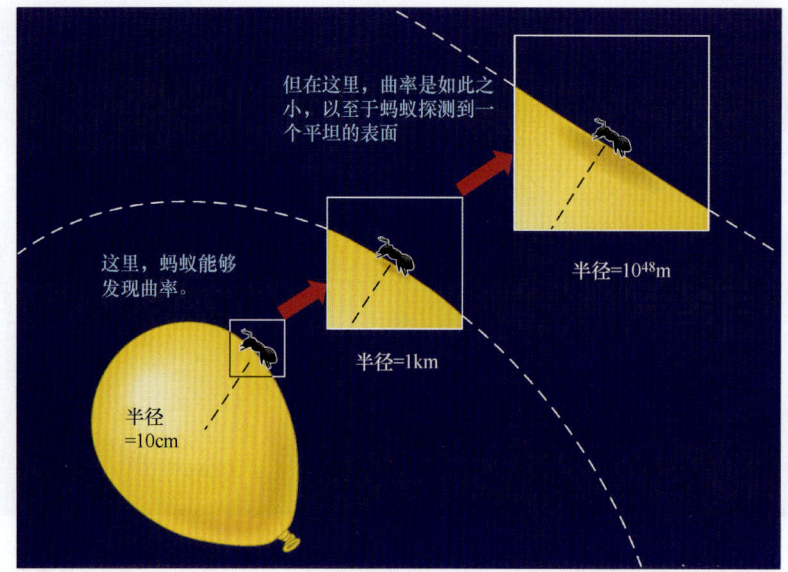

▶图5.13 **暴胀与平度问题**
暴胀通过一个曲面的极度膨胀解决了平度问题,这里通过一个气球的表面来表示。对于一个在表面上的蚂蚁而言,当膨胀完成时,气球看上去几乎是平的。

现在想象气球膨胀了100亿亿亿亿亿亿倍,如同宇宙在暴胀时期确实经历的那样。你所在的小块的表面现在看起来与一个完美的平面没有任何区别,平整度的偏差不超过 $1/10^{50}$。完全一样的道理也适用于宇宙:因为它已经膨胀了这么多,实际上在我们任何可能观测的尺度上,宇宙都是完美平直的。

请注意,平度问题的这个解释——宇宙之所以显得十分接近平直,是因为宇宙实际上就是在很高的精度上非常平直的——有一个非常重要的推论:因为宇宙是几何平直的,相对论告诉我们,总密度必须正好等于临界值,即 $\Omega_0=1$。∞(4.4节)这是一个关键结论,导致我们在第4章总结出的暗能量——不管它是什么——都必然主宰着宇宙的密度。∞(4.5节)因此,理论和观测的双重压迫使我们得出这一结论:不仅大部分暗物质(5.3节),<u>而且大部分的宇宙密度都完全不是</u>由物质组成的!

作为一个理论的暴胀

尽管暴胀以一个相当有说服力的方式解决了视界和平度问题,但在其提出将近20年后,该理论却遭到了许多天文学家的反对。主要原因是,它做出的 $\Omega_0=1$ 的预测是清楚地,与越来越多的证据——证明宇宙中物质的密度不超过临界值的30%左右——不一致。事实上,许多宇宙学家<u>在</u>考虑这样一种可能性:一个宇宙学常数提供了一个方法来解释剩余的70%的宇宙密度,但没有独立的佐证的话,就不能做出一个结论性的判断。这就是为什么超新星的观测是如此重要:通过提供宇宙膨胀率在加速的经验证据,它们建立了暗能量影响的独立证据;并且,在这样做时,它们调和了暴胀与其他有差异的观测。∞(4.5节)

物理学家可能永远不会在地面实验室中建立起哪怕是在很小程度上的类似宇宙在暴胀时代存在过的环境。建立我们自己的真空能量(在安全上)超出了我们的能力。然而,宇宙暴胀似乎是许多大统一理论的一个自然结果。它解释了大爆炸理论的两个棘手问题;并且,随着对宇宙加速的观测,它也能很好地解释包括了暗能量的宇宙物质密度。

出于所有这些原因,尽管对这一过程没有直接的证据,但暴胀理论已成为现代宇宙学的一个必要部分。暴胀对目前星系的形成理论至关重要的宇宙大尺度几何形状和结构做出了明确的、可供检验的预测。在下一节中我们将看到,天文学家们现在正在对这些预测进行严格的审查。

概念理解 检查

✓ 为什么暴胀理论意味着宇宙的大部分能量密度可能既不是物质也不是辐射?

5.5 宇宙中结构的形成

正如恒星形成于星际云的不均匀性——相对于完全均匀密度的偏差,所以星系、星系团,以及更大的结构,也被认为是从膨胀的宇宙物质中小的密度起伏而成长起来的。

这些密度起伏从何而来?根据目前的结构形成理论,它们是极早期宇宙的微观"量子"涨落的结果,并因为暴胀的作用而膨胀到宏观尺度!在一个非常现实的意义上说,紧跟着大爆炸之后的量子宇宙是今天我们看到的我们周围所有宇宙结构的祖先。

给定在原子和星系时代宇宙中的环境(表5.1),宇宙学家计算出,包含超过大约100万倍太阳质量的密度高于平均水平的地区会开始收缩。因此,有一种天然的倾向,百万太阳质量的"前星系"天体会形成。在第3章中,我们学习了这些前星系碎片可能会如何通过相互作用和并合形成星系。∞(3.3节)在本章的其余部分,我们将主要关注尺度大得多的结构的形成。

不均匀性的成长

到20世纪80年代初,宇宙学家已经认识到,星系不可能只涉及正常物质的不均匀性收缩而形成。以下列出的原因导致了这一结论:

1)计算结果表明,在退耦(发生在红移1100处)之前,强烈的背景辐射会阻止正常物质团块发生收缩。物质和辐射太强烈地耦合在一起导致结构无法形成。因此,任何这种团块将不得不等到退耦之后,在它们的密度开始增加之前。

2)因为辐射被"绑定"在正常物质上直到退耦,所以那时物质密度的任何变化都将导致宇宙背景辐射的温度变化——密集的地区将比不那么密集的地区略热。在微波背景中观测到的高度各向同性揭示出,在退耦时,空间的一个地区到另一个地区的任何密度变化必然是很小的——最多是10^5分之几。∞(4.7节)

3)星系——或者至少是类星体——目前已知形成于红移6处。此外,一些理论家认为,为了产生我们今天看到的最密集的星系核,早在红移20时该形成过程就必然已经得到了很好的建立。∞(3.3节)因此,初始的起伏,正如我们刚才看到的,在红移为1100时必然非常小,它们不得不长大,以在红移20时形成第一代恒星和星系。

4)收缩的物质不得不与宇宙的整体膨胀"打架"。作为一个结果,理论表明,这些收缩的前星系团块的密度在可用时间里可能增加的倍数至多为50~100。结果,微波背景的观测允许的微小不均匀性在可用时间里没能成长为星系——在我们知道的星系形成的时候,宇宙仍然会几乎完全均匀。

换句话说,如果星系是从早期宇宙正常物质成分的密度起伏成长而来的,那么该波动将不得不如此巨大,以至于会在宇宙微波背景上留下一个清楚的印记。但是这印记却没有被观测到。

暗物质

那么,正常物质不能说明我们今天看到的大尺度结构。对宇宙学(和地球上的生命)来说很幸运的是,宇宙的大部分由暗物质组成,它具有完全不同于正常物质的性质,它为我们今天所看到的大尺度结构提供了一个自然的解释。无论暗物质的本质是什么,它的明确性质是它与正常物质和辐射的相互作用非常弱,所以它自然地倾向于在引力作用下聚集和收缩,而不被辐射背景所阻碍。在退耦(红移1100)前,暗物质就已经很好地开始了聚集——实际上,宇宙中暗物质成分的密度不均匀性可能已经在物质刚开始主导宇宙时(红移约6000)就已经开始增长了。

由于暗物质不直接与辐射绑在一起,所以这些不均匀性在退耦时可能已经相当大了,对微波背景没有太大的影响。简而言之,暗物质会聚集成团形成宇宙中的大尺度结构,而不会遇到刚才所描述的正常物质所面临的任何问题。

因此,如图5.14所示,暗物质确定了宇宙中质量的整体分布,聚集成团形成了观测到的大尺度结构,不违反微波背景的任何可观测的限制。然后,在稍后的时间,正常物质被引力吸引到了密度最高的地区,最终形成了星系和星系团。这张图片解释了,为什么这么多的暗物质是在可见的星系外面被发现的。发光物质高度集中在密度峰值附近,并在那里主导了暗物质。但宇宙的其余部分大量缺乏正常物质,就像海浪浪峰上的泡沫一样,我们可以看到的宇宙只是总体的一小部分。

下方的图是结构成长的示意图

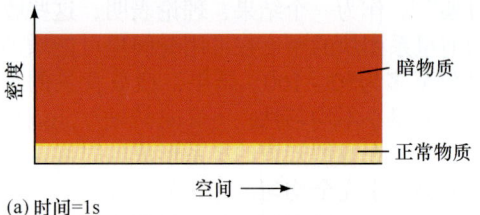
(a) 时间=1s

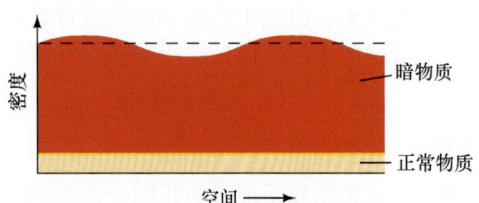
(b) 时间=1000年

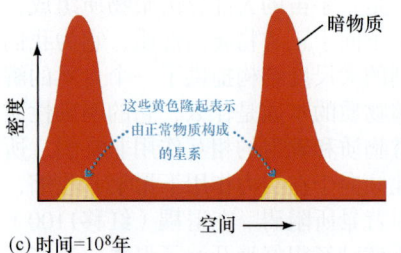
(c) 时间=10^8年

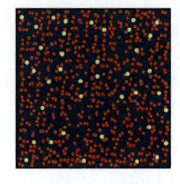

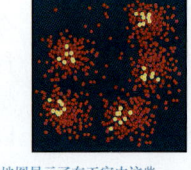

上方的地图显示了在天空中这些结构看起来的样子

解说图5.14　结构形成

宇宙中结构的形成关键依赖于暗物质的存在。(a)极早期宇宙是暗物质(主要的)和正常物质的混合物。(b)大爆炸几千年后，暗物质就开始聚集。(c)最终，暗物质形成大型结构(在这里，由两个高密度的峰指出)，普通物质向这里流动，最终形成了我们今天看到的星系。

鉴于暗物质的本质仍是未知的，理论家有很大的自由选择其性质——当他们试图模拟宇宙中结构的形成时。传统上，宇宙学家将暗物质分为要么是"热"的，要么是"冷"的——基于星系开始形成时它的温度。这两种类型预测出了在今天的宇宙中完全不同的结构。

热暗物质由质量比电子小得多的轻质颗粒组成。中微子似乎有很小的、但是非零的质量，因此是热暗物质粒子的首要的候选体。然而，对一个充满热暗物质的宇宙的模拟表明，与大型结构——如超星系团与巨洞——的形成相当不同，较小尺度上的结构并不是如此。少量热物质会趋于分散，并不会聚集在一起。其结果是，大多数宇宙学家得出结论，基于热暗物质的模型无法解释观测到的宇宙结构。

冷暗物质由非常大质量的粒子组成，可能形成于大统一时代或者更早。计算机模拟建模了以这些粒子作为暗物质的宇宙，确实容易产生小尺度的结构。再加上星系形成于最密集区域这一理解——正如被包含宇宙学常数的模型所详细预测的那样——这些模型也预测了与实际观测符合得很好的大尺度结构。

图5.15显示了一个超级计算机模拟的，由大约30%的物质(大部分是暗的)和70%的暗能量(以宇宙学常数的形式)组成的宇宙的结果。∞(4.6节)黄色圆点代表每一帧中显著的恒星形成发生的区域——红移6处的类星体和今天明亮的相互作用星系。这与显示在图3.21和图4.1中的对宇宙结构的实际观测惊人地相似。更详细的统计分析证实，这些模型与实际情况符合得非常好。注意在最后两帧中明显呈大尺度扩展的纤维结构，这与本书之前所呈现的观测到的结构在尺度和外观上都是相似的。这种纤维——其中包含暗物质和正常物质——是冷暗物质宇宙学模型的一个一般特征。可见的星系也被延伸的暗物质晕所围绕。

虽然这样的计算不能证明这些模型是对宇宙的正确描述，但模型和现实之间在细节上的吻合极其符合宇宙的暗能量/冷暗物质模型。

概念理解 检查

√ 为什么暗物质对宇宙中结构的形成是必要的？

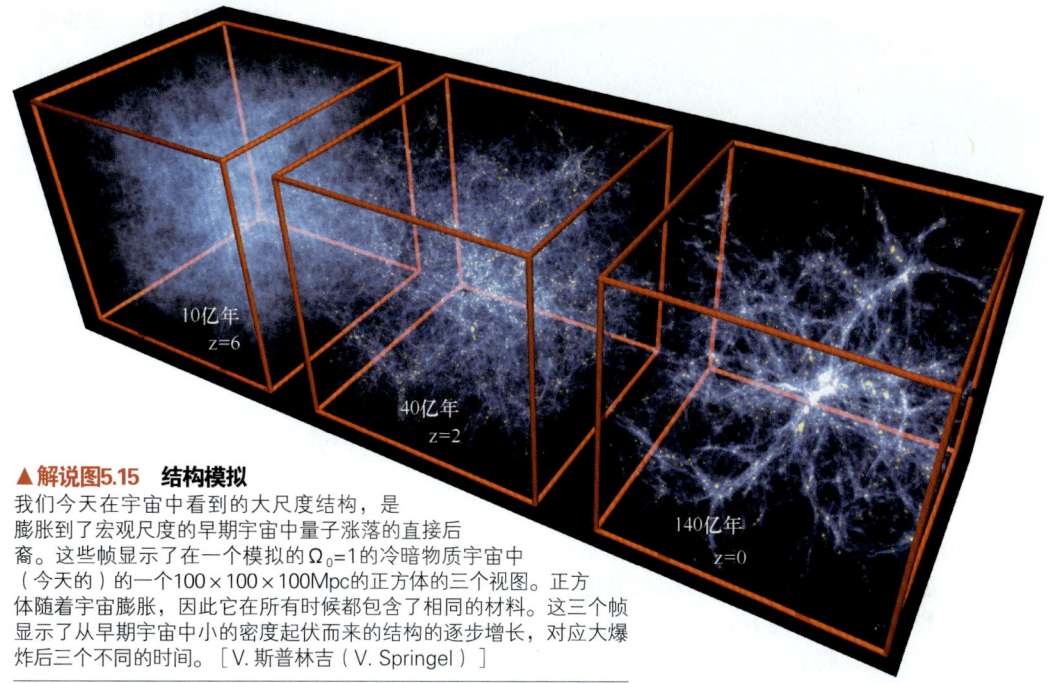

▲ 解说图5.15　结构模拟

我们今天在宇宙中看到的大尺度结构，是膨胀到了宏观尺度的早期宇宙中量子涨落的直接后裔。这些帧显示了在一个模拟的 $\Omega_0=1$ 的冷暗物质宇宙中（今天的）一个 $100×100×100$ Mpc 的正方体的三个视图。正方体随着宇宙膨胀，因此它在所有时候都包含了相同的材料。这三个帧显示了从早期宇宙中小的密度起伏而来的结构的逐步增长，对应大爆炸后三个不同的时间。[V. 斯普林吉（V. Springel）]

5.6　宇宙结构和微波背景

因为暗物质不直接与光子进行相互作用，所以它的密度变化不会在微波背景上造成大的（因此也是容易观测到的）温度变化。然而，理论表明，退耦之前，宇宙一定充满了只以略高于光速一半的速度穿过空间的**声波**——正常物质密度与背景辐射场中的微小波动。大多数天文学家认为，这些波动起源于暴胀时代的结束——宇宙在其不受抑制的膨胀结束后，恢复其"正常"的真空状态时。

因为在这一时期，辐射与物质被互相绑定，物质密度中的波动对应辐射场中的温度波动，而当物质和辐射终于在红移1100处"分手"时，这些特征被"烙印"在微波背景中。结果，宇宙学模型预测，微波背景中应该有微小的"涟漪"——天空中的不同位置之间应该有百万分之几十的温度变化。

背景辐射的涟漪

这些涟漪太小，直到20世纪80年代后期还无法准确测量，虽然宇宙学家相信它们会被发现。1992年，经过近两年的仔细观测，COBE团队宣布，预期的涟漪确实已经被检测到了。∞（4.7节）温度变化是微小的——在天空中的不同地方只有百万分之30～40开尔文——但它们的确存在。COBE结果在图5.16中显示为微波天空的温度地图。由于地球的运动造成的温度变化（见图4.18）和银河系的射电发射已经被扣除，并且温度相对于平均值的偏差也被显示了出来。

COBE看到的涟漪与图5.15所示那样的计算机模拟相结合，预测了今天的结构，与我们在周围看到的超星系团、巨洞、纤维和"宇宙长城"是一致的。虽然COBE数据被局限在相对较低的分辨率上（大约7°），但它对涟漪的详细分析也支持暴胀理论的关键预测——宇宙刚好处于临界密度，因此空间是平直的。由于这些原因，在宇宙学领域，COBE观测的重要性与微波背景的发现本身是同一级别的。领导COBE计划的研究人员因为他们的开创性工作，荣获了2006年诺贝尔物理学奖。

后续的任务已经从根本上改善了我们的微波背景视图，确认和延伸了COBE的结果。NASA的**威尔金森微波各向异性探测器**（**WMAP**）在2001年—2009年运行，它的角分辨率为大约 $20'\sim30'$，比COBE精细20倍，允许对许多宇宙学参数进行非常精确的测量。最近，在2009年发射的欧洲航天局的普朗克探测器进一步提高了WMAP的观测，分辨率提高了3倍，灵敏度提高了10倍，使得对微波天空的测量更加精确，并在很大程度上确认了WMAP的基本结论。图5.17显示了一个微波背景的温度波动的全天空地图，基于普朗克探测器第一年的观测，并在2013年发布。

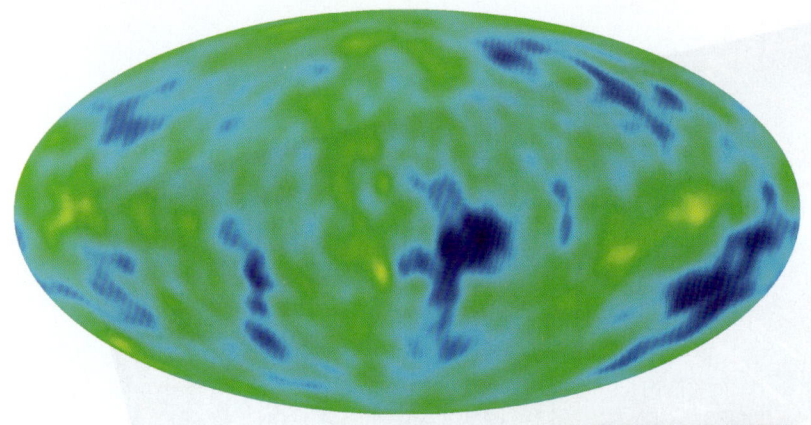

◀ 解说图5.16　**宇宙微波背景图**

这一幅整个天空的宇宙微波背景温度波动的COBE地图，以黄色显示了比平均值热的区域，以蓝色显示了比平均值冷的区域。显示出来的温度波动的总范围极小，实际上只有±百万分之200开尔文。由于地球的运动造成的温度变化和银河系的射电发射已经被扣除。[美国国家航空航天局（NASA）]

不像COBE，WMAP和普朗克探测器都不是绕地球轨道运行的。相反，后两者都长驻地球轨道以外约150万千米的地方，沿着日地连线位于背向太阳之处，将它们搭载的娇嫩的热敏探测器保持在阴影中，每6个月对整个天空完成一次扫描。图5.17的插入图显示了一幅由宇宙背景成像仪——一个地基微波望远镜，位于智利安第斯山脉的高处——传回的尺度较小（只有2°大）、但分辨率更高（7′）的图像。（由于大气层对光谱的微波部分只有部分是透明的，所以微波探测器必须被尽可能地放置在地球大气的上方。）

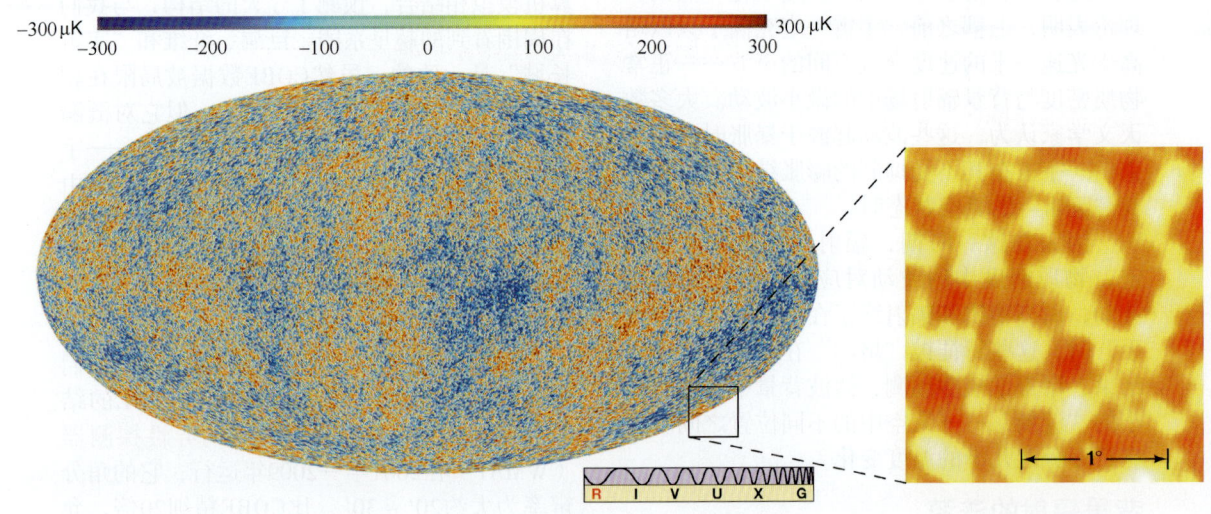

互动图5.17　**早期结构**

普朗克探测器在频率高达90GHz（3mm波长）所看到的整个微波天空，可直接与图5.16中所示的较低分辨率的COBE地图进行比较。右边的插入图显示天空中的一小块的一张更高分辨率的地图，是由地基的宇宙背景成像仪在30GHz（1cm波长）处获得的。明亮的斑点是在宇宙年龄为大约40万年的时候，宇宙中比平均密度稍高的区域，它们最终会收缩形成星系团。[欧洲航天局（ESA）、宇宙背景成像仪（CBI）]

这两张高分辨率地图显示了几百微开尔文的温度波动，特征角尺度约1°。该温度范围比COBE看到的波动更大，因为COBE的低分辨率在大面积的天空中有效地平均了数据，并模糊了在更高的分辨率下能看到的波峰和波谷。

在数据中，不同角尺度下明显的结构数量显示了一个约1°的波峰——几乎是你的肉眼在图5.17中看到的极限。这个尺度与早期宇宙的环境以非常重要的方式相关联：它对应一个声波在暴胀结束和退耦这段时间内可以旅行的最大距离。根据合理的假设，宇宙学家可以计算这个距离，并允许观测和理论之间进行直接比较。事实上，尽管WMAP和普朗克探测器对宇宙学参数的详细测量略有不同，观测到的1°波动与一个$\Omega_0=1$的宇宙的理论预测非常一致——有大约30%的物质和70%的暗能量，正如在第4章和本章的前面所指出的。这有力地支持了暴胀的推论：Ω_0必然非常接近1，它们之间的误差非常小。

对数据更详细的分析提供了宇宙组成和历史的丰富信息。举例来说，退耦之前，虽然辐射场基本不受暗物质影响，但它仍稍微受到了成长的暗物质团块的引力影响，造成了在不同地方稍有不同的轻微的引力红移，这取决于暗物质密度。结果，对信号的仔细分析允许天文学家推断退耦时的暗物质密度。该WMAP和普朗克探测器的数据是我们在"详细说明2-1"和本书中所使用的宇宙学参数的主要来源。

物质震荡

对退耦时代的进一步分析可以让我们获得关于宇宙的额外的重要信息。更详细地考虑早期（退耦前）宇宙中的声波会发生什么。想象空间中的一个小区域，比周围稍微密集。正如我们在第5.5节看到的，这个过密团块中的暗物质有一天会成长为一个星系，但这里的关注点在同一区域的正常物质和辐射上，因为辐射与物质强烈耦合，辐射"推开"正常物质，使其迅速向外膨胀成一个壳，如图5.18所示。暗物质团块的引力因太弱而不能阻止壳层逃离。这种相互作用会造成空间稍微过密区域的振荡，发出的波很像一个石子击中一个池塘的表

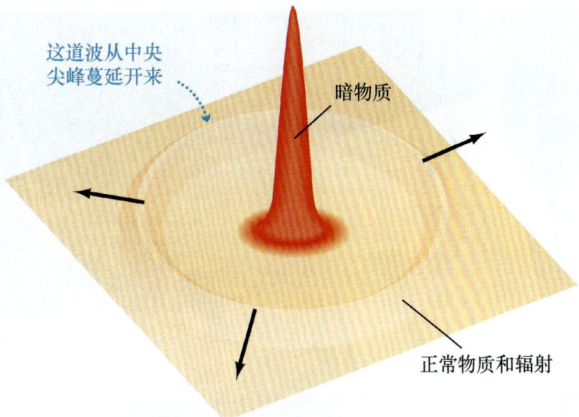

▲图5.18　**声学振荡**
这张草图是一幅二维的计算机合成图，展示了在早期宇宙中被辐射推离一个暗物质团块的正常物质的三维波。在现实中，无数这样的波会像这般蔓延在整个天空中任何暗物质集中的地方。

面——像一口钟在空间和时间中响起，其音色随着宇宙的膨胀而变得更安静和深沉。这是本节开头讨论的宇宙声波的起源——它有一个很拗口的技术名字，叫作**重子声学振荡**。

壳层继续膨胀直到退耦时期，在那时，来自辐射的推力停止，壳层也停了下来。随后，壳层只是简单地随着宇宙的其余部分膨胀。但因为壳层本身代表了密度高于平均水平的宇宙部分，所以它仍然会倾向于吸引更多物质，最终形成自己的星系。其结果是，每一个形成了星系或星系团的暗物质区域，都被认为有一个与之有关的次级星系壳层。这个壳层的半径是声音从暴胀结束时到退耦这段时间内可以旅行的距离——以今天的单位来说，共计大约150Mpc（即自从退耦以来被调控的宇宙膨胀）。

这一结果的重要性在于，该特征被烙印在整个宇宙的星系分布中，并且在所有红移上。图5.19显示了这样的涟漪是如何随着宇宙的膨胀而成长的。今天，它的半径将是大约150Mpc。如果这些特征可以在不同红移被检测到，它们将构成一个新的"标准尺子"，精确地告诉我们过去不同时间的宇宙尺度。因此，它代表探测宇宙膨胀的另一种有力的手段——独立于第4章所描述的超新星的研究。∞（4.5节）

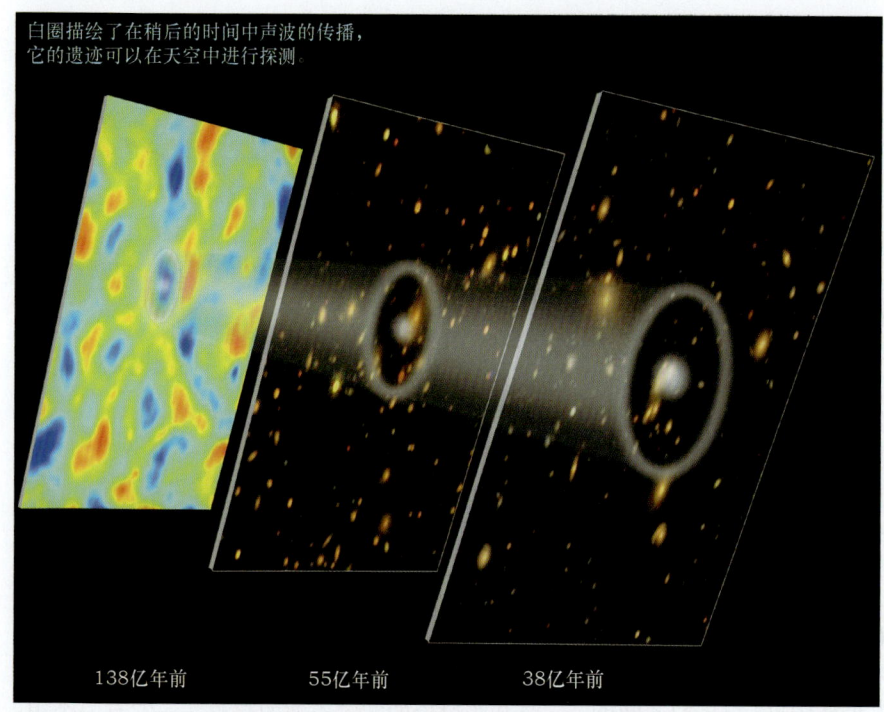

◀ 图5.19　声学遗迹
重子声学振荡（白圈）的记录允许天文学家追溯宇宙的历史。这个模拟显示了早期宇宙的小的密度变化（左）是如何成长为在更近的时候看到的星系团、"宇宙长城"和纤维的。[Z. 罗斯特敏（Z. Rostomian）/斯隆数字化巡天（SDSS）]

当然，宇宙比图5.18和图5.19中的艺术图描绘复杂得多（正如在图5.17中观测到的混乱中所看到的）。每一个密度涨落都引起了一道类似的波，所以每一个星系团都应该有一个对应的壳层，然后所有的壳层在天空中重叠和混合在一起。然而，天文学家可以从统计上推断这些壳层的存在，而且这一直是斯隆数字化巡天——已经获取了数以十万计的星系的数据——的主要目标。∞（探索3–1）初步结果显示，统计测量的那些星系的分离，非常接近之前描述的声学过程的预测。

21世纪的第一个十年看到了对宇宙基本参数的测量（尽管还没有完全被理解）达到了在几年前还只是梦想的这样一个很高的精度。现在看来，在第二个十年，以前所未有的精度探索暗物质和暗能量的本质，已经完全步入了正轨。

科学过程理解　检查

✓ 对微波背景波动的观测告诉我们关于宇宙结构的什么知识？

终极问题　宇宙是如何开始的？它实际上有一个起源吗？或者它是永远存在的吗？没有人知道答案。在有记录的历史上第一次，人类正在使用逻辑、理性，以及一些非常复杂（且昂贵）的实验设备，来尝试解决这些基本问题。很难衡量什么时候可能会迎来成功，但科学家们现在都在充分参与这个任务的这一事实，描绘了现代科学探索的惊人视野。

章节回顾

小结

❶ 目前，宇宙主要被暗能量主导，暗能量密度是物质密度的两倍多，且暗能量和物质密度都大大超过了辐射的等质量密度：数十亿年前，物质密度要大得多，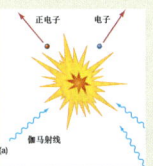当时的宇宙体积更小，宇宙是由**物质主导**的（p.118）。然而，因为辐射随着宇宙膨胀而红移，早期的辐射密度更大。因此，早期的宇宙是由**辐射主导**的（p.119）。

❷ 在大爆炸后的最初几分钟，物质通过**粒子对产生**（p.119）过程而从原始火球中形成出来。在早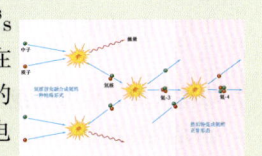期宇宙中，物质和辐射被这个过程联系在一起。随着温度下降到低于创建它们的阈值，粒子和力从背景辐射中"冻结出来"。今天物质的存在，意味着早期的物质和反物质必然不等量。

❸ 依照现在的物理学，宇宙的物理状态一直往回追溯到大爆炸后大约10^{-43}s都是可以被理解的。而在那个时间之前，自然界的四种基本力——引力、电磁力、强力、弱力——是无法区分的，目前还没有理论可以描述这样的极端条件。随着宇宙的膨胀，其温度下降，基本力变得彼此不同。首先是引力，接着是强力，然后是弱力和电磁力分离开来。随后，原子核、原子，以及最终注定要成为星系的大的物质团块出现了。随着宇宙的持续降温，形成了恒星。

❹ 宇宙中所有的氢都是原初的，它随着宇宙的膨胀和冷却，由辐射形成。今天在宇宙中观测到的氦大多是原初的，在大爆炸后几分钟的早期宇宙中，由**原初核合成**（p.125）创建。一些氘也在这较早的时间形成了，它以"正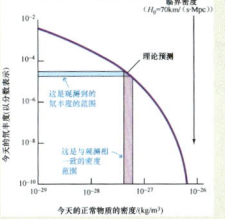常"物质（相对暗物质而言）的形式提供了当今宇宙密度的敏感指标。对氘的研究表明，正常物质最多可以占到临界密度的3%或4%。那么，从星系团研究中推断出的剩余质量必然是由暗物质以形成于某些特别早期阶段的未知粒子的形式所组成的。

❺ 当宇宙比今天小约1100倍时，温度变得足够低，原子得以形成。在那时，背景辐射（当时还在光学波段）从物质中**退耦**（p.127），宇宙变得透明。现在组成微波背景辐射的光子从那时起就自由地穿过空间旅行至今。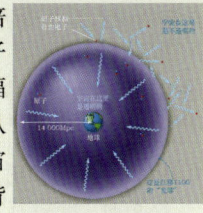

❻ 在很早期，宇宙经历了一个短暂的快速膨胀，被称为**暴胀时代**（p.130），在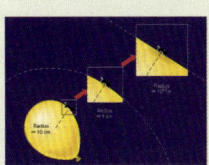这期间，宇宙的大小增加了巨大的倍数——10^{50}倍或更多。**视界问题**（p.128）是如下事实：按照标准（即非暴胀的）大爆炸模型，没有很好的理由支持互相分开很远宇宙的不同部分是相似的。暴胀解决了视界问题，它认为是早期宇宙一个均匀的小块极大地扩大成了现在的样子。该小块仍然是均匀的，但它现在远远大于我们今天所能看到的宇宙部分。暴胀也解决了**平度问题**（p.129）——没有明显的理由表明，为什么宇宙目前的密度如此接近临界值。暴胀意味着宇宙的密度实际上正好是精确临界的。

❼ 宇宙中的大尺度结构形成于暗物质的密度波动凝聚成块，并成长形成我们观测到的结构的"骨架"时。然后，正常物质流入空间中密度最高的区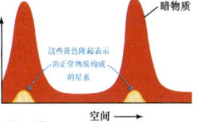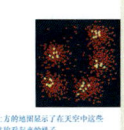域，最终形成了我们现在看到的星系。宇宙学家将暗物质分为**热暗物质和冷暗物质**（p.134），取决于辐射期结束时暗物质的温度。为了解释观测到的宇宙中的大尺度结构，大多数暗物质必须是冷的。

❽ 微波背景的"涟漪"是早期辐射场的密度不均匀性的印记。这些涟漪被COBE卫星观测到。由WMAP飞船进行的后续观测提供了许多宇宙学参数的精确测量，并大力支持了暴胀的预测：我们生活在一个平直的临界密度宇宙中。对微波背景辐射的详细观测，结合对宇宙中大尺度结构的研究，为我们提供了基本宇宙学参数的精确信息。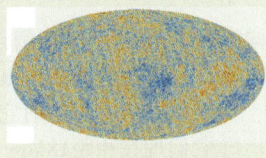

复习与讨论

1. **LO1**宇宙被辐射主导了多长时间？当这个时期结束时，宇宙有多热？
2. 暗能量在极早期宇宙中的作用是什么？
3. **LO2**物质是怎么随着宇宙膨胀从早期辐射场中"冻结出来"的？
4. **LO3**描述物质和辐射的相对重要性是如何随着宇宙大小的增加而改变的。
5. **LO4**第一个氦原子核是在何时、如何形成的？
6. 为什么所有恒星，无论其重元素丰度如何，看起来其质量都包含至少四分之一的氦？
7. 为什么在早期宇宙中没有形成越来越重的元素，如同在恒星中那样？
8. **POS**我们怎么知道宇宙中大部分物质不是"正常"的？
9. 第一个原子是何时如何形成的？
10. **LO5**我们怎样才能观测到宇宙变得透明的那个时代？
11. **LO6**什么是暴胀时期；在那段时间，早期宇宙发生了什么？
12. **POS**暴胀如何解决视界和平度问题？
13. 关于宇宙的总密度，暴胀告诉我们什么？
14. **LO7**暗物质和大、小尺度结构的形成之间的联系是什么？
15. **LO8 POS**由COBE和WMAP的实验取得的关键测量有哪些？

概念自测：选择题

1. 在诞生后，宇宙紧接着：（a）被光子主导；（b）主要由质子组成；（c）有等量的物质和反物质；（d）形成恒星和星系。
2. 现今的大统一理论包含了除哪个力之外的所有基本力？（a）强力；（b）弱力；（c）电磁力；（d）引力。
3. 大爆炸后约50万年，宇宙冷却到了什么程度？（a）质子和电子能结合形成原子；（b）粒子–反粒子的湮灭终止；（c）气体能凝聚形成恒星；（d）碳冷凝形成尘埃。
4. 标准大爆炸模型面临的一个问题是：（a）星系红移；（b）到处的温度都几乎完全一样；（c）宇宙在中心最热；（d）星系将永远膨胀下去。
5. **VIS**根据我们的最佳估计，图5.10（"平度问题"）中最能描述宇宙的线是：（a）加速（b）开；（c）临界；（d）闭。
6. 宇宙的密度很可能主要由下列哪项构成？（a）氢；（b）电磁辐射；（c）暗能量；（d）冷暗物质。
7. 标准大爆炸模型的视界问题是通过令宇宙怎么样而如何解决的？（a）加速；（b）在其存在的早期迅速暴胀；（c）在温度上有微小但显著的波动；（d）是几何平直的。
8. 我们在宇宙中观测到的结构是下列哪项的结果？（a）很久以前暗物质聚集；（b）星系碰撞；（c）电子冻结出来；（d）在早期宇宙中辐射主导。
9. 在早期宇宙中没有形成比锂更重的元素，因为温度：（a）过高；（b）太低；（c）与密度不相关；（d）不稳定。
10. 早期宇宙中物质和能量聚集的结果是：（a）原子形成；（b）迅速暴胀；（c）虽小但可观测的红移；（d）更低的温度。

问答

问题序号后的圆点表示题目的大致难度。

1. ●在将来会分别成为银河系中心和室女星系团中心的点，在退耦时它们之间的距离是多少？（它们现在相距18Mpc）。
2. ●●在宇宙的规模是现在的千分之一时，宇宙辐射场的等效质量密度是多少？（提示：不要忘了宇宙学红移！）

3. ●● 在（a）退耦时、（b）核合成开始时，物质和辐射，谁主导了宇宙，密度上的倍数是多少？（假设今天为临界密度。）

4. ●● 生产电子-正电子对的阈值温度是约 $6 \times 10^9 K$，一个质子的质量比电子大1800倍，计算质子-反质子对产生的阈值温度。

5. ● 在核合成时代开始时，背景辐射的峰值在什么波长？该波长位于电磁波谱的哪个部分？

6. ●● 在原初核合成时代，从氘第一次可以生存下去时到所有的核反应停止时，宇宙的体积膨胀了多少倍？在这期间，宇宙的物质密度减少了多少倍？

7. ● 根据表2.1，对应退耦时代宇宙的"光球"目前位于距我们约14 000Mpc处。（图5.8）。那么，当我们今天看到的背景辐射被发射时，光球上的某一个点离我们多远？

8. ●● 在图5.17的插入图中，明显斑点的角直径大约为20′。如果这些斑点代表退耦（红移=1100）前后的物质团块，估计团块在退耦时的角直径，假设欧几里得几何适用。

实践活动

协作项目
讨论生活在将永远膨胀下去的无限宇宙和一个封闭的、空间有限的、总有一天会坍缩的宇宙的哲学差异。这两种可能性是否都有令人难以接受的方面？根据宇宙学观测的当前状态，似乎宇宙是前者的可能性更大。我们目前的模型直接依赖于两个量——暗物质和暗能量——它们的本质仍然是未知的。你对我们当前的宇宙模型有多大信心，是否认为它已经基本"确定"了？未来将不会再有大的变化了？

个人项目
上网查看有关**稳恒态宇宙**的情况，它在20世纪50年代和60年代有着一定的知名度。它与标准的大爆炸模型有什么不同？你能找到稳恒态模型和我们目前对宇宙的看法之间有什么相似之处吗？为什么你认为，稳恒态模型在今天不会被广泛接受？

第6章 宇宙中的生命

我们是孤独的吗？

我们是唯一的吗？我们行星上的生命是生命在宇宙中的唯一例子吗？如果是这样，那么一个如此孤独的宇宙可能的含义是什么？如果不是这样，那么我们应该如何以及在何处寻找其他智慧生物？这些都是棘手的问题，因为外星生命的话题是一个我们没有数据但又很重要的问题，将对人类这一物种产生深远的影响。

在这最后一章中，我们要研究人类是如何在地球上进化的，然后考虑这些进化的步骤是否可能会在其他地方发生。接下来，我们要评估我们有星系邻居的可能性，并考虑如果它们确实存在的话，我们将如何去研究它们。

学习目标

本章的学习将使你能够：

❶ 总结目前已知的宇宙演化的过程。

❷ 描述地球上生命的基本要素。

❸ 确定在太阳系其他地方可能有生命存在的最有希望的位置，并解释为什么它们是有希望的。

❹ 总结用来估计在银河系中可能存在的先进文明数量的各种可能性。

❺ 概述我们可能会用于搜索外星人并与它们交流的一些技术。

知识全景 地球是宇宙中我们确定知道有生命存在的唯一的地方。尽管有在宇宙中其他地方存在生命的可能性，但我们没有明确的证据。在之前发现的数百个太阳系外行星中，尚无一个显示出任何有生命的迹象——包括智慧生命或其他任何生命形式。即便如此，天文学家仍很用心地不断注视天空，因为他们知道，外星智慧（ETI）的证据可能会出现在任何时候。

精通天文学

访问MasteringAstronomy网站的学习板块，获取小测验、动画、视频、互动图，以及自学教程。

左：这张奇特的画，题为《星系升起在外星人的行星上》，暗示了一个离地球极其遥远的外星世界的生命多元化——一些可能灭绝，一些可能很奇异。尽管电影大片、科幻小说，以及许多人声称自己接触了外星人，但天文学家迄今为止没有发现在宇宙中其他任何地方有任何形式的生命存在的确凿证据。[© 达纳·贝里（© Dana Berry）]

6.1 宇宙演化

在我们对宇宙的研究中，我们一直非常小心，以避免做出任何推论或结论说地球在宇宙中是一个特殊的地方。这叫作哥白尼原理，或折中原则，是对我们宝贵的指导，帮助我们确定我们在"大图景"中的地位。然而，在讨论宇宙中的生命时，我们面临一个问题：我们的地球是已知唯一有生命和智慧进化的行星，因此在讨论智慧生命时，很难不把人类作为特殊情况来看待。

于是，在这最后一章中，我们采用了截然不同的方法。我们首先描述只导向技术娴熟和智能的文明——我们人类自身——的事件链。然后，我们试图评估在宇宙中的其他地方寻找智慧生命并与之交流的可能性。

宇宙中的生命

现在我们有了这个显而易见的人类中心的观点，图6.1确定了在我们的星球促成生命发展的7个主要的演化阶段：**粒子、星系、恒星、行星、化学、生物学**和**文明**的进化。物质在早期宇宙中从能量中形成，然后冷却并成群，形成星系和恒星。在星系中，一代又一代的恒星形成和死亡，播种了含有重元素的星际介质。这样，当我们的太阳在第一颗恒星闪耀的数十亿年后形成时，岩石行星——地球随之形成。最终，在地球上，生命出现，并慢慢进化成我们今天所看到的多样的生态环境。

总之，这些演化阶段代表了**宇宙演化**的所有阶段——造就了我们这个星球上的生命和文明的物质和能量的不断变换。前四个阶段以相反的顺序展现了本套书的内容。现在，我们扩展我们的视野，超越天文学，来讨论后面三个。

从大爆炸到星系的形成，到太阳系的诞生，到生命的出现，再到智慧和文明的进化，宇宙已经从简单演化到复杂。我们是一个极其复杂的、长达数十亿年的事件链。这些事件是随机的吗，从而使我们独特，还是在某种意义上是自然的，使**技术文明**——作为一个实际问题，我们认为这个词的意思是"能通过电磁波或其他手段与行星之外进行通信的文明"——成为必然？换句话说，我们在宇宙中是孤独的吗？或者我们只是银河系中无数智慧生命形式的一员吗？

在试图回答这些重要问题之前，我们需要给"**生命**"这个词下定义。但是，定义"生命"不是一件容易的事：生物与非生物之间的区别并不如我们猛然一下想到的那样明显。虽然大多数物理学家都同意对物质和能量的定义，但生物学家还没有得出"生命"的明确定义。一般来说，科学家认为以下几项可作为生物体的特征：①它们可以对环境做出**响应**，并且常常可以在受伤时自我治疗；②它们可以通过周围的环境汲取养分，并将其加工成能量而**生长**；③它们可以**繁殖**，并将自己的一些特性遗传给后代；④它们有基因变化的能力，因此可以世代**进化**，并适应不断变化的环境。

这些规则是不严格的，解释它们有很大的回旋余地。例如，恒星会对它们邻居的引力做出反应，会通过吸积而增长，会产生能量，并通过引发新的恒星形成而"再生"，但没有人会认为它们是活着的。相反地，病毒（**探索6–1**）从生物体中分离后虽是惰性的，但一旦它进入一个生命系统，它便表现出生命的所有属性，抓住并控制一个活细胞，并利用细胞自

▼**图6.1 时间之箭**
从宇宙的开端一直到现在，宇宙历史的一些亮点——涉及地球上生命的出现，沿着这条时间之箭被标了出来。箭头的下部是7个"窗口"，概述宇宙演化的主要阶段：原始能量到基本粒子的演化，原子到星系和恒星的演化，恒星到重元素的演化，元素到固态、岩石行星的演化，同样的元素到生命的基本成分——分子的演化，分子到生命本身的演化，高级生命形式到智慧、文明和技术文明的演化。
［D. 贝里（D. Berry）］

探索6-1

病毒

化学演化的中心思想是，生命从无生命的分子进化而来。但是，除了基于生化知识和实验室对原始地球上的一些关键事件的模拟和推想，我们有任何直接的证据，表明生命可以由无生命的分子发展而来吗？答案是肯定的。

最小、最简单的，有时似乎活着的一种实体是病毒。我们说"有时"，是因为病毒似乎既有无生命的分子属性，又有生命的细胞的属性。病毒一词源自拉丁词中的"poison（毒药）"——一个合适的名字，因为病毒通常会导致疾病。虽然它们有许多尺寸和形状——一个典型的例子是脊髓灰质炎病毒，右图显示了其放大30万倍的样子——所有病毒的大小都小于典型的现代细胞。有些病毒只由几千个原子组成。然后，根据其大小，病毒似乎填补了作为生物的细胞和作为非生物的分子之间的空白。

病毒含有一些蛋白质和遗传信息（以DNA或密切相关的分子RNA的形式，两种分子负责传输遗传特性，从上一代到下一代），但没有太多其他东西——没有与任何生物体正常生长和繁殖对应的材料。那么，病毒如何能被认为是活的？事实上，单独来看，它确实不是。当从生物体中被分离出来时，病毒绝对是无生命的。但是，当在一个生命系统内时，病毒便会有生命的所有性质。

病毒通过将其遗传物质传入活细胞而表现出活性。病毒基因抓住并控制一个细胞，然后将自己建立成化学活性的新主人。病毒通过使用被侵入细胞的遗传机制生长和繁殖自己的副本，还经常"抢劫"细胞的一些功能。有些病毒的繁殖迅速且广泛，还传播疾病，如果不加以控制，最终就会杀死入侵的有机体。那么，从某种意义上说，病毒存在于生物和非生物之间的灰色地带。

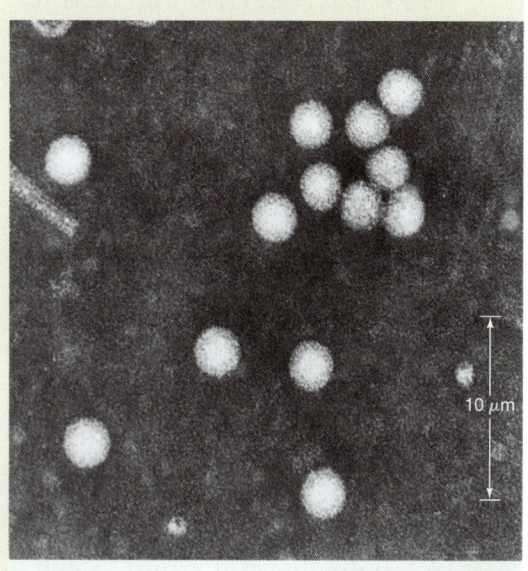

[R. 威廉姆斯(R. Williams)]

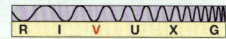

身的遗传机制生长和繁殖。大多数研究人员现在认为，生命和无生命物质之间的区别不仅仅是结构，其复杂性不是一个简单的规则清单能概括的。

赞成外星生命存在的观点一般来自于对所谓的折中假设的总结：①由于地球上的生命只依赖于一些基本的分子；②由于组成这些分子的元素（在较大或一定程度上）对所有的恒星来说都很普通；③如果我们知道的科学规律适用于整个宇宙，正如我们在整本书中所认为的那样，那么——给予足够的时间——生命必然会在宇宙的其他地方起源。反对的观点则认为，地球上的智慧生命是一系列非常幸运的、意外的产物，这样的天文、地质、化学、生物事件似乎不可能在宇宙中的其他地方发生。本章的目的是检查这两种观点各自的一些论据。

化学演化

关于地球的最早阶段，我们有些什么信息？不幸的是，不是很多。第一个十亿年前后的地质线索很大程度上被暴力的地球表面活动抹消了——先是火山爆发以及陨石轰击我们的行星，随后被风和水侵蚀，因此很少有那个时代的证据能留存到现在。科学家认为，早期的地球是贫瘠的，有很浅的、没有生命的海洋冲刷着寸草不生、没有树木的大陆。气体通过火山、裂隙、间歇泉从我们这个星球的内部散发出去，产生了富含氢、氮和碳化合物的大气，但缺乏氧气。随着地球的冷却，氨、甲烷、二氧化碳和水形成了。生命出现的舞台已经搭好。

年轻的地球表面曾经是一个受多种因素剧烈影响的地方。天然放射性、闪电、火山活动、太阳紫外辐射、陨石撞击都提供了大量的能量，最终将我们星球上的氨、甲烷、二氧化碳和水塑造成被称为氨基酸和核苷酸碱基的更为复杂的分子——正如我们知道的，有机（碳基）分子是生命的基石。氨基酸构建蛋白质，蛋白质控制代谢、食物和能量的日常使用——它们令有机体保持存活并进行各种重要的活动。核苷酸序列是基因——DNA分子的一部分——的基础形式，基因直接由蛋白质合成，从而确定该生物体的特征（见图6.2）。这些相同的基因借由生物体的每一个细胞中所含的DNA，通过繁殖从上一代传递遗传特征到下一代。在地球上的所有生物体内——从细菌到变形虫，再到人类——基因操控着生命，蛋白质维护着生命。

这一观点——复杂的分子可以很自然地从原始地球发现的比较简单的成分进化而来——自20世纪20年代就已经有了。第一个实验验证是在1953年，由科学家哈罗德·尤里和斯坦利·米勒使用有点类似于图6.3所示的实验室设备进行的，这就是尤里-米勒实验。他们准备了一瓶混合物，由被认为是地球上很久以前存在的物质——水、甲烷、二氧化碳和氨——混在一起形成了所谓的"原始汤"，然后通过在气体中放电（模拟"闪电"）令其活

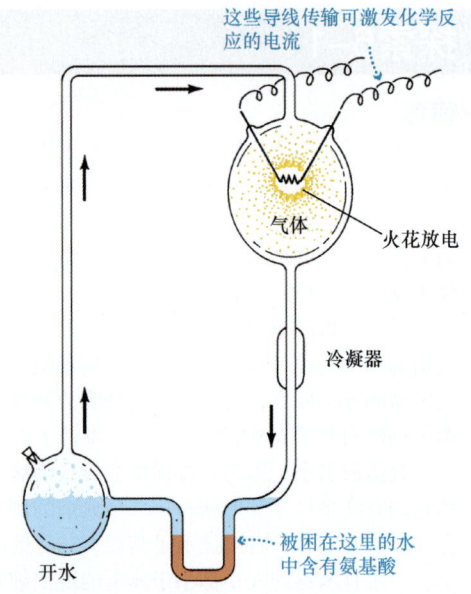

▲图6.3 尤里-米勒实验
这种化学装置被设计为通过对简单的化学物质混合物放电来合成复杂的生化分子。气体（氨、甲烷、二氧化碳和水蒸气）被放置在上部灯泡中来模拟地球的原始大气，然后被近似于闪电的火花放电电极击穿。大约一个星期后，氨基酸等复杂分子出现在底部的装置里，它模拟了原始海洋，其上方的大气产生的重分子会下沉进去。

跃。过了几天，他们分析了该混合物，发现它包含了许多相同的氨基酸，这种氨基酸存在于地球上的所有生物中。大约10年后，科学家们成功地以类似的方式构建了核苷酸碱基。这些实验已经用许多不同的形式——混入更接近真实的气体混合物，使用不同的能源——重复过了，总是具有相同的基本结果。

虽然这些实验没有生产过一个活的有机体，更不用说DNA单链了，但它们确实令人信服地证实了"生物"分子——涉及生物体功能的分子——可以通过严格的非生物方法合成，只使用早期地球上可用的原始物质。更先进的实验——其中的氨基酸在热的作用下联合起来——已制作出类蛋白质的斑点，其行为在一定程度上像是真实的生物细胞。这样的类蛋白质物质不溶于水（所以它从原始大气掉进海洋时会保持完整），并趋于聚集形成被称为微球的小液滴——有点儿像浮在水面上的油滴。图6.4所示为一些实验室制造的类蛋白质的微球，它们的壁允许小分子进入，小分子会在液滴内部结合并构造更复杂的分子，被构造出来的分子太大，不能穿过壁跑回去。随着液滴"成长"，它们倾向于"繁殖"——形成更小的液滴。

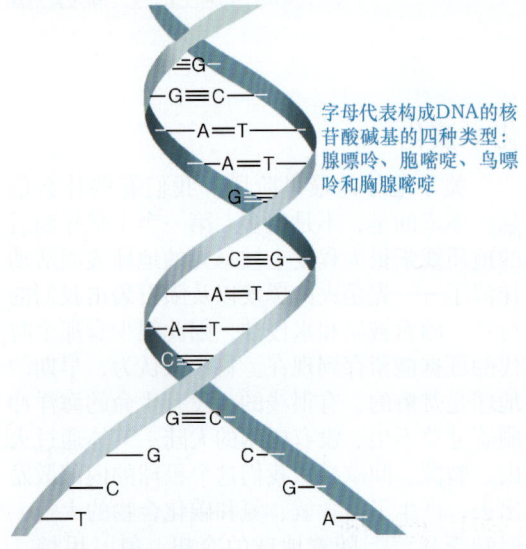

字母代表构成DNA的核苷酸碱基的四种类型：腺嘌呤、胞嘧啶、鸟嘌呤和胸腺嘧啶

▲图6.2 DNA分子
DNA（脱氧核糖核酸）是包含全部生物体需要用于繁殖和存活的遗传信息的分子，往往由上百亿个单个原子构成。它的双螺旋结构允许它"解螺旋"，暴露其内部结构，以控制蛋白质——细胞功能需要——的创建。其组成部分的顺序对每个有机体个体而言是唯一的。

图6.4和图6.5中的这三张照片通过显微镜拍摄，显示了在1μm(1/10 000cm)尺度上的结构

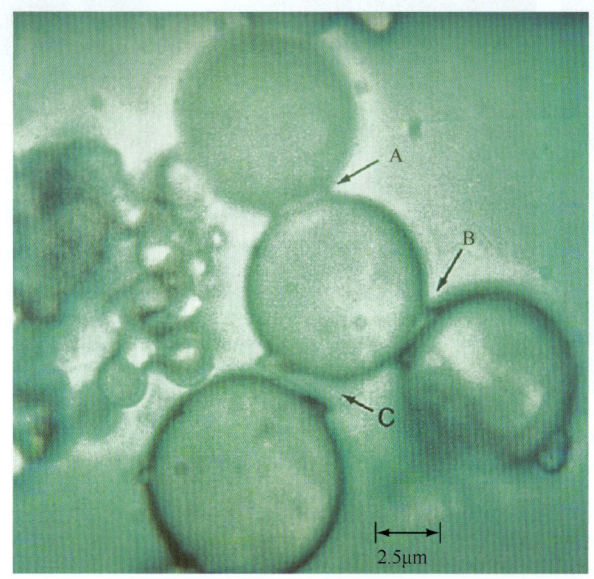

▲ 图6.4 化学演化
在一个液体球中，这些富含碳的类蛋白样液滴中含有多达十亿的氨基酸分子。液滴可以"生长"，它们的一部分可以从它们的"母"液滴中分离出来，成为新的单独的液滴（如同在A、B和C处的情况）。[S.福克斯（S. Fox）]

的大部分——就算不是全部——有机材料（碳基的）是在星际空间中产生的，并随后以彗星、星际尘埃和流星——在它们下降穿过大气层时没有燃尽——的形式到达地球。

有一些证据支持这种想法。已知星际分子云含有复杂的分子——确实，甚至有报道（仍未经证实）说在星际空间至少有一种氨基酸（甘氨酸）。

为了测试星际空间假说，NASA的研究人员已经进行了自己版本的尤里–米勒实验。在实验中，他们将一个由水、甲醇、氨和一氧化碳——代表了许多星际颗粒——组成的冰混合物暴露在紫外辐射中，模拟从邻近的新生恒星来的能量。如图6.6所示，当他们把照射后的冰放置在水中检查结果时，他们发现，冰形成了被薄膜包围并含有复杂有机分子的液滴。早期实验发现了液滴，但在混合物中没有观测到氨基酸、蛋白质或DNA。不过，这类实验被反复多次进行，结果清楚地表明，即使是严酷的、寒冷的星际空间的真空环境，也可以是一个合适的可形成复杂分子和原始细胞结构的培养基。

这些类蛋白质微球是活的吗？几乎可以肯定不是。大多数生物化学家会说，微球不是生命本身，但它们包含许多形成生命所需要的基本成分。微球缺乏遗传性的DNA分子。然而，如图6.5所示，它们确实与在化石记录中发现的远古细胞有相似之处，这些远古细胞相应地与现代生物（如蓝藻）有很多相似之处。因此，虽然没有实际的活细胞在任何实验室中"从无到有"地被创造出来，但许多生物化学家认为，简单的非生物分子导致的事件链几乎形成了生命本身这一结论，已经得到了充分的证明。

星际起源？

近日，一个不同的观点已经出现了。一些科学家认为，地球的原始大气可能实际上不是生产复杂分子的一个特别合适的环境。这些科学家说，可能没有足够的可用能量来驱动必要的化学反应，早期的大气可能没有包含足够的原始原料令这些反应在任何情况下都变得十分重要。他们认为，结合形成第一个活细胞

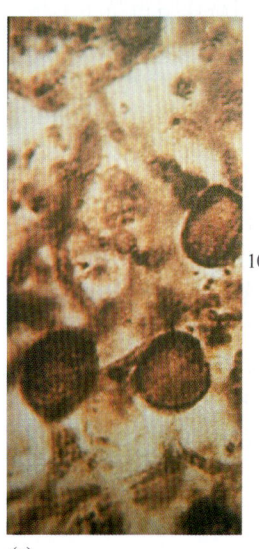
(a)

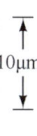

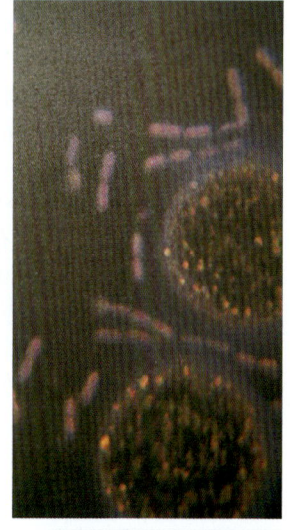
(b)

▲ 图6.5 原始细胞
（a）该照片展示了原始化石，显示出被更小的球体连接的同心球或壁。它们在由放射性测定距今约20亿年的沉积物中被发现。（b）作为比较，这是现代蓝藻构建的"后院水系"，以大致相同的比例显示。[E.巴格豪恩（E. Barghoorn）]

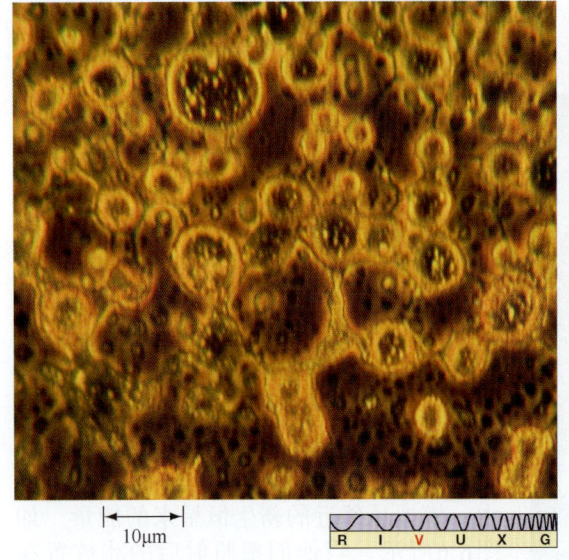

▲ 图6.6　星际球状体
这些含有丰富有机分子的油性、空心的液滴是将原始物质的冷冻混合物暴露在严酷的紫外辐射中制成的。当浸没在水中时，较大的液滴显示出细胞状膜结构。虽然它们并不是活着的，但它们的存在支持这样的想法：地球上的生命可能来自太空。[美国国家航空航天局（NASA）]

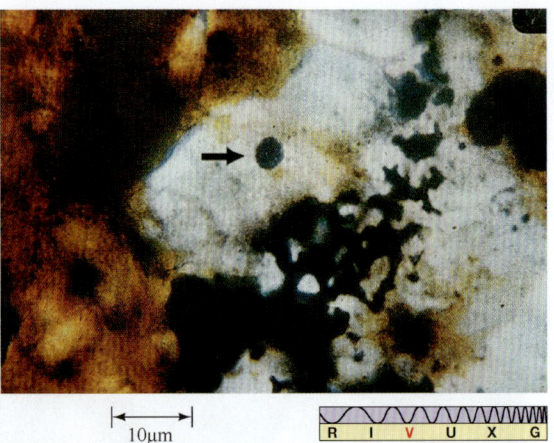

▲ 图6.7　默奇森陨石
默奇森陨石含有相当多的氨基酸和其他有机物质，这表明，某种化学演化在我们自己的星球以外发生了。在这张来自陨石的一块碎片的放大图中，箭头指向一个有机物的微观球。[哈佛–史密松天体物理中心（Harvard–Smithsonian CfA）]

这些冰冷的星际颗粒被认为已经在我们自己的太阳系内形成了彗星。当哈雷彗星上次访问太阳系内部时，宇宙探测器在哈雷彗星上检测到了大量的有机物质，同样的复杂分子也已经在众多被研究得很广泛的彗星上——如海尔–波普——被发现了。我们有理由怀疑彗星撞击造成了地球上大部分的水，想象这些水已经包含了生命的基本成分——这也许是一小步。

此外，一小部分跌落到地球表面并"生存"下来的陨石含有有机化合物。默奇森陨石（见图6.7）——1969年落在澳大利亚的默奇森附近——是一个研究得特别充分的例子。这块陨石在坠落后不久就被找到，已被证明含有12种通常在活细胞中发现的氨基酸，尽管这些分子的精细结构表明了，在太空中发现的氨基酸和在地球上发现的氨基酸有潜在的重要区别。但最起码，这些发现认为，复杂的分子可以在行星际或恒星际环境中形成，它们可以在燃烧着下降后毫发无损地到达地球表面。

因此，有机质以行星际碎片的形式不断地如雨点般从太空落到地球上这一假说是相当合理的。然而，这是否是复杂的分子首先出现在地球海洋中的主要形式，仍不明朗。

多样性与文明

无论基本的材料是如何出现在地球上的，我们都知道，生命的确出现了。化石记录记载了地球上的生命是如何随着时间的推移变得分布广泛和多元化的。对化石遗迹的研究显示了简单的单细胞生物——如35亿多年前的蓝藻——的最初外观。紧随其后出现的是更复杂的单细胞生物,如大约20亿年前的变形虫。多细胞生物,如海绵,在约10亿年前出现,然后出现了蓬勃发展的各种日益复杂的生物——昆虫、爬行动物、哺乳动物。图6.8所示为地球上生命进化中的一些关键发展阶段。

化石记录让这一点毫无疑问:生物体随时间而变化——所有的科学家都接受生物进化这一现实。随着地球上的环境变化和地球表面的演变,可以最好地利用新环境的生物会成功和繁荣;相反地,无法进行必要调整的生物会因此而灭绝。

是什么导致了这些变化?运气。恰好拥有有利的基因性状——例如,跑得更快、爬得更高,甚至更容易隐藏的能力——的生物体会发现自己在一个特定的环境中占上风。该生物体,因此更有可能成功地繁殖,并且其有利的特性更容易被遗传到下一代。地球上丰富多彩的生命,包括人类,随着偶发的突变——基因结构的改变——而发生的进化,导致了超过百万年的生物体的变化。

那么,智力发展又是如何呢?许多人类学家认为,类似其他所有的非常有利的特质,智力受到自然选择的强烈青睐。随着人类了解了火、工具和农业,人类的大脑变得越来越精细。与协调狩猎的尝试相伴的社会合作,是随着大脑体积的增加而开发出来的另一种重要的竞争优势。

也许最重要的是语言的发展。事实上,一些人类学家已经认为人类的智慧就是人类的语言。利用语言,在打猎或寻求保护的时候,一个个体可以向另一个个体发出信号。更重要的是,我们的祖先可以如同分享食物和住所一样分享思想。经验储存在大脑中作为记忆,可以一代又一代地往下传。一种新的进化开始了,即文化演化——社会思想和行为的变化。仅仅在10 000年左右的时间内,我们不算太遥远的祖先就创造了整个人类文明。

为了更好地把握生命进化的时间进程,我们将地球整个46亿年的生命想象为46年。在这个尺度下,我们没有地球历史的第一个10年的可靠记录。生命至少起源于35年前,当时地球大约10岁。我们这个星球的中年在很大程度上是一个谜,即使我们可以肯定生命在不断进化,一代又一代,沧海桑田,不断变迁。直到大约6年前,大量的生命才在整个海洋中蓬勃发展。大约4年前,生命上岸。大约2年前,植物和动物主宰了大地。恐龙在大约1年前达到高峰,然后在仅仅约4个月后就突然死亡。直到最后一周,类人猿才变成类猿人,而最近的冰河期只发生在几天前。智人——我们的物种——直到大约4小时前才出现。农业在最后一个小时内才被发明,而文艺复兴——以及所有的现代科学——的年龄仅仅只有3分钟!

概念理解 检查

✓ 化学演化在实验室中被验证了吗?

▼ 图6.8 地球上的生命
地球上生命起源和演化的这个简化的时间表,开始于最左边约46亿年前的地球起源,线性延伸到最右边的现在。请注意我们最熟悉的生命形式——鱼、爬行动物、哺乳动物——出现在地球历史相对较晚的时期。技术文明在地球上存在的时间只有我们这个星球的生命时间的亿分之几。

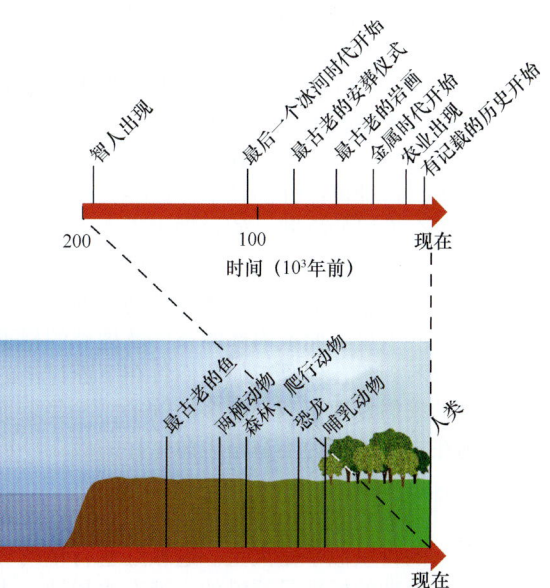

6.2 太阳系中的生命

简单的单细胞生命形式在我们这个星球的大多数历史中居于地球的最高统治地位。需要时间——大量的时间——才能让生命出现在海洋，进化成简单的植物，继续进化成复杂的动物，然后发展出智力、文化和技术。这些（或类似的）事件在宇宙中的其他地方有发生吗？让我们尝试评估我们在这个问题上的证据。

我们所知道的生命

"我们所知道的生命"通常意味着起源于液体水环境的碳基生命，换句话说就是地球上的生命。这样的生命可能存在于我们太阳系的其他地方吗？

月球和水星缺乏液态水，也缺乏大气保护和磁场，所以这两个天体都遭受太阳紫外辐射、太阳风、流星体和宇宙射线的猛烈轰击。简单的分子不能在这样恶劣的环境中生存。与此相反，金星有太多的保护性大气！它的高密度的、干燥灼热的大气毯子有效地令其远离生命——至少像我们这样的生命——的存在。

类木行星没有固体表面（虽然一些研究人员认为，生命也许能在它们的大气层中进化），而大多数它们的卫星（除了有火山活动的木卫一）的表面早就已经冻结了，过于寒冷，无法支持类似地球上的生命。一个可能的例外是土星的卫星泰坦（土卫六）。泰坦有浓厚的大气——主要成分为甲烷、氨和氮气，液态的烃湖，明显的地质活动，人们认为它的表面是生物可能出现的地方。然而卡西尼－惠更斯号任务的最新结果表明，那里的环境对任何我们所熟悉的生命都不适宜。

更有前途的方案来自于四颗类木行星的卫星——木星的木卫二和木卫三，土星的土卫六和土卫二——可能在其内部含有数量显著的液态水。这种可能性助长了在这些天体内部可能有生命发展的推断，使它们成为未来探索的主要候选体。尤其是木卫二，高居美国国家航空航天局和欧洲航天局的优先级列表的榜首。虽说这些卫星上面或内部的条件就地球的标准而言很不理想，但是正如我们将在下面讨论的，科学家们发现了越来越多的例子，一些陆地生物在一度被视为不适宜生命生存的极端环境中生长得很好。

最有可能有生命（或在过去曾经存在生命）的行星似乎是火星。这颗红色行星的环境按照地球的标准是严酷的：液态水稀缺，大气层很薄，没有磁层和臭氧层，因此太阳高能粒子和紫外线辐射可以不受影响地到达其表面。但在过去，火星的大气层较厚，表面可能温暖和湿润得多。事实上，有来自在火星轨道运行的探测器——如海盗号和火星环球勘测者号——的有力的照片证据，证明在遥远的（甚至是相对较近的）过去，火星上有流动的水和死水。2004年，欧洲的"火星快车"号探测器确认了在火星极地存在水冰这一长久以来的推测。NASA的机遇号探测车公布了强烈的地质证据，表明在其着陆点附近的地区曾经在很长一段时期被水"浸透了"。

所有这些推理都强烈暗示，火星——至少在它过去的一段时间——蕴藏着大量的液态水。然而，没有一个火星探测器的登陆舱探测到了任何可能被解释为大型植物或动物遗迹的东西（化石或其他东西），只有海盗号探测器的登陆舱携带了能够进行详细的生物学分析以检测细菌生命（或者其化石残迹）的设备。海盗号的机械手舀起火星土壤（见图6.9），并通过开展化学实验——检测代谢活动的废气和其他产物——对其进行测试，看生命是否存在，但没有火星生命的确凿证据出现。2012年降落的好奇号探测车（见图6.9）现在工作在酷似古代干涸的湖床附近，至今还没有探测到火星生命——无论是死的还是活的。

一些科学家建议，不同类型的生物可能会在火星表面存活。他们认为，能够进食和消化火星土壤中富含氧气的化合物的火星微生物，也可以解释海盗号的结果。如果近期公布的来自火星陨石中的细菌化石被证实的话（虽然看起来当前的科学观点正在反对该数据判读），那么这种猜测将会被大大增强。今天的生物学家和化学家的共识是，火星不容纳任何类似地球的生命。但火星过去是否存在生命呢？要想做出坚实的判定，需要在我们深入探索了我们这个有趣的邻居之后。

考虑逆境中生命的出现，我们或许不应该仅仅因为极端就很快地排除一个环境。图6.10所示为在深海海床上的一个非常恶劣的环境。在这里，热液喷口向前喷出垂直高度达几米的沸腾的热水，这里的环境完全不同于我们这个星球表面上的任何地方，而生命可以在这样富含硫、缺乏氧气、完全黑暗的环境中蓬勃发展。可以设想，在外星世界也可能存在这种地下温泉，这提高了生命形式的可能性——生命比我们在地球上知道的可能要更加多种多样，它们可以生活在宽广得多的环境范围里。

第6章 宇宙中的生命　151

▲图6.9　搜寻火星生命
好奇号火星探测车——在图的左侧可以看到它的部分——在赤道附近一个被称为"耶洛奈夫湾"的浅坑中做实验,收集并检测火星泥土样本。它还没有发现生命迹象。[美国国家航空航天局(NASA)]

近年来,科学家们发现了所谓的**极端微生物**——一种能够生活在极端环境中的生命形式——的许多实例。如图6.10所示的热液喷口是一个例子。同时,极端微生物也在下列这些地方被发现了:深埋在南极冰川下的寒冷的湖泊,地中海的黑暗、缺氧和富盐的海床,加利福尼亚州莫诺湖的富矿和超碱性的环境,甚至是远在地壳之下的富含氢的黑暗火山中。在许多情况下,这些微生物已经进化到了可以采用纯化学手段创造自身所需要的能量,通过化学合成而非光合作用——即植物将阳光转化为能量的过程。这些环境中的条件可能与火星、木卫二、土卫六上的条件并没有太大不同,这暗示了,甚至是"我们所知道的生命"也很可能能够在这些充满敌意的外星世界中茁壮成长。

◀图6.10　热液喷口
一艘两人潜艇(阿尔文号,可以在图的下部见到一部分)拍下了这张热泉,或称"黑烟囱"的照片——这是许多沿着东太平洋中脊的热泉的其中一个。随着富含硫的热水从喷管的顶部(近中心)涌出,黑云翻腾出来,给许多在喷口附近欣欣向荣的生命形式提供了一个陌生的环境。插入图显示了喷口底部的一个近距离特写,在那里,嗜极生物蓬勃发展,其中包括——正如在这里看到的——巨大的红色管虫和巨大的螃蟹。[美国伍兹霍尔海洋科学研究所(WHOI)]

另类生化指标

可以想象，某些类型的生物可能与地球上的生命是非常不同，我们不会认出它们，不知道如何来测试它们。这些另类的生物可能是什么？

一些科学家已经指出，元素硅具有类似碳的化学性质，所以认为硅可以作为以碳为基础的生物的一种可能的替代方案。氨（由普通的元素氢和氮组成）有时被提出至少在一颗足够冷的，氨能以液态存在的行星上，可作为生命有可能会在其中发展的可能的液体培养基。一起或分别地，这些替代品肯定会引起有机体在生化上与我们所知道的地球上的生物完全不同。可以想象，我们甚至可能连确定这些生物体是否是活着的都很困难。

虽然这种外星生命形式的可能性是一个引人入胜的科学问题，但大多数生物学家认为，基于碳和水的化学作用是所有情况中最可能导致生命的一种。碳灵活的化学性质和水宽广的液体温度范围正是生命的发展和繁荣所需要的。硅和氨似乎不大可能成为先进生命形式的基础。硅的化学键弱于碳，可能无法形成复杂的分子——而这显然是以碳为基础的生命所必不可少的环节。此外，环境越冷，用于驱动生物过程的能量越少。令氨保持液态所必需的低温，可能会抑制甚至完全阻止能产生氨基酸和核苷酸碱基等价物的化学反应。

尽管如此，我们也必须承认，我们对非碳、非水的生物化学成分几乎一无所知。因为有很好的理由，我们没有它们的样本用于实验研究。我们可以推测外星生命形式，并尝试对它们的特点做一般性评论，但我们对它们的实质可说的很少。

概念理解 检查

✓ 哪个太阳系天体（除地球以外）是寻找外星生命的优先候选体？

6.3 银河系中的智慧生命

人类显然是太阳系中唯一的智慧生命，我们必须拓宽我们对外星智慧生命的搜寻，将目光投向其他恒星，甚至其他星系。不过，在这样的距离上，我们几乎没有希望用当前的设备对生命进行实际探测。相反，我们必须问："生命以任何形式——碳基、硅基、水基、氨基，或一些我们做梦也想不到的东西——存在的可能性有多大？"让我们审视一些数字，以对宇宙中其他地方存在生命的可能性做出估计。

德雷克方程

这个问题的早期解决方法被称为**德雷克方程**，以率先分析该问题的美国天文学家的名字命名。它试图表达生命在我们的银河系中的可能性——基于天文学、生物学和人类学方面的具体要素。

当然，这个方程中的几个要素在很大程度上是见仁见智的。我们根本没有足够的信息来确定——甚至只是近似确定——方程中的每一个要素，所以德雷克方程不能给我们一个确凿而快速的答案。其真正的价值在于，它将一个庞大而困难的问题细分成了小问题，这些小问题我们可以尝试单独回答。该方程提供了一个框架，在该框架内，这个问题可以在很多不同的科学学科中分成小部分，将每一个小部分解决了，该问题就能得到最终的解决。如图6.11所示，为什么随着我们的要求越来越严格，银河系中只有一小部分恒星系统可能会产生用方程右边的要素组合得出的较好的结果。

让我们来一一检查方程中的要素，并提出一些有关它们的值的猜测。但请记住，如果你问两位科学家对于任何给定要素的最佳估计，你可能会得到两种截然不同的答案！

| 现在银河系中的技术和智慧文明的数量 | = | 银河系的一生中恒星形成率的平均值 | × | 有行星系统的恒星的比例 | × | 在这些行星系统中的宜居行星的平均数量 | × | 有生命产生的宜居行星的比例 | × | 产生生命的行星上有智慧进化的比例 | × | 有智慧进化的行星上发展出技术文明的比例 | × | 技术文明的平均寿命 |

第6章　宇宙中的生命　153

在偏心的或"热"的轨道上运行。这些都是当时用仅有的设备可以检测到的仅有的行星。然而，随着探测技术的进步，越来越多的质量与地球相当的行星被发现。简而言之，到今天已经确认了几十颗地球大小的行星，许多都大致位于类似地球的轨道上。这些观测已经达到了目前探测能力的极限。许多天文学家期待，随着新的探测器的运行，"类地球"的行星数量将会迅速增长。

通过巡天获取了数据的恒星只有大约10%被发现有行星。然而，大多数研究人员认为，这是对真实比例的严重低估——源于观测的限制和选择偏差。因此，按照凝聚理论及其结果，同时既不过于保守，又不过于乐观，我们给这个要素分配了这样一个值——接近1——也就是说，我们认为基本上所有的恒星都形成了某种形式的行星系统。

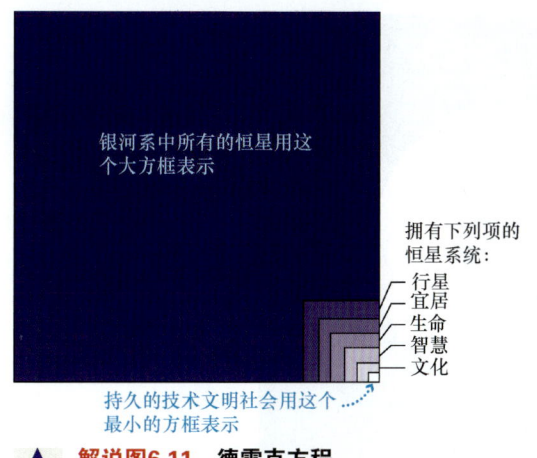

 解说图6.11　德雷克方程
我们的银河系中所有的恒星系统的德雷克方程，随着考虑的要素增加，满足条件的恒星越来越少，直到最后——一个典型的长期存在的技术文明社会。

恒星形成率

我们可以非常简单地估算银河系每年恒星形成的平均数量——目前至少有1000亿颗恒星闪耀在银河系中。用这个数字除以银河系的寿命100亿年，我们得到的形成率为每年10颗恒星。这个比率可能被高估了，因为我们认为现在形成的恒星比银河系早期形成的恒星更少，那时有更多可用的星际气体。然而，我们的确知道恒星在今天仍然正在形成，我们的估计并不包括过去形成，至今已经死亡的恒星，所以我们的值——平均每年10颗恒星——可能是合理的，这是银河系的整个寿命中的平均值。

有行星系统的恒星的比例

许多天文学家认为，行星形成是恒星形成过程中的自然结果。如果凝聚理论或它的一些变种是正确的，如果我们的太阳没有什么特别之处——正如我们在本书中说明的，那么我们会想到很多恒星都至少有一颗行星。事实上，正如我们已经看到的，越来越复杂的观测表明，年轻恒星周围存在盘。这些盘是原太阳系吗？凝聚理论表明它们确实是，并且盘较短（理论上）的寿命意味着许多正在形成行星的系统存在于太阳的邻居中。

随着观测技术在过去20年里的改善，这些预期已经被证实了，而且现在有压倒性的证据证明，在数百颗恒星周围都有行星环绕。已发现的第一批系外行星比地球大很多，而且大多

这些行星系统的宜居行星的数量

什么决定了一颗给定的行星上生命的可能性？温度可能是最重要的单一因素——虽然还必须考虑灾难性的外部事件，如彗星的撞击，甚至是遥远的超新星。

一颗行星的表面温度取决于两件事：行星到其母星的距离，以及行星的大气厚度。位于母星附近（但不是太靠近）和有一些大气（但不是太厚）的行星，应该会温暖且比较适宜，像地球或火星。远离母星和没有大气的行星，类似冥王星（译者注：原文如此，但冥王星实际上已经不是行星了），按照我们的标准显然太冷了。太靠近母星和有着很厚大气层的行星，如金星，将会非常热。

一个温度"舒适"的三维**恒星宜居带**围绕着每一颗恒星。（这些区域在我们的二维图中被表示为环，如图6.12所示。）宜居带代表了这样一个距离范围：位于其内的行星，如果质量和组成类似地球，其表面温度将会介于水的冰点和沸点之间。（我们以地球为基础的偏好又在这里清楚地出现了！）恒星越热，这个区域越大（见图6.12）。A型和F型恒星具有相当大的宜居带，但对于G型、K型、M型恒星（虽然有很多类地球和超级地球确实位于其低质量母星的宜居带内），该区域的尺寸迅速减小。

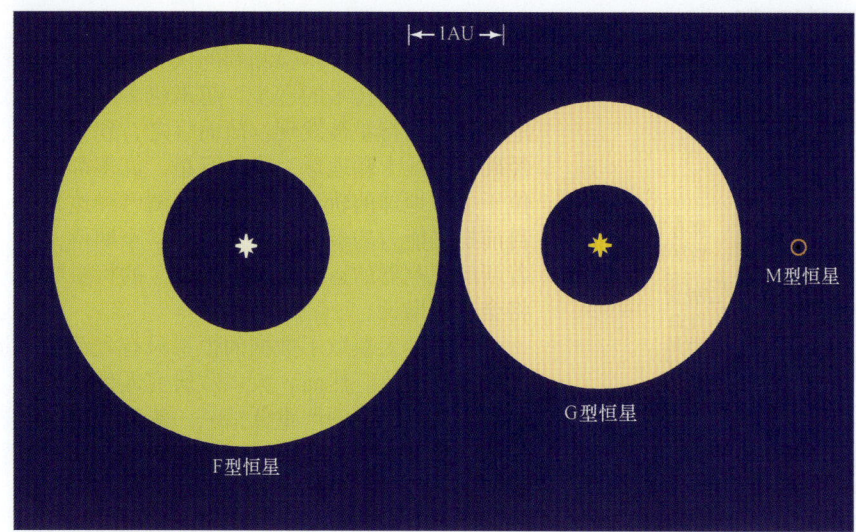

◀ 图6.12 **恒星宜居带**

较热的恒星比较冷的恒星具有更大的宜居带。对于G型恒星，比如太阳，该区域从约0.8 AU 延伸到2 AU。对于较热的F型恒星，其范围为1.2～2.8 AU。对于一个很冷的M型恒星，只有轨道位于约0.02～0.06 AU之间的类地球行星适宜居住。

除了较小的宜居带，小质量的M型恒星被认为会有强烈的表面活动的倾向，因此一般不认为它们可能会拥有适宜生命的行星，尽管它们的数量很多。在另一极端，大质量的O型和B型恒星也被认为不大可能是候选体，因为它们比较罕见，并且预计它们的寿命不足以令生命形成，即使它们确实拥有行星。

三颗行星——金星、地球、火星——位于或靠近太阳周围的宜居带。金星太热了，因为它有很厚的大气，并且离太阳比较近；火星太冷了，因为它的大气层太薄，并且离太阳太远。但是，如果金星和火星的轨道被交换——并非不可思议，因为偶然因素在类地行星的形成上起的作用太大了——那么这两颗邻近的行星被认为可能进化出类似地球表面的条件。在这种情况下，我们的太阳系可能有3颗宜居行星，而不是1颗。靠近一颗巨行星也可能会导致一颗卫星（如木卫二）成为宜居的，因为行星的潮汐加热会弥补阳光的缺乏。因为受其母行星的引力庇护，这样的卫星可能会在很大程度上不受刚才针对行星所描述的宜居条件的限制。

一颗在"宜居"轨道上运行的行星仍可能因为一些外部事件而无法居住。许多科学家认为，我们自己的太阳系外部的巨行星对宜居的内部行星是至关重要的，既稳定了后者的轨道，又保护后者免受彗星撞击，将可能发生的对内太阳系的撞击偏转出去。一颗恒星如果有着运行在稳定轨道上且靠内侧的类地行星，那么很可能也会有可以保障它们生存所需要的类木行星。然而，对太阳系外行星的观测尚未足够细化，无法确定拥有类似于太阳系的"外行星"系统的恒星的比例。

其他外部力量也可能影响一颗行星的生存。一些研究人员认为，一般而言，恒星还有一个 <u>星系宜居带</u> 的概念，如果位于其外，环境也会对生命不利（见图6.13）。远离银河系的中心，恒星形成率低，不会发生太多恒星形成循环，因此没有足够的重元素来形成类地行星。即使形成了，也没法提供能发展出技术文明所必需的材料。离银河系的中心太近的话，来自拥挤的银河系内部的明亮恒星和超新星的辐射对生命可能是有害的。更重要的是，附近的恒星的引力效应可能频繁地从类奥尔特云发送"彗星雨"到行星系统的内部区域，撞击类地行星，终结任何可能导向智慧生命的进化链条。

因此，要估计每个行星系统中宜居行星的数目，我们必须首先实际清点每种类型的闪耀在银河系的宜居带中的恒星有多少颗，然后计算它们的恒星宜居带的大小，并估计可能在那里发现的行星的数量。在这样做时，我们排除了几乎所有的已经在周围观测到行星的恒星，从总体上大致假定了相同的恒星比例。在大多数情况下，观测到的类木行星有偏心轨道，将破坏任何内侧的类地行星的运动——无论是将它们从系统中完全抛出还是导致它们的环境特别极端，都将使生命发展机会严重减少。我们也排除了大多数的双星系统：由于我们银河系中的双星系统的观测性质，双星系统中在"宜居"轨道上运行的行星在许多情况下将是不稳定的，如图6.14所示，因此会没有时间让生命得以发展。

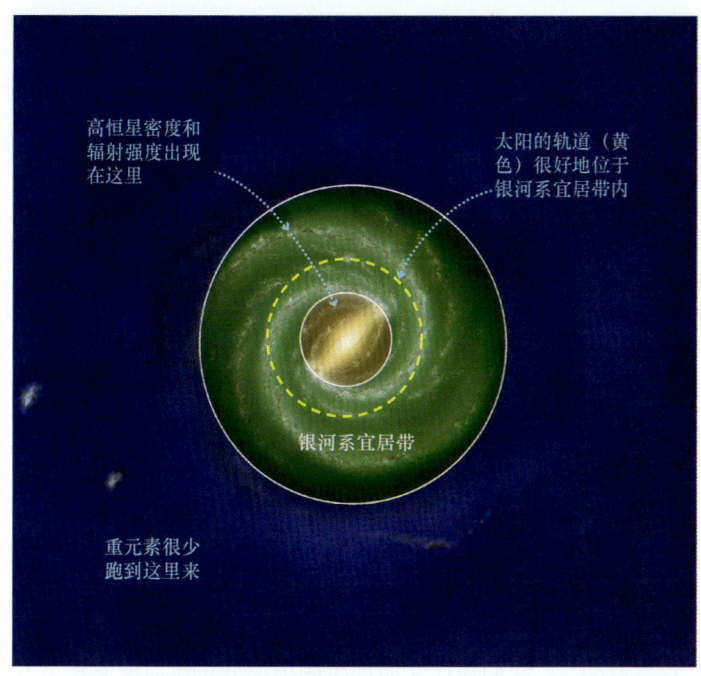

◀ 图6.13 银河系宜居带

银河系的一些区域可能会比别的区域更有利于生命形成。离银河系中心若太远，未必有足够的重元素能令类地行星形成或发展技术文明。离银河系中心太近，辐射或附近恒星的引力效应可能会导致生命无法出现。虽然它的整个范围并不确定，但其结果是一个环形的宜居带，在这里以绿色表示。

对位于宜居轨道的类地球行星，目前可用的巡天观测证据表明，已知的行星系统中只有百分之几包含宜居行星。然而，由于这些行星是如此接近现有设备探测能力的极限，许多天文学家认为，真正的比例会变得高很多。可能宜居的类木行星的卫星仍然可以进一步提高比例。然而，许多不确定因素依然存在。银河系宜居带的内、外半径还完全不确定；另外一个简单的事实是，对大多数恒星，我们仍然没有足够的数据，无法对它们的行星系统中的宜居世界做出强有力的声明。

我们努力将这众多的不确定因素考虑在内，最终将公式中的这一要素赋值为1/10。换句话说，我们认为，在我们的银河系中，平均每10个行星系统中，可能会有1颗宜居的行星。F型、G型和K型单星是最好的候选体。

有生命产生的宜居行星的比例

原子可能的组合数量多得令人难以置信。如果导致组成生物体的复杂分子的化学反应是完全随机发生的，那么这些分子极有可能根本不会形成。在这种情况下，生命是异常罕见的，这一要素接近于零，我们可能是孤独地存在于银河系中，甚至是整个宇宙中。

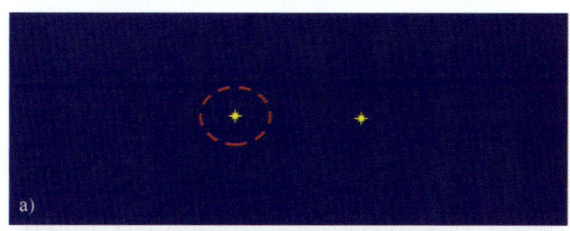

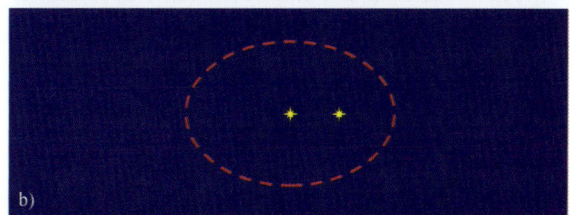

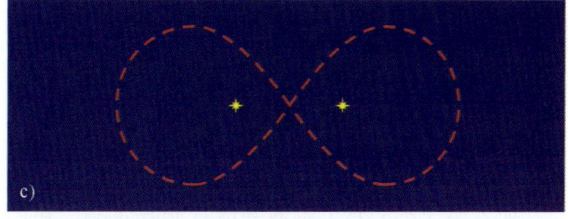

▶ 图6.14 双星系统的行星

在双星系统中，行星被限制在少数几种引力稳定的轨道上。（a）如果行星距其母星非常近，那么另一颗恒星的引力可以忽略不计，此时这个轨道是稳定的。（b）一颗行星在距两颗星很远距离的椭圆轨道上运行，这种情况下的轨道可以是稳定的。（c）这是另一种可能的轨道，行星在两颗恒星间交织运行，呈现出如图所示的8字形。

然而，实验室的实验（如前面所述的尤里-米勒实验）表明，似乎某些特定的化学组合比其他的更受青睐——这就是说，反应不是随机的。各种简单的原子和分子随机组合，由此可能在地球上发生的几十亿种基本有机基团中，只有约1500种实际上会发生。此外，这1500种地球生物的有机基团，只是由大约50个简单的"积木"（包括前面提到的氨基酸和核苷酸碱基）组成的。这表明，生命的关键分子并不只是由概率独自决定的。显然，额外的要素在微观层面上起了作用。如果数量相对较少的化学"演化轨迹"可能存在的话，那么复杂分子——同样，我们假设生命——的形成就变得容易得多了，只需给予足够的时间。

分配给方程的这一要素一个很低的值的话，可能会让人觉得生命是随机产生的，非常稀有。要分配给这一要素接近1的值，又会觉得生命是不可避免的——只要给定恰当的原料、合适的环境和足够长的时间。没有简单的实验可以区分这些极端的选择，并且很少有或根本没有中间地带。对许多研究者而言，生命（过去或现在）在火星、木卫二、土卫六或我们的太阳系中其他一些天体上的发现，将把生命从一个不可能的奇迹，转换成在整个银河系中板上钉钉的事。基于这一原则：一个有着其他生命形式的宇宙比没有要有趣得多，我们将采取乐观的看法，并认为该要素的值为1。

有生命的行星上出现智慧的比例

如同生命的进化，发展良好的大脑的出现更加不可能只与概率有关。然而，自然选择的生物进化是一个通过挑选和精炼有用特性，从而产生看上去极不可能的结果的机制。有益地使用适应性的生物体，可以发展出更复杂的行为，而复杂的行为给生物体提供了各种选择，让其可以进行更高级的发展。

一派观点认为，给予足够的时间，智能进化是必然的。从这个角度来看，假设自然选择是一种普遍现象，在一颗行星上至少有一种生物会一直上升到"智慧生命"的水平。如果这是正确的，那么德雷克方程的第五个要素就等于或接近等于1。

另一种观点认为，只有一个已知的智慧生命的例子——地球上的人类。有25亿年——从约35亿年前的生命开始，到约10亿年前多细胞生物体的首次出现——生命并不高级，没有超出单细胞阶段。如果这后一种观点是正确的，那么等式中的第五个要素就是非常小的，我们

正面临着令人沮丧的前景，人类可能是银河系中最聪明的生命形式。正如我们考虑前面的要素那样，我们将保持乐观，在这里简单地采用1为该要素的值。

智慧生命得以发展并使用技术的行星比例

要评估我们公式的第六个要素，我们需要估计智慧生命最终开发技术能力的概率。如果技术的崛起是不可避免的——只要给予足够长的时间，这一要素就接近于1。如果它不是不可避免的——如果智慧生命能以某种方式"避免"发展技术——那么这一要素可能远远小于1。后者设想了一个可能充满智慧文明的宇宙，但其中很少有能成为有技术能力的。也许只有一个掌握了技术——我们。

再次，在这两个观点之间，很难得出结论。我们不知道有多少地球史前文化没能发展出简单的技术或拒绝技术的使用。我们知道，我们现代文明产生的根源分布在地球上几个不同的地方，包括美索不达米亚、印度、中国、埃及、墨西哥、秘鲁。因为这么多的古老文明在大约同一时间起源，很容易让人得出这样的结论：机会恰当时，某种技术社会将不可避免地发展，只要给予基本的智力和足够的时间。

如果技术是不可避免的，那么为什么地球上其他生命形式没有发现它有用？也许，人类作为第一个发展出智慧和技术的物种，获得了明显的竞争优势，使我们能够如此迅速地占据主导，而其他物种——例如大猩猩和黑猩猩——根本就不可能来得及赶上我们。地球上只有一个技术社会存在的事实，并不意味着我们的德雷克方程的第六要素必须比1小得多。相反，正是因为一些物种可能会总是填补技术智慧的空白，所以我们认为这一要素将接近于1。

一个技术文明的平均寿命

在德雷克方程中，对每个要素估计的可靠性从左到右明显下降。例如，我们的天文知识让我们在第一要素——我们银河系中的恒星形成率——做出了一个相当不错的尝试，但对后面一些要素的评估就要困难得多了，如在有生命的行星上最终发展出智慧的比例。方程右边的最后一个要素——技术文明的寿命，是完全未知的。只有一个已知的这样的文明例子：地球上的人类。我们自己的文明在其"技术"的状态生存了仅仅约100年，我们将继续这一状态多久，直到自然或人为的灾难结束这一切，这是完全无法预测的。

银河系中技术文明的数量

有一件事是肯定的：如果公式中的任何一个要素的正确值非常小——而且我们刚才看到至少有两个要素可能会是这种情况，尽管我们做出了乐观的选择——那么就只有几个技术文明现在会存在于银河系中。换句话说，如果对生命或智力发展的悲观看法是正确的，那么，我们将是唯一的，这就是我们故事的结局。但是，如许多科学家认为的，如果生命和智慧是化学和生物进化的必然结果，如果智慧生命总是成为技术文明，那么我们就可以将更高、更乐观的值插入到德雷克方程中。在这种情况下，结合我们对其他六个要素的估计（并注意，$10 \times 1 \times 1/10 \times 1 \times 1 \times 1 = 1$），我们得到

现在银河系中的技术和智慧文明的数量 = 一个技术文明的平均寿命（以年为单位）

因此，如果文明通常能生存1000年，那么目前应该有1000个文明社会存在，分散在整个银河系中。平均而言，如果他们能生存100万年，我们会认为银河系中有100万个先进的文明存在，以此类推。

需要注意的是，即使撇开语言和文化的问题，规模庞大的银河系技术文明之间的沟通也面临一个重大障碍。一个双向通信的最低要求是，我们可以发出一个信号，并在比我们自己文明的一生更短的时间里得到答复。如果文明的一生是短暂的，那么文明实际上少之又少——根据德雷克方程，本来文明的数量就少，还散落在浩瀚的银河系中——它们之间的距离（光年）远远大于它们的寿命（年）。在这种情况下，双向通信，即使以光速也是不可能的。然而，随着寿命的增加和银河系变得更加拥挤，间隔距离变得越来越小，前景得到了改善。

再考虑恒星的大小、形状和在银盘中（我们为什么要排除银晕？）的分布，并且在刚才做出的乐观假设下，我们不难发现，除非一个文明的预期寿命至少有几千年，否则文明之间不可能有时间来沟通，即使是与其最近的邻居沟通。

科学过程理解 检查

✓ 如果对大部分要素已大致达成共识，那么德雷克方程如何协助天文学家精炼他们对外星生命的搜寻？

6.4 寻找外星智慧

让我们继续我们对生命前景的乐观评估。假设当最初的技术磨合问题一旦过去，文明会长时间停留在它们的母行星上。在这种情况下，智慧的、技术的、甚至能通信的文明可能在银河系中很丰富。我们怎么能意识到它们的存在？对外星智慧的不断寻找（许多人认识其缩写——SETI）是最后一节的话题。

会晤我们的邻居

定性地，让我们假设一个技术文明的平均寿命是100万年——只有恐龙时代的1%，但比人类文明迄今已存活的时间长100倍。鉴于我们银河系的大小和形状，以及银盘中恒星已知的分布，我们就可以估算这些文明之间的平均距离约为30pc，或约100光年。因此，任何与我们邻居的双向通信——使用信号的速度等于或低于光速——将需要至少200年（100年，消息到达对方的行星，然后另一个100年，答复才能回到我们这里）。

一个明显的寻找外星生命的方法将会是开发旅行到远远超出我们太阳系的地方的能力。然而，这可能永远不会有实际可能性。以50km/s的速度——今天最快的空间探测器的速度，往返最近的类似太阳的恒星——半人马座阿尔法星，将需要约50 000年。到最近的技术文明邻居（假设距离30pc）再返回的旅程将花费60万年——这几乎是我们人类这一物种的整个生命周期！星际旅行以这样的速度显然是不可行的。将我们的飞船加速到接近光速将减少旅行时间，但这样做远远超出了我们目前的技术。

其实，我们的文明已经发射了一些星际探测器，虽然它们没有具体的恒星目标。图6.15所示为一块金属板的复制品，这块金属板搭载在20世纪70年代中期发射的先驱者10号飞船上，该飞船现在已远远超出了冥王星的轨道，正行驶在飞出太阳系的路上。类似的信息搭载在1978年发射的旅行者号探测器上。虽然这些航天器将无法把它们遇到的一个外星文明的消息传回地球，但科学家们希望，另一端的文明将能够解开我们使用的通用数学语言所记录的内容的大部分。图6.15的说明文字介绍了外星人怎样能发现先驱者号和旅行者号探测器是在何时从何地发射的。

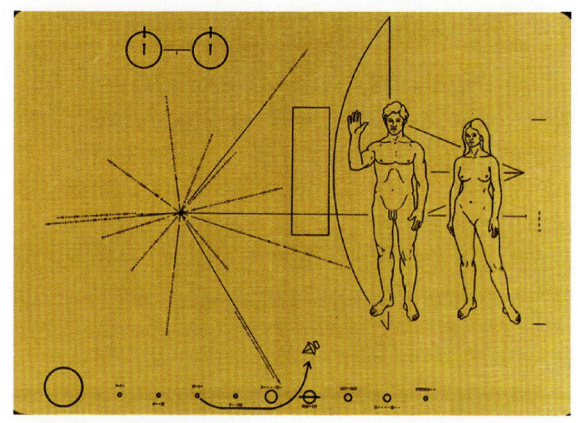

▲ 图6.15　星际信息
这块搭载在先驱者10号飞船上的金属板的复制品显示了按照相同比例描绘的飞船本身、一个男人和一个女人；正在进行能量变化的氢原子示意图（左上）；代表不同脉冲星和其射电频率——可以用于估计飞船的发射时间——的星爆图案；以及对太阳系的描绘，显示飞船发射于从太阳数起的第三颗行星，并在其通往星际空间的路上通过了第五颗行星（底部）。[美国国家航空航天局（NASA）]

撇开在试图与外星人建立直接联系中出现的许多实际问题，一些科学家在争辩这甚至可能不是一个特别好的主意。我们最近刚刚进入技术文明，这意味着我们必然在整个银河系中是最不先进的技术智慧。任何发现我们的其他文明几乎肯定会比我们更先进。因此，适当的谨慎可能是必要的。如果遥远的外星人的行为像地球上的人类文明，那么最先进的外星人自然可能试图主宰所有其他文明。在17、18、19世纪，"先进"的欧洲文明，面对在他们的发现之旅中遭遇的"原始"种族的行为，应作为与外星文明接触可能产生的不良后果的明确警告。当然，地球人的侵略性可能无法适用于外星人，但鉴于我们已知的唯一智慧种族的历史，审慎的做法可能是合乎情理的。

无线电通信

更便宜、更实用的对直接接触方案的替代是尝试与外星人仅使用电磁辐射——已知最快的从一个地方到另一个地方传递信息的手段——进行通信。由于可见光和其他高频辐射在穿越多尘埃的星际空间时会被严重散射，所以长波的无线电辐射似乎是自然的选择。然而，我们不会试图对邻近的所有候选恒星进行广播——这将过于昂贵且效率低下。相反，地球上的射电望远镜将被动地监听其他文明所发射的无线电信号。事实上，一些初步选定的对邻近恒星的搜索正在进行中，但迄今都没有成功。

我们应该将我们的射电望远镜瞄准什么方向？这个问题的答案是相当简单的：在我们前面推理的基础上，我们应该针对所有的在我们附近的F型、G型和K型恒星。但外星人会广播无线电信号吗？如果他们都没有，这种搜索显然会失败；即使他们会，我们又怎么将他们人为产生的无线电信号与自然的由星际气体云发出的信号区别开来？我们应该调整我们的接收机到什么频率？这个问题的答案取决于信号是故意制作的，还是仅仅是从一颗行星逃逸出去的"废物辐射"。

考虑地球在射电波段对外星人而言看起来的样子。图6.16显示了射电信号发射到太空中的图案。从遥远的观测者的角度来看，自转的地球每隔几小时发出一道明亮的射电辐射。事实上，现在的地球是比太阳更强烈的无线电发射器。闪光产生于周期性上升和下落的数百个FM广播电台和电视信号发射器。每个站的广播主要平行于地球表面，但同时也会有"一大片"电磁辐射散逸到星际空间中，如图6.16（a）所示。（更常见的AM广播被束缚于我们的电离层，因此这些信号从来不曾离开过地球。）

这些发射器的绝大多数都集中在美国东部和欧洲西部，随着我们星球的每天转动，一名遥远的观测者会从地球探测到周期性的辐射爆发[见图6.16（b）]。这些辐射"争先恐后"地进入太空，并从70多年前这些技术被发明后就一直如此。另一个文明至少要跟我们同样先进，才有可能建造出能够探测这些辐射爆发的设备。如果任何足够先进（和足够有兴趣）的文明居住在我们附近，在距我们大约70光年（20pc）的上千颗恒星所拥有的行星上，那么我们就已经广播了我们的存在。

当然，很可能在发明了电缆和光纤技术以后，大多数文明不加选择的信号传送会在几十年后停止。在这种情况下，无线电静默会变成智慧的标志，我们必须找到一个替代手段来定位我们的邻居。

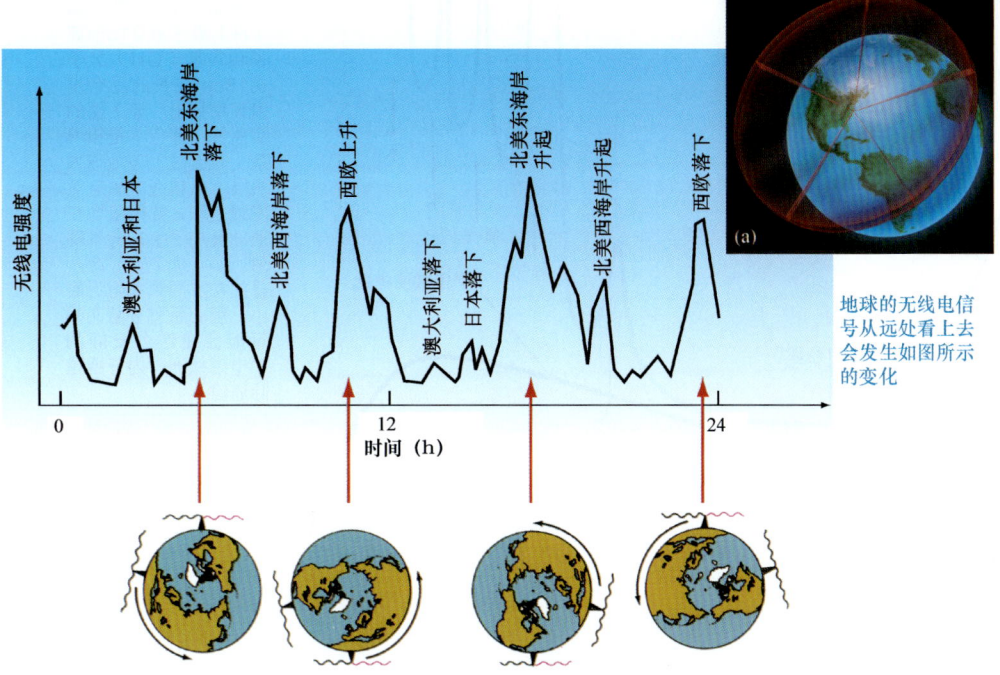

地球的无线电信号从远处看上去会发生如图所示的变化

遥远的观测者

▲图6.16 地球的无线电泄漏

无线电辐射从地球外泄到太空，是因为我们这个技术文明的日常活动。（a）大多数广播和电视发射机广播的能量使其平行于地球表面（人们生活的地方），但同时也会有"一大片"电磁辐射散逸到星际空间中。（b）由于大部分发射器都集中在美国东部和欧洲西部，所以一名遥远的观测者会探测到来自地球的射电辐射爆发，因为我们的地球每天都在自转。

水洞

现在，让我们假设，一个文明决定通过向银河系的其余部分积极广播其自身的存在，来帮助搜索者。那么，我们要想听到这样一个外星（导航）无线电信标，需要在什么频率？电磁波谱是巨大的，单独的广播域是辽阔的。要希望探测到一些未知的无线电信号，就像是大海捞针。是否某些频率比其他的更有可能携带外星信息？

一些基本的讨论表明，文明可能会在20cm波长的附近进行沟通。构建宇宙的基本成分——氢原子，在波长为21cm发出自然辐射。另外，最简单的分子之一——羟基（OH），在18cm附近发出辐射。总之，这两种物质形成水（H_2O）。考虑到水可能是任何地方生命的互动介质，并且穿过我们银河系盘面的射电辐射被星际气体和尘埃吸收得最少，一些研究人员提出，18cm和21cm之间的区间具有文明发送或监控的最好的波长范围。这个无线电区间被称为**水洞**，可能会成为一个"绿洲"——所有先进的银河系文明会聚集于此开展电磁业务。所以，如果ET希望被发现，根据推理，这是我们应该寻找的波段！

当然，水洞的频率区间只是一种猜测，但它也被其他论据支持。图6.17显示出在电磁波谱上水洞的位置，并绘制出来自我们的银河系和地球大气层的自然发射量。18～21cm范围位于电磁波谱最安静的部分。在这个部分，银河系是"静态的"，因为恒星和星际云的影响碰巧在这里最少。此外，典型的行星——或者至少是与地球差不多的行星——的大气层也预期在这些波长干扰最少。因此，水洞对星际无线电信标台的频率而言似乎是一个不错的选择，虽然我们不能肯定这个推理，直到真正建立起连接。

一些无线电搜索目前正在水洞频率上和其周围进行。在寻找外星智慧生命（其缩写SETI的知名度很高）领域里最灵敏和全面的项目之一，目前正在利用艾伦望远镜阵进行［见图6.18（a）］。这是一个许多小型碟形天线的集合，当前正在1～3 GHz的范围内同时搜索数百万个频道。其实，在这些搜索中，计算机做

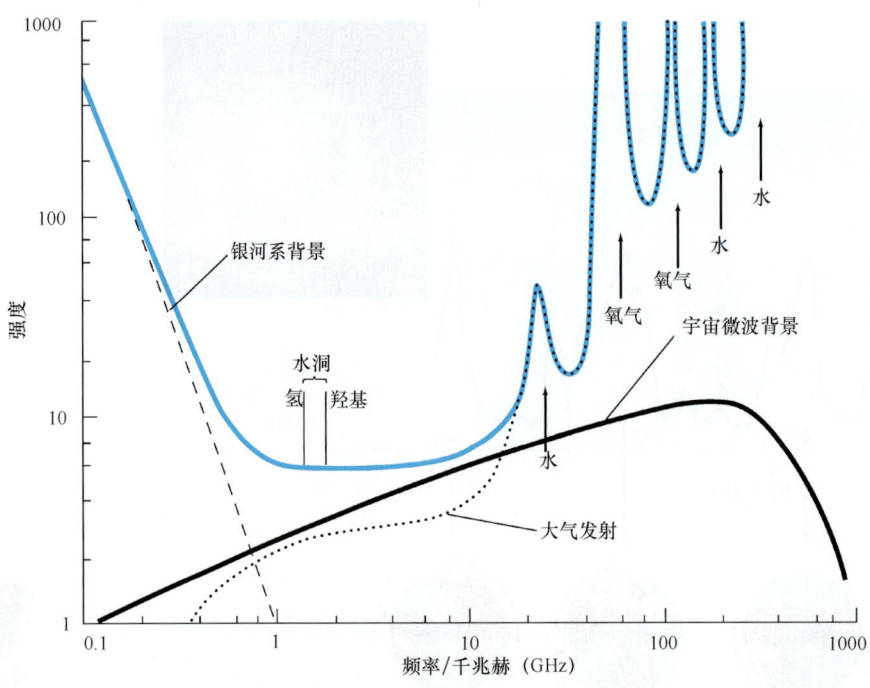

◀ 图6.17 水洞
"水洞"的边界由氢（H）原子在21cm波长和羟基（OH）分子在18cm波长的固有发射频率划出。最上面的实曲线（蓝色）是银河系（长虚线）与地球大气层（点虚线）的自然发射之和，并相应地在顶部叠加了宇宙背景辐射。∞（4.7节）这一叠加在水洞频率附近最小，因此所有智慧文明可能会在这个安静的"电磁绿洲"内开展星际通信。

了大部分"监听"的工作，仅当信号看起来耐人寻味时才需要人类涉足。图6.18（b）显示了一个典型的窄带，1Hz信号——一个潜在的智能传输特征——在一台计算机显示器上看起来是什么样子的。然而，这种观测只是一个测试，探测由先驱者10号——它正在远离我们，奔向我们太阳系的外围区域——探测器发出的微弱、红移了的无线电信号。这是一个智慧的信号，但却是我们放在那里的。目前尚未发现任何类似的外星信号。

围绕我们所有人的太空，现在可能正充斥着来自外星文明的无线电信号。如果我们一旦知道了正确的方向和频率，我们也许能够做出有史以来最令人吃惊的发现之一。其结果可能会提供全新的机会来研究宇宙的能量演化、物质和宇宙中的生命。

科学过程理解 检查

✓ 为什么许多研究人员将"水洞"作为一个搜索外星信号的可能频段？

(a)

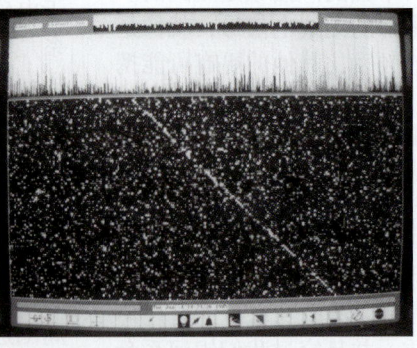
(b)

▶ 图6.18 SETI项目
（a）这个在美国加利福尼亚的搜寻地外文明研究所的小型无线电碟形天线阵被设计用于搜寻外星智慧信号。（b）一个外星信号的典型记录——作为一个测试，在这里显示的是来自先驱者10号飞船（现在远远超出了柯伊伯带）的多普勒频移了的广播——信号斜穿计算机显示器的对角线，明显与背景的随机噪声不同。[地外文明探索学会（SETI Institute）]

终极问题 行星是否可能会围绕着在宇宙中观测到的无数的恒星运转?在其中的一些行星上是否可能有智慧生命。也许在天文学所有尚未解决的问题中,最著名的是外星人以及其是否在地球之外存在。单就这些问题,对外星生命的搜寻也将继续下去。探索永远不会结束。

章节回顾

小结

❶ **宇宙演化**(p.144)是导致了星系、恒星、行星和地球上生命出现的持续过程。  生物体可能会通过自身适应环境的能力而塑造特征,从周围环境中吸收营养而生长和繁殖,以将一些自身的特点传递给它们的后代。可以最大限度地利用新环境的生物会成功,而不能根据环境进行必要调整的那些生物会灭亡。智慧受到自然选择的强烈青睐。

❷ 被自然能源驱动,原始地球海洋中的简单分子之间的反应导致了**氨基酸**(p.146)和**碱基**(p.147)的形成,这些都是生命的基本分子。  氨基酸构建蛋白质、控制代谢,而核苷酸碱基序列构成DNA——一个活的生物体的基因蓝图。另外,这些复杂分子(或它们的前身)中的一些可能在星际空间中就已经形成了,然后被流星或彗星传递到地球。

❸ 太阳系中,最有希望在地球以外发现生命的是火星,虽然还没有发现直接的有生命的——目前的或已灭绝的——证据。一些外行星的冰卫星——木星的木卫二和木卫三、土星的土卫六和土卫二——也可能含有某种形式的生命。  这些冰冻天体的环境就地球标准而言比较严酷,然而地球上的**极端微生物**(p.151)被发现在此前认为生命不可能存在的恶劣环境中也能茁壮成长。

❹ **德雷克方程**(p.152)提供了一种手段,估计银河系中存在智慧生命的概率。公式中的天文要素是银河系的恒星形成率、行星的可能性,以及可居住行星的数量。化学和生物要素决定生命出现的概率和随后发展出智慧的概率。文化和政治要素是智慧走向技术的可能性和一个处于技术状态的文明的寿命。 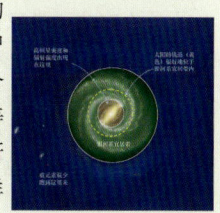 对生命和智慧的发展所持的乐观的看法,导出这样一个结论:银河系中技术文明的总数,约等于一个典型文明的生命周期,以年为单位。即使根据乐观的假设,到我们最近的智慧邻居的距离也可能有数百秒差距。

❺ 目前,太空旅行不是一个寻找智慧生命的可行手段。现有的发现外星智慧的方案主要是扫描电磁波谱,以期待收到信号。到目前为止,还没有收到可理解的广播。一个技术文明可能会通过发射到太空的广播和电视信号向宇宙"宣布"其存在。 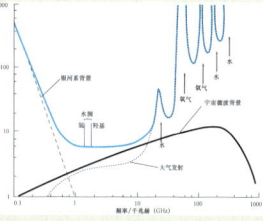 从远处观测,我们的行星会像一个24h周期的射电源——随着地球不同地区的升起和落下。"**水洞**"(p.159)是这样一个区域:位于电磁频谱的射电波段内,接近氢的21cm线和羟基的18cm线,在这个区域,来自银河系的自然发射恰好最小。许多研究人员认为,这一区域是波谱中用于通信的最好部分。

标记**POS**的问题探索科学过程。标记**VIS**的问题着重于阅读和视听资讯的理解。
LO后紧跟的是本章引言中学习目标的编号。

指定的课后作业请访问MasteringAstronomy网站。

复习与讨论

1. **LO1**概述导致地球上出现生命的过程。为什么很难得到生命的一般定义？
2. **LO2**什么是化学演化？什么是形成地球上生物分子的基本要素？
3. 什么是尤里－米勒实验？它产生了什么重要的有机分子？还有哪些其他的实验试图通过无机手段产生有机分子？
4. 为什么有些科学家认为生命可能起源于太空？
5. **POS**我们如何知道关于地球生命早期阶段的事情？
6. 在文化演化中，语言的作用是什么？
7. **LO3**除了地球和火星，我们还希望可能在我们的太阳系中的什么地方找到生命迹象？
8. **POS**我们是否知道火星在过去任何时候曾经有过生命？是什么支持了它可能曾经拥有生命？
9. **POS**什么是通常所说的"我们所知道的生命"？什么样的其他生命形式是可能的？
10. **LO4**德雷克方程有多少要素已知具有任何程度的确定性？哪个要素是所知最少的？
11. 哪些因素决定一个恒星适合作为一个可能出现生命的行星的母星？
12. 银河系文明的平均寿命，与我们有一天与其通信的可能性之间的关系是什么？
13. 对外星天文学家而言，地球在无线电波长下看起来是什么样的？利用无线电波进行星际通信的优势是什么？
14. **LO5 POS**什么是"水洞"？它为星际通信提供了什么条件？
15. 如果你在设计一个SETI实验，你会监控天空的哪些部分？

概念自测：选择题

1. "折中假设"认为：（a）生命应该在整个宇宙中很常见；（b）低级生物必然会进化到更高级的形态；（c）下等生命形式的智力低下；（d）病毒实际上是生命形式。
2. 形成生命所需的基本分子的化学元素被发现：（a）在类似太阳的恒星的核心中；（b）很常见，遍布整个宇宙；（c）仅在有液态水的行星上；（d）只在地球上。
3. 地球上的早期生命形式的化石记录表明，生命起源于大约：（a）6000年前；（b）6500万年前；（c）35亿年前；（d）140亿年前。
4. 在另一个星球发现细菌，会是一个重要发现，因为细菌：（a）在高温下可以很容易地生存下来；（b）是在地球历史的大部分时间里地球上生命的唯一形式；（c）是已知存在的生命的最低形式；（d）最终演化为智慧生命。
5. 德雷克方程中所知最少的要素是：（a）恒星形成率；（b）行星系统中宜居行星的平均数；（c）一个技术文明的平均寿命；（d）银河系的直径。
6. 虽然围绕一颗B型恒星的宜居带很大，但我们却不经常在那里寻找存在生命的行星，因为这种恒星：（a）有太强的引力；（b）寿命太短，生命没有足够时间进化；（c）温度太低无法维持生命；（d）将只有气态巨行星。
7. **VIS**根据图6.12（"恒星宜居带"）显示的数据和你对恒星性质的知识，围绕一颗主序K型恒星的宜居带：（a）无法被确定；（b）距恒星延伸超过3AU；（c）比G型恒星的宜居带大；（d）比M型恒星的宜居带大。
8. **VIS**如果将图6.16（"地球的无线电泄漏"）改为一颗两倍自转速度的行星的图，新的锯齿线将会是：（a）不变；（b）更高；（c）水平拉伸；（d）水平压缩。
9. 射电望远镜不能简单地扫描天空寻找信号，因为：（a）天文学家不知道外星文明会使用什么频率；（b）许多无生命的物体会自然地发出无线电信号；（c）地球上的无线电通信会遮盖外星信号；（d）在冬季，恶劣的天气阻止了射电望远镜的使用。
10. 在太阳系中最强的无线电波发射器是：（a）来自地球的人为信号；（b）太阳；（c）月球；（d）木星。

问答

问题序号后的圆点表示题目的大致难度。

1. ●如果地球的46亿年的年龄被压缩至46岁，如文中所述，你的年龄将会是多少（以秒为单位）？在这个尺度下，第二次世界大战的结束是多久以前的事？《独立宣言》呢？哥伦布发现新大陆呢？恐龙的灭绝呢？
2. ●●使用前面问题中的数据，如果太阳光度增加为4倍，太阳的宜居带的内、外半径将会如何变化？
3. ●●一颗行星在1AU的距离上围绕一对双星系统的一颗子星公转。[见图6.14（a）]。如果两颗恒星具有相同的质量，它们的轨道是圆形的，要求另一颗子星对该行星的潮汐力不超过"安全"值——行星和其母星之间的引力的0.01%——的话，试估计两颗恒星之间的最小距离。
4. ●基于本书中呈现的数字，假设一颗合适的恒星的平均寿命是50亿年，估计银河系中宜居行星的总数。
5. ●假定德雷克方程中每个要素的值变为1/10，平均的恒星形成率为每年20颗，而每颗恒星都有且仅有1颗宜居行星绕其公转。估计银河系中技术文明的存在数量，假设一种文明的平均寿命为：（a）100年；（b）1万年；（c）100万年。
6. ●假设地球上有10 000个广播电台，每个以50kW的功率发射，计算地球在FM波段的总射电光度。将该值与太阳在相同的频率范围内的辐射——大约10^6W——进行比较。
7. ●将水洞的波长转换为频率。基于实际的原因，任何对水洞的搜索必须被分成频道，很像你在电视机上遇到的；不同的是，水洞的频道在电磁波谱中很窄，大约为100Hz宽。天文学家必须在水洞中搜索多少个频道？
8. ●在100光年范围内，有20 000颗恒星被搜索无线电通信。如果每看一颗恒星花费1h，那么搜索需要多长时间？如果每搜一颗恒星花费1天呢？

实践活动

协作项目

1. 组成一个小组，将你们每个人都同意的对生命的定义写成一段话。这段话应该清楚地表明：岩石不是活的，植物是活的。根据你们的定义，恒星是活的吗？病毒呢？将你们小组的定义与另一个小组的定义比较和对照。
2. 如果与一个外星世界建立了通信，你们的小组被任命"为地球代言"，你们会说什么？你们会问什么样的问题，你们会选择展示我们地球的哪些方面？写下小组发言，并注上你们为什么这么说。

个人项目

1. 有人认为，如果外星生命被发现，将会对人类文化产生深远的影响。采访你可以采访的尽可能多的人，并询问以下两个问题：（1）你认为外星生命存在吗？（2）为什么？根据你的结果，尝试判断外星生命的发现是否确实会深刻地影响地球上的生命。
2. 德雷克方程应该能够"预测"出，至少有一个文明在我们的银河系中：那就是——我们！尝试改变方程中不同要素的值，使你最终得出至少一个。对于生命如何产生和发展？这些要素的不同组合意味着什么？是否有一些组合不代表任何意义呢？

附 录

附录1　科学计数法

从最小的粒子到我们所知的最广阔的事物——整个宇宙——都是天文学家的研究对象。亚原子粒子的大小约为 0.000 000 000 000 001m，而星系的直径通常有 1 000 000 000 000 000 000m。我们所知宇宙中最遥远的天体到地球的距离在 100 000 000 000 000 000 000 000m 的量级上。

显然，写那么多零是很不方便的。更重要的是，很容易出错，多写或少写几个零都将使计算错得一塌糊涂！为了避免这种情况，科学家使用速记符号来表示很长的数字，这样一来，数字之后的零或小数点前的零的数目就可以用 10 的指数或幂表示。指数的值就是第一个有效数字（非零）与小数点之间数位的个数（从左到右读）。因此，1 表示为 10^0，10 表示为 10^1，100 表示为 10^2，1000 表示为 10^3，以此类推。对于小于 1 的数，指数是负的，指数的值为小数点与小数点后第一个有效数字之间的数位个数。因此，0.1 表示为 10^{-1}，0.01 表示为 10^{-2}，0.001 表示为 10^{-3}，以此类推。使用这种标记，亚原子粒子的大小可以表示为 10^{-15}m，而星系的直径则可以表示为 10^{21}m，这样就大大缩短了数字的长度。

更复杂一些的数字可以用 10 的指数与乘数因子的组合表示。这个因子通常选择 1~10 之间的数字，从原始数字的第一个有效数字开始。例如，150 000 000 000m（从地球到太阳的距离，约数）可以更简洁地写为 1.5×10^{11}m，0.000 000 025m 可以写为 2.5×10^{-8}m。指数的值就是为了得到乘数因子而必须将小数点左移的数位个数。

科学计数法的其他例子：
- 到仙女星系的近似距离
  =2 500 000 光年 =2.5×10^6 光年
- 氢原子的大小
  =0.000 000 000 05m=5×10^{-11}m
- 太阳的直径 =1 392 000km=1.392×10^6km
- 美国国债（截至 2013 年 5 月 1 日）
  =16 819 254 000 000.00 美元
  =16.819 254 万亿美元=$1.681 925 4 \times 10^{13}$ 美元。

除了提供一种更简单的方法来表示非常大或非常小的数字之外，这种计数方法也使一些基本的数学运算变得更加简单。数字的乘法法则用这种方式表达很简单，即将因子相乘，然后将指数相加。同样地，除法法则可以表示为：因子相除，然后将指数相减。因此，3.5×10^{-2} 乘以 $2.0 \times 10^3 = (3.5 \times 2.0) \times 10^{-2+3} = 7.0 \times 10^1$，即 70。同样地，$5 \times 10^6$ 除以 $2 \times 10^4 = (5/2) \times 10^{6-4} = 2.5 \times 10^2 = 250$。可以将这些法则应用到单位转换中，例如，200 000nm=200 000 $\times 10^{-9}$m（因为 1nm=10^{-9}m，见附录 2）或 $2 \times 10^{5-9}$m=2×10^{-4}m=0.2mm。读者可以自行验证这些规则。当涉及天文数字时，这种表示方法的优点尤其明显。

科学家经常使用"四舍五入"后的数字，这样不仅简单，而且易于计算。例如，我们通常会将太阳的直径写为 1.4×10^6km，而不是前面给出的更精确的数字。同样，地球的直径为 12 756km，或 1.2756×10^4km，但对于大致估计来说，我们真的不需要太多的位数，近似值 1.3×10^4km 就足够了。通常，我们进行约算时只使用第一个或前两个有效数字，这就足以获取一个有效数位。例如，为了支持"太阳比地球大得多"的说法，我们只需要说它们的直径之比约为 1.4×10^6 除以 1.3×10^4。因为 1.4/1.3 接近 1，比例约为 $10^6/10^4=10^2$，即 100。这里的重要结论是，这一比例远远大于 1，而更精确的计算（结果为 109.13）并不会给我们额外的有用信息。这种将算法细节剥离出去而获取计算结果的本质的方法，在天文学中非常普遍，我们在本书中也会经常使用。

附录2 天文测量

天文学家在工作中会使用许多不同的单位制,这只是因为没有统一的单位制系统。相比国际单位制(SI),即米–千克–秒(MKS)单位制(大多数高中及大学课程中所使用的公制),许多专业天文学家还是喜欢旧的厘米–克–秒(CGS)单位制。不过,天文学家为了方便还经常引入新的单位。例如,当讨论恒星时,太阳的质量和半径通常被用作参考单位。太阳质量,写成 $M_\odot$,等于 2.0×10^{33}g 或 2.0×10^{30}kg。太阳半径写成 $R_\odot$,等于 700 000km 或 7.0×10^8m,下标 $\odot$ 代表太阳。同样地,下标 $\oplus$ 代表地球。在本书中,在任何给定的情况下,我们尽量采用天文学家通常使用的单位制,但我们也会在适当的地方给出"标准的"国际单位制下的等价数值。

其中特别重要的是天文学家所使用的长度单位。在小尺度上,使用埃(1 Å $= 10^{-10}$m $= 10^{-8}$cm)、纳米(1nm $= 10^{-9}$m $= 10^{-7}$cm)和微米(1μm $= 10^{-6}$m $= 10^{-4}$cm)。表示太阳系内的距离通常使用天文单位(AU),即地球和太阳之间的平均距离,一个天文单位约等于 150 000 000km 或 1.5×10^{11}m。在更大尺度上,通常使用光年(1ly $= 9.5 \times 10^{15}$m $= 9.5 \times 10^{12}$km)和秒差距(1pc $= 3.1 \times 10^{16}$ m $= 3.1 \times 10^{13}$km $= 3.3$ly)。再大的距离使用公制的常规前缀:千表示一千,兆表示百万。因此 1 千秒差距(kpc)$= 10^3$ pc $= 3.1 \times 10^{19}$ 米,10 兆秒差距(Mpc)$= 10^7$ pc $= 3.1 \times 10^{23}$ 米,等等。

天文学家在特定情况下会使用特定的单位,随着情况的变化,单位也随之变化。例如,测量密度时,我们可能用每立方厘米体积内的克数(g/cm^3),每立方米内的原子数目(原子数/m^3),甚至是每立方百万秒差距中以太阳质量为单位的密度($M_\odot$/Mpc^3),这都需要根据情况而定。最重要的是,一旦你掌握了单位制,你就可以轻松地从一组单位制转换到另一组单位制。例如,太阳的半径可以等价写为 $R_\odot = 6.96 \times 10^3$m,或 6.96×10^{10}cm,或 $10^9 R_\oplus$,或 4.65×10^{-3}AU,甚至是 7.363×10^{-5}ly——只要其中的哪个恰好是最方便使用的。天文学中一些比较常见单位以及它们最有可能使用的情况在下表中列出。

长度(Length)	
1 埃(Å)$= 10^{-10}$ m	
1 纳米(nm)$= 10^{-9}$ m	原子物理,光谱学
1 微米(μm)$= 10^{-6}$ m	星际尘埃和气体
1 厘米(cm)$= 0.01$m	
1 米(m)$= 100$cm	在天文学领域内广泛使用
1 千米(km)$= 1000$m $= 10^5$cm	
地球半径($R_\oplus$)$= 6378$km	行星天文学
太阳半径($R_\odot$)$= 6.96 \times 10^8$m	
1 天文单位(AU)$= 1.496 \times 10^{11}$m	太阳系,恒星演化
1 光年(ly)$= 9.46 \times 10^{15}$ m $= 63\ 200$AU	
1 秒差距(pc)$= 3.09 \times 10^{16}$m $= 206\ 000$ AU $= 3.26$ly	星系天文学,恒星和星团
1 千秒差距(kpc)$= 1000$pc	
1 兆秒差距(Mpc)$= 1000$kpc	星系,星系团,宇宙学
质量(Mass)	
1 克(g)	
1 千克(kg)$= 1000$ g	在许多不同领域内广泛使用
地球质量($M_\oplus$)$= 5.98 \times 10^{24}$kg	行星天文学
太阳质量($M_\odot$)$= 1.99 \times 10^{30}$kg	所有比地球质量更大尺度的"标准"单位
时间(Time)	
1 秒(s)	在天文学领域内广泛使用
1 小时(h)$= 3600$s	
1 天(d)$= 86\ 400$s	行星和恒星尺度内
1 年(yr)$= 3.16 \times 10^7$s	几乎在所有比恒星更大尺度上发生的过程中使用

附录3 表格

表1 一些有用的常数及物理量*

天文单位	1 AU = 1.496×10^8 km (1.5×10^8 km)
光年	1 ly = 9.46×10^{12} km (10^{13} km, 约6万亿英里)
秒差距	1 pc = 3.09×10^{13} km = 206 000 AU = 3.3 ly
光速	c = 299 792.458 km/s (3×10^5 km/s)
斯特藩-玻尔兹曼常数	a = 5.67×10^{-8} W/m$^2 \cdot$K^4
普朗克常数	h = 6.63×10^{-34} J s
引力常数	G = 6.67×10^{-11} Nm^2/kg^2
地球质量	$M_\oplus$ = 5.98×10^{24} kg (6×10^{24} kg, 约60万亿亿千克)
地球半径	$R_\oplus$ = 6378 km (6500 km)
太阳质量	$M_\odot$ = 1.99×10^{30} kg (2×10^{30} kg)
太阳半径	$R_\odot$ = 6.96×10^5 km (7×10^5 km)
太阳光度	$L_\odot$ = 3.90×10^{26} W (4×10^{26} W)
太阳有效温度	$T_\odot$ = 5778 K (5800 K)
哈勃常数	H_0 = 70 km/s/Mpc
电子质量	m_e = 9.11×10^{-31} kg
质子质量	m_p = 1.67×10^{-27} kg

*小括号中是本书使用的四舍五入值

普通英制与公制的转换

英制	公制
1 英寸 (in)	= 2.54 厘米 (cm)
1 英尺 (ft)	= 0.3048 米 (m)
1 英里 (mile)	= 1.609 千米 (km)
1 英镑 (lb)	= 453.6 克 (g) 或 0.4536 千克 (kg) 【在地球上】

表 2 元素周期表

族→ 周期↓	1	2	3	4	5	6	7	8	9	10	11	12	13	14	15	16	17	18
1	1 H 1.0080 氢																	2 He 4.003 氦
2	3 Li 6.939 锂	4 Be 9.012 铍											5 B 10.81 硼	6 C 12.011 碳	7 N 14.007 氮	8 O 15.9994 氧	9 F 18.998 氟	10 Ne 20.183 氖
3	11 Na 22.990 钠	12 Mg 24.31 镁											13 Al 26.98 铝	14 Si 28.09 硅	15 P 30.974 磷	16 S 32.064 硫	17 Cl 35.453 氯	18 Ar 39.948 氩
4	19 K 39.10 钾	20 Ca 40.08 钙	21 Sc 44.96 钪	22 Ti 47.87 钛	23 V 50.94 钒	24 Cr 52.00 铬	25 Mn 53.94 锰	26 Fe 55.85 铁	27 Co 58.93 钴	28 Ni 58.69 镍	29 Cu 63.55 铜	30 Zn 65.39 锌	31 Ga 69.72 镓	32 Ge 72.61 锗	33 As 74.92 砷	34 Se 78.96 硒	35 Br 79.904 溴	36 Kr 83.80 氪
5	37 Rb 85.47 铷	38 Sr 87.62 锶	39 Y 88.91 钇	40 Zr 91.22 锆	41 Nb 92.91 铌	42 Mo 95.94 钼	43 Tc (99) 锝	44 Ru 101.07 钌	45 Rh 102.91 铑	46 Pd 106.42 钯	47 Ag 107.87 银	48 Cd 112.41 镉	49 In 114.82 铟	50 Sn 118.71 锡	51 Sb 121.76 锑	52 Te 127.60 碲	53 I 126.904 碘	54 Xe 131.29 氙
6	55 Cs 132.91 铯	56 Ba 137.33 钡	71 Lu 174.97 镥 *	72 Hf 178.49 铪	73 Ta 180.95 钽	74 W 183.84 钨	75 Re 186.21 铼	76 Os 190.23 锇	77 Ir 192.22 铱	78 Pt 195.09 铂	79 Au 196.97 金	80 Hg 200.59 汞	81 Tl 204.38 铊	82 Pb 207.20 铅	83 Bi 208.98 铋	84 Po (209) 钋	85 At (210) 砹	86 Rn (222) 氡
7	87 Fr (223) 钫	88 Ra (226) 镭	103 Lw (262) 铹 **	104 Rf (263) 𬬻	105 Db (262) 𬭊	106 Sg (266) 𬭳	107 Bh (264) 𬭛	108 Hs (269) 𬭶	109 Mt (268) 鿏	110 Ds (272) 𫟼	111 Rg (272) 𬬭	112 Cn (277) 鿔	113 Uut (284) Ununtrium	114 Uuq (289) Ununquadium	115 Uup (288) Ununpentium	116 Uuh (292) Ununhexium	117 Uus (294) Ununseptium	118 Uuo (294) Ununoctium

图例：
2 ← 原子序数
He ← 元素符号
4.003 ← 原子质量
氦 ← 元素名称

* 镧系:

| 57
La
138.91
镧 | 58
Ce
140.12
铈 | 59
Pr
140.91
镨 | 60
Nd
144.24
钕 | 61
Pm
(145)
钷 | 62
Sm
150.36
钐 | 63
Eu
151.96
铕 | 64
Gd
157.25
钆 | 65
Tb
158.93
铽 | 66
Dy
162.50
镝 | 67
Ho
164.93
钬 | 68
Er
167.26
铒 | 69
Tm
168.93
铥 | 70
Yb
173.04
镱 |

** 锕系:

| 89
Ac
(227)
锕 | 90
Th
232.04
钍 | 91
Pa
231.03
镤 | 92
U
238.03
铀 | 93
Np
(237)
镎 | 94
Pu
(242)
钚 | 95
Am
(243)
镅 | 96
Cm
(247)
锔 | 97
Bk
(247)
锫 | 98
Cf
(249)
锎 | 99
Es
(252)
锿 | 100
Fm
(257)
镄 | 101
Md
(258)
钔 | 102
No
(259)
锘 |

117号元素发现于2010年。118号元素"发现"于1999年，2002年撤销，2006年重新上报。

表 3A 行星轨道数据

行星名称	半长轴 (AU)	半长轴 (×10⁶ km)	离心率 (e)	近日点 (AU)	近日点 (×10⁶ km)	远日点 (AU)	远日点 (×10⁶ km)
水星	0.39	57.9	0.206	0.31	46.0	0.47	69.8
金星	0.72	108.2	0.007	0.72	107.5	0.73	108.9
地球	1.00	149.6	0.017	0.98	147.1	1.02	152.1
火星	1.52	227.9	0.093	1.38	206.6	1.67	249.2
木星	5.20	778.4	0.048	4.95	740.7	5.46	816
土星	9.54	1427	0.054	9.02	1349	10.1	1504
天王星	19.19	2871	0.047	18.3	2736	20.1	3006
海王星	30.07	4498	0.009	29.8	4460	30.3	4537

行星名称	平均轨道速度 (km/s)	公转周期 (回归年)	会合周期 (天)	黄道倾角 (°)	从地球看去的最大角直径 (角秒)
水星	47.87	0.24	115.88	7.00	13
金星	35.02	0.62	583.92	3.39	64
地球	29.79	1.00	—	0.01	—
火星	24.13	1.88	779.94	1.85	25
木星	13.06	11.86	398.88	1.31	50
土星	9.65	29.42	378.09	2.49	21
天王星	6.80	83.75	369.66	0.77	4.1
海王星	5.43	163.7	367.49	1.77	2.4

表 3B 行星物理数据

行星名称	赤道半径 (km)	赤道半径 (地球=1)	质量 (kg)	质量 (地球=1)	平均密度 (kg/m³)	表面引力 (地球=1)	逃逸速度 (km/s)
水星	2440	0.38	3.30×10^{23}	0.055	5430	0.38	4.2
金星	6052	0.95	4.87×10^{24}	0.82	5240	0.91	10.4
地球	6378	1.00	5.97×10^{24}	1.00	5520	1.00	11.2
火星	3394	0.53	6.42×10^{23}	0.11	3930	0.38	5.0
木星	71 492	11.21	1.90×10^{27}	317.8	1330	2.53	60
土星	60 268	9.45	5.68×10^{26}	95.16	690	1.07	36
天王星	25 559	4.01	8.68×10^{25}	14.54	1270	0.91	21
海王星	24 766	3.88	1.02×10^{26}	17.15	1640	1.14	24

行星名称	恒星自转周期* (太阳日)	轴倾角 (°)	表面磁场 (地球=1)	磁轴倾角 (相对于旋转的角度)	反射率†	表面温度‡	卫星数目**
水星	58.6	0.0	0.011	<10	0.11	100~700	0
金星	−243.0	177.4	<0.001		0.65	730	0
地球	0.9973	23.45	1.0	11.5	0.37	290	1
火星	1.026	23.98	0.001		0.15	180~270	2
木星	0.41	3.08	13.89	9.6	0.52	124	16
土星	0.44	26.73	0.67	0.8	0.47	97	18
天王星	−0.72	97.92	0.74	58.6	0.50	58	27
海王星	0.67	29.6	0.43	46.0	0.5	59	13

*负号表示反向旋转；†被表面反射的阳光比率；‡木星型行星指有效温度

**直径超过10公里的卫星

表4 地球夜空中最亮的 20 颗星

名称	恒星编号	光谱类型*		视差（角秒）	距离（pc）	视目视星等*	
		A	B			A	B
天狼星	α CMa	A1V	wd†	0.379	2.6	−1.44	+8.4
老人星	α Car	F0Ib–II		0.010	96	−0.62	
大角星	α Boo	K2III		0.089	11	−0.05	
南门二	α Gen	G2V	K0V	0.742	1.3	−0.01	+1.4
织女星	α Lyr	A0V		0.129	7.8	+0.03	
五车二	α Aur	GIII	M1V	0.077	13	+0.08	+10.2
参宿七	β Ori	B8Ia	B9	0.0042	240	+0.18	+6.6
南河三	α CMi	F5IV–V	wd†	0.286	3.5	+0.40	+10.7
参宿四	α Ori	M2Iab		0.0076	130	+0.45	
水委一	α Eri	B5V		0.023	44	+0.45	
马腹一	β Cen	B1III	?	0.0062	160	+0.61	+4
牛郎星	α Aql	A7IV–V		0.194	5.1	+0.76	
十字架二	α Cru	B1IV	B3	0.010	98	+0.77	+1.9
毕宿五	α Tau	K5III	M2V	0.050	20	+0.87	+13
角宿一	α Vir	B1V	B2V	0.012	80	+0.98	2.1
心宿二	α Sco	M1Ib	B4V	0.005	190	+1.06	+5.1
北河三	β Gem	K0III		0.097	10	+1.16	
北落师门	α PsA	A3V	?	0.130	7.7	+1.17	+6.5
天津四	α Cyg	A2Ia		0.0010	990	+1.25	
十字架三	β Cru	B1IV		0.0093	110	+1.25	

名称	目视光度*（太阳 = 1）		绝对星等		自行（角秒/年）	切向速度（km/s）	径向速度（km/s）
	A	B	A	B			
天狼星	22	0.0025	+1.5	+11.3	1.33	16.7	−7.6‡
老人星	1.4×10^4		−5.5		0.02	9.1	20.5
大角星	110		−0.3		2.28	119	−5.2
南门二	1.6	0.45	+4.3	+5.7	3.68	22.7	−24.6
织女星	50		+0.6		0.34	12.6	−13.9
五车二	130	0.01	−0.5	+9.6	0.44	27.1	30.2‡
参宿七	4.1×10^4	110	−6.7	−0.3	0.00	1.2	20.7‡
南河三	7.2	0.0006	+2.7	+13.0	1.25	20.7	−3.2‡
参宿四	9700		−5.1		0.03	18.5	21.0‡
水委一	1100		−2.8		0.10	20.9	19
马腹一	1.3×10^4	560	−5.4	−2.0	0.04	30.3	−12‡
牛郎星	11		+2.2		0.66	16.3	−26.3
十字架二	4100	2200	−4.2	−3.5	0.05	22.8	−11.2
毕宿五	150	0.002	−0.6	+11.5	0.20	19.0	54.1
角宿一	2200	780	−3.5	−2.4	0.05	19.0	1.0‡
心宿二	1.1×10^4	290	−5.3	−1.3	0.03	27.0	−3.2
北河三	31		+1.1		0.62	29.4	3.3
北落师门	17	0.13	+1.7	+7.1	0.37	13.5	6.5
天津四	2.6×10^5		−8.7		0.003	14.1	−4.6‡
十字架三	3200		−3.9		0.05	26.1	—

*光谱中可见光部分的能量；A、B 两列分别表示双星系统的两颗星
†"wd" 代表 "白矮星"
‡平均速度

表5 离我们最近的20颗星

名称	光谱类型 A	B	视差（角秒）	距离（pc）	视目视星等* A	B
太阳	G2V				−26.74	
比邻星	M5		0.772	1.30	+11.01	
半人马座阿尔法星	G2V	K1V	0.742	1.35	−0.01	+1.35
巴纳德星	M5V		0.549	1.82	+9.54	
沃尔夫359	M8V		0.421	2.38	+13.53	
拉朗德21185	M2V		0.397	2.52	+7.50	
鲸鱼座UV	M6V	M6V	0.387	2.58	+12.52	+13.02
天狼星	A1V	wd†	0.379	2.64	−1.44	+8.4
罗斯 154	M5V		0.345	2.90	+10.45	
罗斯 248	M6V		0.314	3.18	+12.29	
波江座ε	K2V		0.311	3.22	+3.72	
罗斯 128	M5V		0.298	3.36	+11.10	
天鹅座 61	K5V	K7V	0.294	3.40	+5.22	+6.03
印第安座ε	K5V		0.291	3.44	+4.68	
格尔姆 34	M1V	M6V	0.290	3.45	+8.08	+11.06
路登 789-6	M6V		0.290	3.45	+12.18	
南河三	F5IV-V	wd†	0.286	3.50	+0.40	+10.7
Σ 2398	M4V	M5V	0.285	3.55	+8.90	+9.69
拉卡 9352	M2V		0.279	3.58	+7.35	
G51—15	MV		0.278	3.60	+14.81	

名称	目视光度*（太阳=1） A	B	绝对星等* A	B	自行（角秒/年）	横向速度（km/s）	径向速度（km/s）
太阳	1.0		+4.83				
比邻星	5.6×10^{-5}		+15.4		3.86	23.8	−16
半人马座阿尔法	1.6	0.45	+4.3	+5.7	3.68	23.2	−22
星巴纳德星	4.3×10^{-4}		+13.2		10.34	89.7	−108
沃尔夫359	1.8×10^{-5}		+16.7		4.70	53.0	+13
拉朗德21185	0.0055		+10.5		4.78	57.1	−84
鲸鱼座UV	5.4×10^{-5}	0.000 04	+15.5	+16.0	3.36	41.1	+30
天狼星	22	0.002 5	+1.5	+11.3	1.33	16.7	−8
罗斯 154	4.8×10^{-4}		+13.3		0.72	9.9	−4
罗斯 248	1.1×10^{-4}		+14.8		1.58	23.8	−81
波江座e	0.29		+6.2		0.98	15.3	+16
罗斯 128	3.6×10^{-4}		+13.5		1.37	21.8	−13
天鹅座 61	0.082	0.039	+7.6	+8.4	5.22	84.1	−64
印第安座e	0.14		+7.0		4.69	76.5	−40
格尔姆 34	0.0061	0.000 39	+10.4	+13.4	2.89	47.3	+17
路登 789—6	1.4×10^{-4}		+14.6		3.26	53.3	−60
南河三	7.2	0.000 55	+2.7	+13.0	1.25	2.8	−3
σ 2398	0.0030	0.001 5	+11.2	+11.9	2.28	38.4	+5
拉卡 9352	0.013		+9.6		6.90	117	+10
G51—15	1.1×10^{-5}		+17.0		1.26	21.5	—

*A和B分别表示双星系统的两颗成员星
†"wd"代表"白矮星"

检查题答案

第1章

1.1（p.6） 从内部看，银河是星系盘的薄盘面。当我们的视线位于星系平面上时，我们可以看到很多恒星模糊构成一条连续的光带；而在其他方向上，我们看到的是一片黑暗。**1.2（p.14）** 因为即使是最亮的造父变星，经过星际尘埃的消光，其可见距离也不会超过1000秒差距左右。**1.3（p.17）** 因为两类恒星的成分、年龄和轨道都极为不同。**1.4（p.18）** 晕在星系历史早期就形成了，就在气体和尘埃形成旋涡状扁平圆盘之前。现在仍有盘恒星形成。因此，晕恒星年龄更大，运动轨迹或多或少有些随机性，而盘中包含所有年龄段的恒星，都沿着大致呈圆形的轨道围绕着银河系中心运行。**1.5（p.23）** 因为较差转动会在几亿年内破坏漩涡结构。**1.6（p.27）** 科学家不愿提出新的物理学来解释观测，有关星系自转曲线及大尺度质量缺失的竞争理论也确实存在。尽管有些保守，但大多数天文学家仍认为有引力、但不与电磁辐射相互作用的暗物质最符合观测事实。存在几个理论来解释暗物质是如何在早期宇宙形成的。由这些理论会引发实验检验，总有一天可以探测到暗物质，如果它的确存在的话。**1.7（p.30）** 观测高速移动的恒星和气体，它们发出的辐射变化表明约400万倍太阳质量黑洞的存在。

第2章

2.1（p.42） 大多数星系都不是大型旋涡星系，最常见的类型是矮椭圆星系和矮不规则星系。**2.2（p.47）** 因为测距技术最终依赖于明亮天体（其光度可以通过其他方法推算）的存在，所以看向星际空间中越远的地方，这样的天体就越难找，也越难校准。**2.3（p.49）** 它不使用平方反比定律。其他方法都提供了确定遥远天体光度的方法，然后可以用平方反比定律将光度转换为距离。哈勃定律则是给出红移和距离之间的直接关系。**2.4（p.56）** 这意味着能量源不是大量恒星的简单叠加，一定有其他的机制在起作用。**2.5（p.57）** 类星体被发现时，人们认为，相对于附近恒星或恒星状天体来说，它们应该是很微弱的，然而它们不寻常的光谱为天文学家出了个难题。一旦天文学家们意识到它们奇怪的光谱实际上意味着它们有着非常大的红移，那么，类星体显然是整个宇宙中最遥远的天体，因此也是最明亮的天体。**2.6（p.62）** 可见星系中心核的吸积盘中产生的能量，之后通过喷流并被带出星系进入星系瓣中，最终通过同步过程以射电波的形式发出。

第3章

3.1（p.70） 首先，星系因引力束缚而成团。其次，更重要的是，我们所知的物理定律都是在太阳系中找到的，引力、原子结构、多普勒效应，我们把这些都应用到非常大的尺度上，应用于可能包含大量暗物质的系统中。**3.2（p.73）** 孤立星系由于恒星的形成及演化会随时间发生变化，但星系间的碰撞与并合是星系成长的主要途径。我们今天所看到的大星系是过去的小星系多次碰撞的结果。**3.3（p.78）** 通过大星际云碎片坍缩形成的恒星，之后很大程度上会独立演化。通过小星系并合形成的星系与其他星系之间的相互作用，在它们的演化中扮演了重要角色。**3.4（p.84）** 可能不是。可能有星系（尤其是小星系）不存在大质量的中心黑洞，在所有情况下，只有星系群中的星系才有可能经历触发活动的碰撞。**3.5（p.90）** 光从这些天体传向地球会受到视线沿途宇宙结构的影响。光线会发生偏转，但由于视线途经物质、气体的聚集点，因此会产生吸收线。它们的红移会告诉我们，那些特征形成时距我们的距离。地球上接收到的光从而给天文学家提供了一个穿越宇宙的"核心样本"，从中可以提取详细信息。

第4章

4.1（p.97） 在非常大的尺度上（超过3亿秒差距），星系的分布似乎在处处、各个方向上都是大致相同的。**4.2（p.101）** 因为沿着时间向后回溯，表明在过去的某一瞬间，所有星系（实际上整个宇宙的一切）都位于一个点上。**4.3**（**p.103**）宇宙可以永远膨胀，我们在这种情况下将死于冷寂，所有活动将逐渐变得微弱；宇宙的膨胀或许会停止，然后坍缩，最后成为炽热的大收缩。**4.4**（**p.104**）低密度宇宙有着负曲率；临界密度宇宙的空间是平坦的（欧几里得空间）；高密度宇宙（是有限的）有着正的曲率。**4.5**（**p.108**）似乎没有足够的物质来阻止膨胀，此外，观测到的宇宙加速膨胀表明，宇宙中存在大尺度的斥力，这也会阻碍坍缩。**4.6**（**p.111**）观测到的宇宙膨胀加速意味着，某种非引力的力必定在起作用。关于这种力，暗能量是我们目前所掌握的最好的理论。此外，星系和宇宙的观测表明，宇宙空间是平坦的，因此密度为临界密度，但物质的密度（主要是暗物质）不足以解释物质总量。宇宙加速所需的暗能量与所需的额外密度符合得很好，大约为临界值的 70%。**4.7**（**p.113**）大爆炸时。这是原始火球的电磁遗迹。

第5章

5.1（**p.121**）这意味着宇宙的总质能密度（目前几乎完全是由物质和暗能量组成的）曾经几乎完全由辐射组成。我们知道这一点，是因为沿时间向后回溯到大爆炸时，随着宇宙的收缩，宇宙暗能量密度保持不变，物质密度因为体积收缩而增加，但因为宇宙学红移的存在，辐射密度增加得更快。因此，在足够早的时期，辐射是宇宙的主要组成部分。**5.2**（**p.125**）一旦膨胀、冷却着的宇宙的温度，降到粒子-反粒子对不能再从背景辐射中产生了，粒子便从辐射场中分离出来。粒子和反粒子彼此湮灭，剩下的"冻结"物质幸存至今。**5.3**（**p.128**）因为宇宙中目前氘的数量至多只有临界值的百分之几，远低于动力学研究推算出的暗物质密度。**5.4**（**p.132**）暴涨意味着宇宙是平坦的，因此，整个宇宙的密度等于临界值。然而，物质密度似乎只有临界值的三分之一左右，电磁辐射（微波背景）的密度与临界密度相比是一个小量。其余的密度可能以"暗能量"的形式存在，暗能量被认为是推动宇宙加速膨胀的事物。**5.5**（**p.134**）因为它可以成块形成大的密度波动，并最终成为星系和星团，不会在微波背景中留下相应的大的印记。当它从背景辐射中退耦后，正常物质便流入暗物质结构，形成我们今天看到的星系。**5.6**（**p.138**）它们允许我们测量 Ω_0 的值，事实表明它非常接近 1。

第6章

6.1（**p.149**）复杂分子是通过非生物过程由简单原料形成的，这一过程被反复证明，但从未产生过活细胞或能自我复制的分子。**6.2**（**p.152**）火星仍然是最有可能的地点，尽管木卫二欧罗巴和土卫六泰坦也有出现生物体所需要的属性。**6.3**（**p.157**）它将复杂的问题分解成更简单的"天文部分""生物化学部分""人类学部分"和"文明部分"，它们可以被分别分析。它还能确定在何种类型的恒星处，搜索会最富有成效。**6.4**（**p.160**）在频谱的射电波段，银河系的消光最弱，那里是银河系自然背景"静态"最小的区域；在光谱中，标记氢和羟基的吸收线的两个波段对科技文明都有重要意义。

概念自测答案

第1章

选择题：**1.1** d，**1.2** b，**1.3** d，**1.4** b，**1.5** b，**1.6** c，**1.7** a，**1.8** c，**1.9** d，**1.10** c

奇数编号的问答题：**1.1** 2.0″，比仙女座的角直径要小得多 **1.3** 100 kpc **1.5** 0.014″/年；其实已经测量过几个球状星团的自行 **1.7**（a）3.9 kpc；（b）19.7 kpc

第2章

选择题：**2.1** c，**2.2** c，**2.3** a，**2.4** c，**2.5** c，**2.6** c，**2.7** c，**2.8** b，**2.9** a，**2.10** b

奇数编号的问答题：**2.1** 320 Mpc **2.3** 14 000 km/s，57 Mpc；12000 km/s，67 Mpc；16 000 km/s，50 Mpc **2.5** M=−22.5；太阳光度的 1.5×10^8 倍 **2.7** 1.5×10^8 倍太阳质量

第3章

选择题：**3.1** d，**3.2** b，**3.3** c，**3.4** a，**3.5** a，**3.6** b，**3.7** a，**3.8** d，**3.9** b，**3.10** a

奇数编号的问答题：**3.1** 65亿年 **3.3** 2.6×10^{14} 倍太阳质量；2~3倍太阳质量是合理的 **3.5** 9.4×10^{10} 倍太阳质量 **3.7** 1.8×10^{12} 倍太阳质量

第4章

选择题：**4.1** a，**4.2** d，**4.3** b，**4.4** b，**4.5** c，**4.6** d，**4.7** c，**4.8** c，**4.9** d，**4.10** d

奇数编号的问答题：**4.1** 1000 Mpc **4.3** 4×10^8 **4.5** 1200 km/s **4.7**（a）30 000 吨；（b）2.8 pc

第5章

选择题：**5.1** a，**5.2** d，**5.3** a，**5.4** b，**5.5** a，**5.6** c，**5.7** b，**5.8** a，**5.9** b，**5.10** c

奇数编号的问答题：**5.1** 16 kpc **5.3**（a）物质，5.5倍；（b）辐射，50000倍 **5.5** 3×10^{-12} m；硬X射线/伽马射线 **5.7** 12.7 Mpc

第6章

选择题：**6.1** a，**6.2** b，**6.3** c，**6.4** c，**6.5** c，**6.6** b，**6.7** d，**6.8** b，**6.9** b，**6.10** a

奇数编号的问答题：**6.1** 6.3s（对20岁的读者来说）；20.9 s（2011年）；73s；2.7min；240天 **6.3** 27AU **6.5**（a）0.2；（b）20；（c）2000 **6.7** 1.43×10^9 ~ 1.67×10^9 Hz，2.4×10^6 个频道

图片/文字授权

图片

第1章

引言图 考比斯/贝特曼；埃德温·哈勃，1923/华盛顿卡内基研究所；哈佛大学天文台 **章节开始图** 欧洲南方天文台 **1.1** 阿克塞尔·梅林格，中密歇根大学 **1.2a** 罗伯特·根德勒/图片研究者公司 **1.2b** 加州理工学院/帕拉玛山/海尔天文台 **1.2c** 美国国家航空航天局 **1.3a** 美国国家航空航天局 **1.5c** 哈佛大学天文台 **p.12** 哈佛大学天文台 **1.11** 马萨诸塞大学/加州理工学院 **1.16** 喷气推进实验室/美国国家航空航天局 **1.18** 美国大学天文联盟 **1.19** R. 根德勒 **1.22** 英国—澳大利亚望远镜，美国国家航空航天局 **1.23** 美国大学天文联盟 **1.24** 美国大学天文联盟、欧洲南方天文台 **1.25a** 斯必泽空间望远镜/美国国家航空航天局 **1.25b** 美国国家射电天文台 **1.25c** 肯尼迪航天中心/美国国家航空航天局 **1.25d** 美国国家射电天文台 **1.26** 欧洲南方天文台 **1.27a–f** L. 蔡森 **p.31** 肯尼迪航天中心/美国国家航空航天局

第2章

章节开始图 美国国家射电天文台/空间望远镜科学研究所 **2.1a** 美国大学天文联盟 **2.1b** 美国国家射电天文台/空间望远镜科学研究所 **2.2a、b** 美国国家航空航天局 **2.2c** 大卫·马林图片 **2.3** 美国国家航空航天局 **2.4b** 大卫·马林图片 **2.4a** 美国国家航空航天局 **2.4c** 欧洲南方天文台 **2.5a、b** 美国大学天文联盟 **2.5c** 罗伯特·根德勒 **2.6a、b** 加州理工学院/帕拉玛山/海尔天文台 **2.7a** 斯特朗洛山和赛丁泉天文台/图片研究者公司 **2.7b、c** 格林尼治皇家天文台，爱丁堡/科学图片/图片研究者公司 **2.8a、b** 美国国家航空航天局 **2.10** 美国国家航空航天局 **2.10**（插图）美国国家航空航天局 **2.11b** 肯尼迪航天中心/美国国家航空航天局 **2.13a** 迈特·本·丹尼尔 **2.13b** 美国国家航空航天局 **2.14** 迈特·本·丹尼尔 **2.14**（插图）美国大学天文联盟 **2.15** 肯尼迪航天中心/美国国家航空航天局 **2.16** 加州理工学院/帕拉玛山/海尔天文台 **2.20** 美国国家航空航天局 **2.21** 美国国家航空航天局 **2.22a** 欧洲南方天文台 **2.22b** 美国国家射电天文台 **2.22**（插图）史密松天体物理观测台 **2.23a** 美国国家光学天文台 **2.23b** 美国国家射电天文台 **2.24** 哈佛–史密松天体物理中心 **2.26a** 美国国家光学天文台 **2.26b** 美国大学天文联盟 **2.26c** 美国国家航空航天局 **2.27a、b** 美国大学天文联盟 **2.28** 改编自帕拉玛山天文台/加州理工学院 **2.29** 斯隆数字化巡天 **2.30** 美国国家射电天文台 **2.32a、b** 美国国家射电天文台 **2.33a、b** 美国国家射电天文台 **p.63** 美国国家航空航天局、迈特·本·丹尼尔、美国国家航空航天局、美国国家航空航天局

第3章

章节开始图 空间望远镜科学研究所 **3.1** 美国国家航空航天局/肯尼迪航天中心 **3.3** 美国国家航空航天局 **3.4a** 美国国家射电天文台 **3.4b** 加州理工学院/帕拉玛山/海尔天文台 **3.5** 美国国家航空航天局 **3.6** 美国国家航空航天局 **3.7** W. 基尔 **3.8a** 美国大学天文联盟、美国国家航空航天局、J. 巴恩斯 **3.8b** 美国大学天文联盟 **3.9a** 美国大学天文联盟、美国国家航空航天局、J. 巴恩斯 **3.9b** 美国国家航空航天局 **3.10a** 美国国家航空航天局 **3.12a** 美国国家航空航天局/欧洲航天局 **3.12b** 空间望远镜科学研究所 **3.13b** 瓦西里·贝洛库罗夫 **p.79** 费米实验室视觉媒体服务、斯隆数字化巡天 **3.16** 美国国家航空航天局 **3.18a、b** 美国国家航空航天局 **3.19** 美国国家航空航天局 **3.25** 美国国家航空航天局 **3.27a** 美国国家航空航天局 **3.27b** 达纳·贝里 **3.28a** 美国国家航空航天局 **3.28b** 达纳·贝里 **3.29a、b** J. A. 泰森、阿尔卡特–朗讯、美国国家光学天文台 **3.30** 美国国家航空航天局 **p.91** 美国国家航空航天局、美国国家航空航天局、美国国家航空航天局

第4章

章节开始图 美国国家航空航天局 **4.11** 美国国家航空航天局 **4.16** 阿尔卡特–朗讯，贝尔实验室 **4.19** 美国国家航空航天局

第5章

章节开始图 欧洲核子研究组织 **5.2** 费米实验室 **5.15** V. 斯普林吉

5.16 美国国家航空航天局 **5.17** 欧洲航天局及普朗克研究组、美国国家航空航天局 **5.19** Z. 罗斯特敏 / 斯隆数字化巡天 **p.139** 美国国家航空航天局

第6章

章节开始图 达纳·贝里 **6.1** 达纳·贝里 **p.145** 罗布利 C. 威廉姆斯 **6.4** 美国国家航空航天局 **6.5a** 艾奥索·巴格豪恩 **6.5b** 艾瑞克·蔡森 **6.6** 美国国家航空航天局 **6.7** 哈佛-史密松天体物理中心 **6.9** 美国国家航空航天局 / 喷气推进实验室、加州理工学院 / 马林空间科学系统 **6.10a** 美国伍兹霍尔海洋科学研究所 **6.10b** 艾瑞克·蔡森 **6.15** 美国国家航空航天局 **6.18a** 赛斯·肖斯塔克 **6.18b** 地外文明探索学会（SETI）**p.161** 达纳·N. 贝里、哈佛-史密松天体物理中心、艾瑞克·蔡森

文字

p.2 "'大辩论：'哈罗·沙普利的讣告."美国国家航空航天局.1972.网络链接：http：//apod.nasa.gov/htmltest/gifcity/shapley_obit.html

p.3 梅亚，N.U."埃德温·鲍威尔·哈勃."美国国家航空航天局空间数据.1996.网络链接：http：//apod.nasa.gov/diamond_jubilee/hubble_nas.html

p.8 "传记：威廉·赫歇尔（1738—1822）."空间望远镜科学研究所.网络链接：http：//amazingspace.stsci.edu/resources/explorations/groundup/lesson/bios/herschel-wm/

p.11 "亨丽爱塔·斯旺·勒维特."聋人科学家科纳.德克萨斯女子大学.网络链接：http：//www.twu.edu/dsc/swan_leavittI.htm

p.17 表 1.1 "星系的组成."物理学系.田纳西大学，诺克斯维尔.网络链接：http：//csep10.phys.utk.edu/astr162/lect/milkyway/components.html

p.22 发现 1.2 丹佛斯·查尔斯《旋臂的起源》科罗拉多大学博尔德分校.1998年5月28日.网络链接：http：//casa.colorado.edu/~danforth/science/spiral/

p.25 "哈勃望远镜观测到了出乎意料的年轻星群."美国国家航空航天局.网络链接：http：//www.nasa.gov/mission_pages/hubble/science/ngc6362.html

p.42 表 2.1 "我们在宇宙中可以找到哪些类型的星系？"俄勒冈大学.

p.51 表 2.2 "项目 II：宇宙中的距离测量."佛罗里达大学天文系.

p.52 "天文学传 卡尔·赛弗特."湖郡天文学会.

p.79 探索 3-1 "斯隆数字化巡天."斯隆数字化巡天：绘制宇宙图像.阿尔弗里德 P. 斯隆基金会.2012年7月7日.网络链接：http：//www.sdss.org/

p.81 "钱德拉 X 射线望远镜-黑洞."美国国家航空航天局.由哈佛-史密松天体物理中心提供.网络链接：http：//chandra.harvard.edu/learn_bh.html

p.137 "COBE：宇宙背景探测器."美国国家航空航天局.2008年6月26日.网络链接：http：//lambda.gsfc.nasa.gov/product/cobe/

p.150 "火星探测漫步者."美国国家航空航天局.网络链接：http：//marsrovers.jpl.nasa.gov/mission/

p.150 "行星探测-火星."美国国家航空航天局.网络链接：http：//airandspace.si.edu/etp/mars/explore.html

星图

你是否曾经在一个陌生的城市或国家迷过路？你是否使用过地图和路标来寻找道路？无论你处在哪个季节的夜空下，这两样东西都可以帮助你找到自己的方向。幸运的是，除了下面我们将讨论的季节性星图，夜空还为我们提供了两个主要的标志。在每个季节的讲述中我们都将谈到北斗七星——七颗明亮的恒星，它们是大熊座的主体。与此同时，在晚秋到早春的夜空下，猎户座在指引方向中也扮演着重要角色。

每张星图描绘的都是北纬35°附近看到的夜空，观测的时间显示在页面的顶部。图的外面标示了四个方向：北、南、东、西。为了找到地平线上的亮星，可以将星图举到头顶，将向东的方向标识指向东方，这样，星图中的一个方向标识就与你所面对的方向相匹配。图中地平线之上的星星与当前夜空中的星星一致。

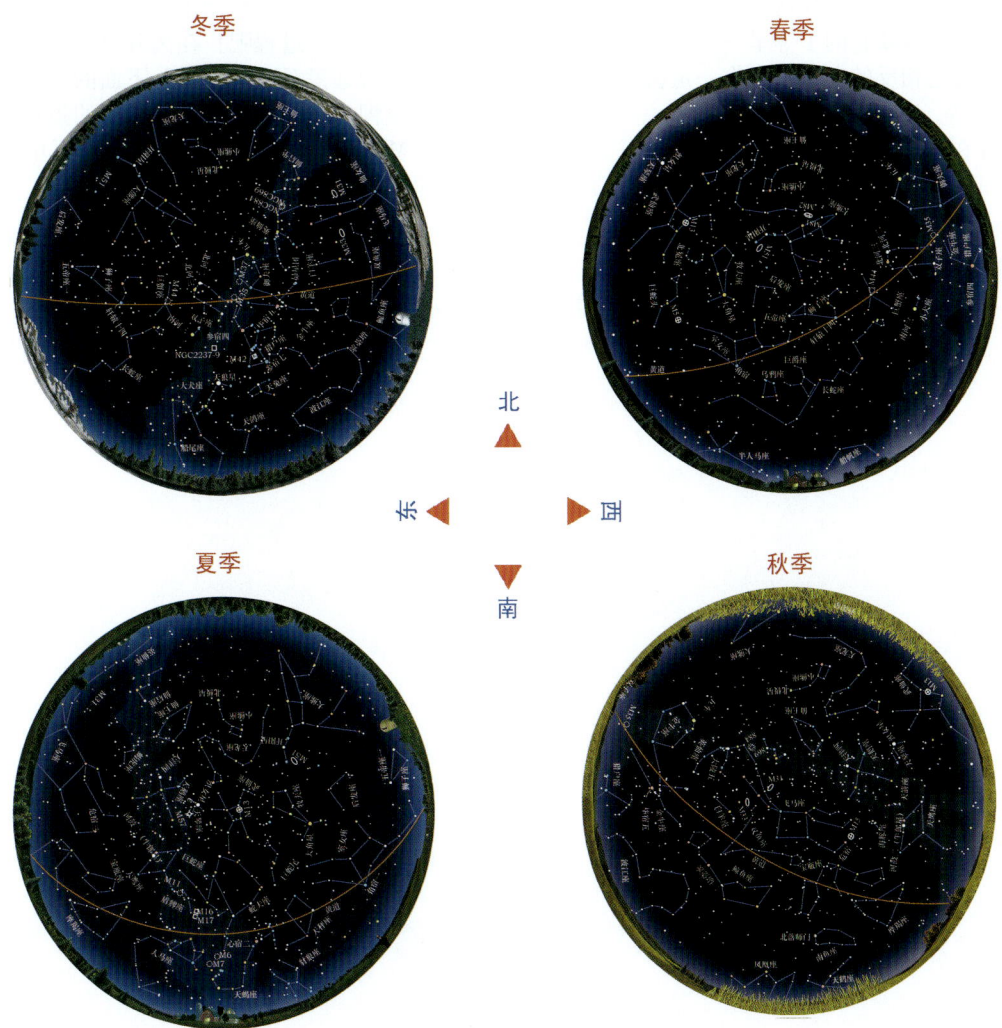

星图重绘许可© 2007，《天文杂志》(*Astronomy Magazine*)，卡姆巴克出版社公司。

探索冬季夜空

冬天，我们可以发现北斗七星位于天空的东北面，勺柄的三颗星指向地平线，另外四颗星位于天空中最高的地方。整个天空绕北极星附近的一点旋转，北极星是一颗2等星，可以通过延长勺尖两颗星的连线找到它。北极星还有另外两个功能：北极星与地平线的夹角等于你所在的纬度（赤道以北），北极星与地平线上任意一点的连线都是一条经线。

转身背向北斗七星，你将看到镶满"钻石"的冬季夜空。夜空中第二大标志星座是猎户座，它位于明亮夜空的中心。三颗相隔不远的2等星连成一条直线，清楚地标示出猎户座的腰带。向右上方延长这三颗星的连线，就会看到金牛座以及它的1等星——毕宿五。将目光移向与之相反的左下角，你一定会看到天狼星 −1.5 等，它是夜空中最亮的星。

现在从腰带最西面的星——参宿三出发，垂直向上移动，你会找到猎户座左上角的红超巨星——参宿四，其直径接近太阳的一千倍，参宿四位于猎户座的一个肩膀上。继续沿着这条线前进，会看到一对明亮的恒星——北河二和北河三。两列较弱的星从这两颗星延伸向猎户座，它们组成了双子座，美丽的疏散星团M35就位于这个星座的东北角。目光转向腰带南边，你会看到猎户座的另一颗亮星——蓝超巨星参宿七。

猎户座的上方，几乎位于冬季夜空顶部的是明亮的五车二，它属于御夫座。沿猎户座肩膀向东延伸，你会看到小犬座的南河三。一旦你掌握了这些主要的恒星，使用星图来定位更微弱的星座就将变得简单得多。不过这要慢慢来，享受这一过程吧！在离开猎户座前，将你的双筒望远镜对准"腰带"下面的星。位于中间的模糊的"星"实际上是壮丽的猎户座大星云（M42），是被新近形成的明亮恒星照亮的恒星温床。

冬季

12月1日凌晨2点；1月1日午夜；2月1日晚上10点。

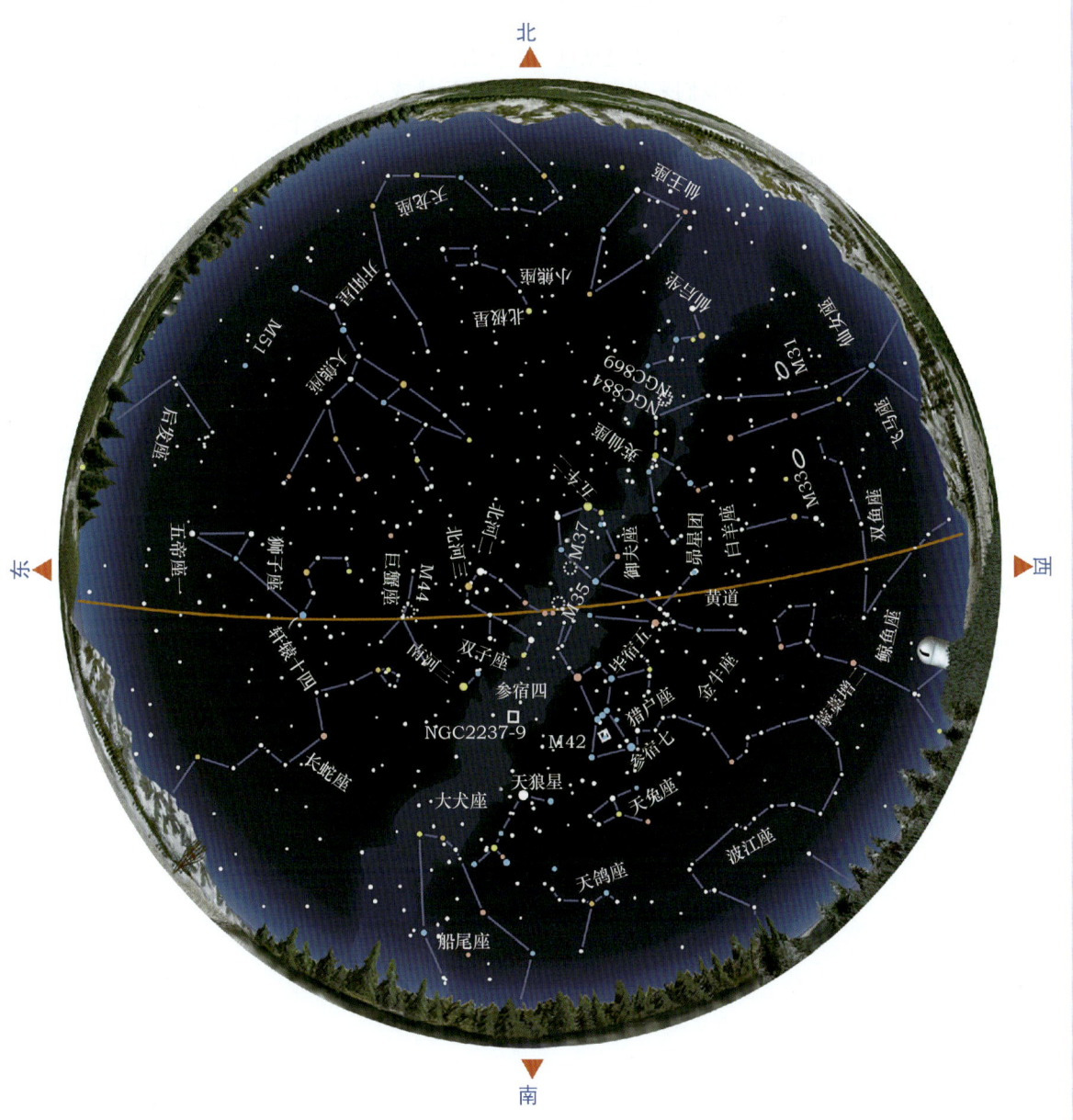

星图重绘许可© 2007，《天文杂志》（Astronomy Magazine），卡姆巴克出版社公司。

探索春季夜空

北斗七星是夜空中的路标,在我们的头顶旋转,它们位于春季星图中心偏北的地方。春天重回大地,温和的气温以及新季节没见过的星星都吸引着我们,激励着我们来到户外欣赏美丽的夜空。

沿着北斗七星勺柄的弧线,你就会看到明亮的大角星。这颗橙色的亮星主宰着春季夜空,位于呈风筝状的牧夫座中。牧夫座的正西面是狮子座。沿着北斗七星中指极星的逆方向看去,可以看到狮子座的主星轩辕十四。轩辕十四位于一个形状像镰刀或反问号的星群的底部,代表狮子的头。

位于轩辕十四和双子座北河三之间,正在沉到西方去的是很小的巨蟹座。这个星群的中心是一个模糊的光团,用双筒望远镜可以看到,它是蜂巢星团(M44)。

狮子座的东南部是星系的王国,室女座就在那里。室女座中最亮的星是角宿一,是 1 等星。

在春季,银河与地平线平行。很容易想象,我们正在看向银河系平面之外。在室女座、狮子座、后发座、大熊座方向,坐落着数以千计的星系,它们的光线不受银河系尘埃的阻隔。然而,这些星系都难以用肉眼观察,需要用双筒望远镜或天文望远镜才能看到。

牧夫座位于这个充满星系的季节的东部天空中。位于大角星和织女星——从东北方向升起的明亮的"夏季"恒星——之间,这是一个没有亮于 2 等星的区域。一个半圆形的星座是北冕座,与之相邻的大片区域坐落着武仙座,它是天空中的第五大星座。在这里,我们可以找到北方天空中最亮的球状星团——M13。这是一个在黑暗地方用肉眼就能看到的天体,通过望远镜观测时更为壮观。

回到大熊座,检查勺柄上的倒数第二颗星。大多数人会看到这是一颗双星,利用双筒望远镜就能很容易地看出这一点。这两颗星的名字分别叫作开阳、辅,它们相隔仅 0.2°。用天文望远镜可以揭示出开阳星本身也是一颗双星,其伴星的亮度为 4.0 等,距开阳星 14″。

春季

3月1日凌晨1点；4月1日晚上11点；5月1日晚上9点。

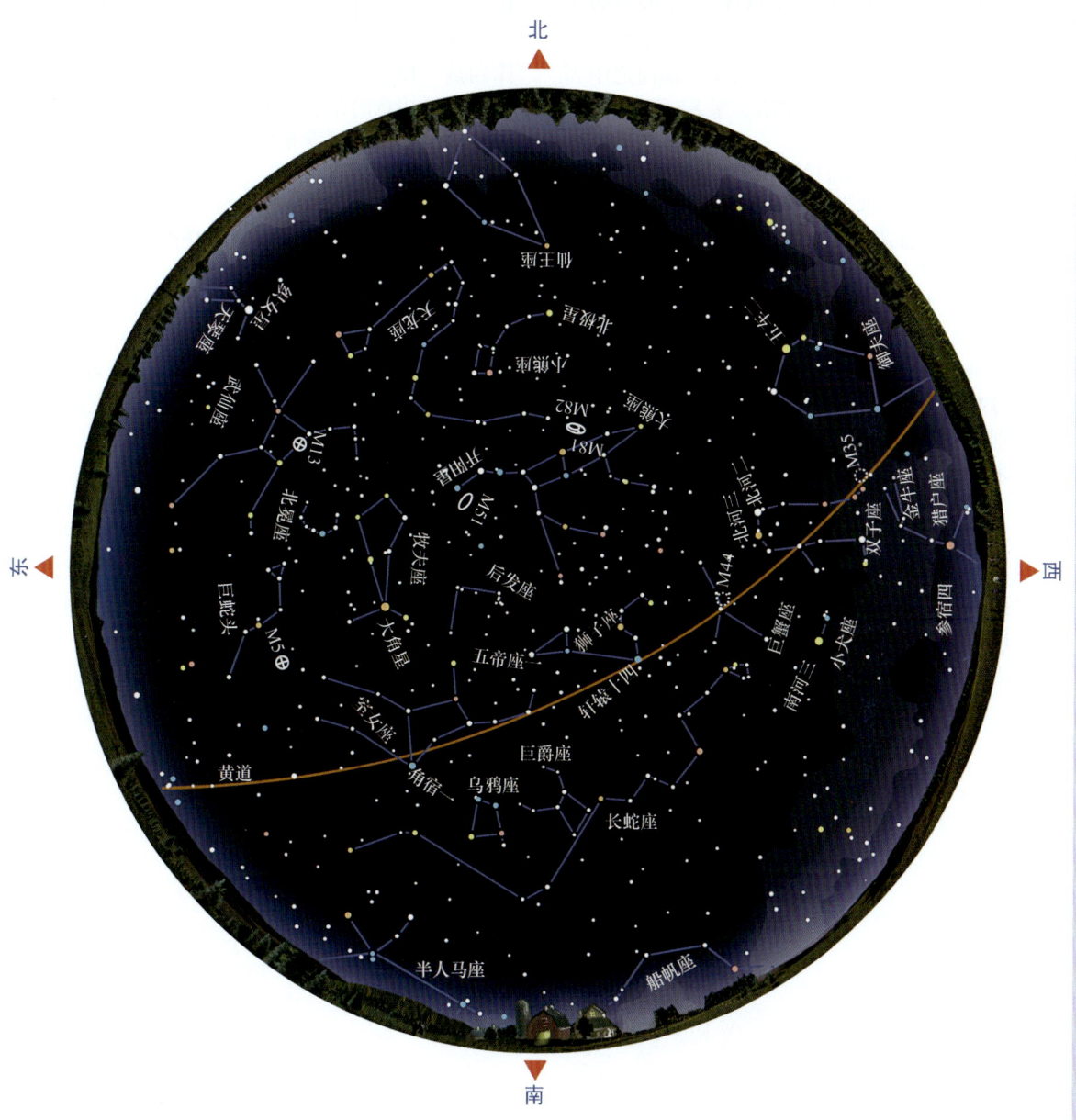

星图重绘许可© 2007，《天文杂志》（*Astronomy Magazine*），卡姆巴克出版社公司。

探索夏季夜空

壮丽的银河是夏季丰富多彩的夜空的例证。从北方地平线的英仙座到头顶十字形的天鹅座,最后是位于南方的人马座,银河之中当真多姿多彩,其中包括星团、星云、双星和变星,琳琅满目。

让我们先从我们的常年路标北斗七星开始,它现在位于西北方,勺柄仍然指向大角星。高悬头顶、日落之后出现的第一颗亮星是天琴座的织女星。织女星构成夏季大三角的一角,夏季大三角是由三颗恒星组成的引人注目的星群。织女星附近是著名的双－双星系统——天琴座ε。两颗5等星,相隔刚刚超过3″,通过双筒望远镜就可以分辨开来。这两颗星又分别都是双星,但这需要天文望远镜才能分辨出来。

织女星的东部是大三角的第二颗亮星——天鹅座(看上去像一个十字架)的天津四。天津四构成了这只优美大鸟的尾巴,十字架代表它张开的翅膀,十字架的基座代表它的头,无与伦比的双星天鹅座β是头部的标志。天鹅座β有一颗3等的黄色星及一颗5等的蓝色星,在天空中发出绚烂的色彩。天津四是一颗超巨星,发出的光是太阳的60 000倍。还要注意的是,银河在天鹅座分裂成两部分,这个巨大的裂缝是由于星际尘埃阻挡星光造成的。

牛郎星,夏季大三角的第三颗星,位于最远的南部,是三颗星中第二亮的,距离我们17光年,是天鹰座中最亮的星。

天津四的北面是经常被忽视的仙王座。它的形状就像主教的帽子。仙王座南部的几颗亮星组成一个紧凑的三角形,其中包括造父变星δ。这颗著名的恒星是利用造父变星确定附近星系距离的原型。它的亮度经常从3.6等变到4.3等,周期为5.37天。

拥抱南部地平线的是人马座和天蝎座,位于银河最宽阔的位置上。天蝎座的主星——心宿二,是一颗红超巨星,它的名字意思是"火星竞争者",得名于它有着与火星相似的颜色和亮度。

夏季

6月1日凌晨1点；7月1日晚上11点；8月1日晚上9点。

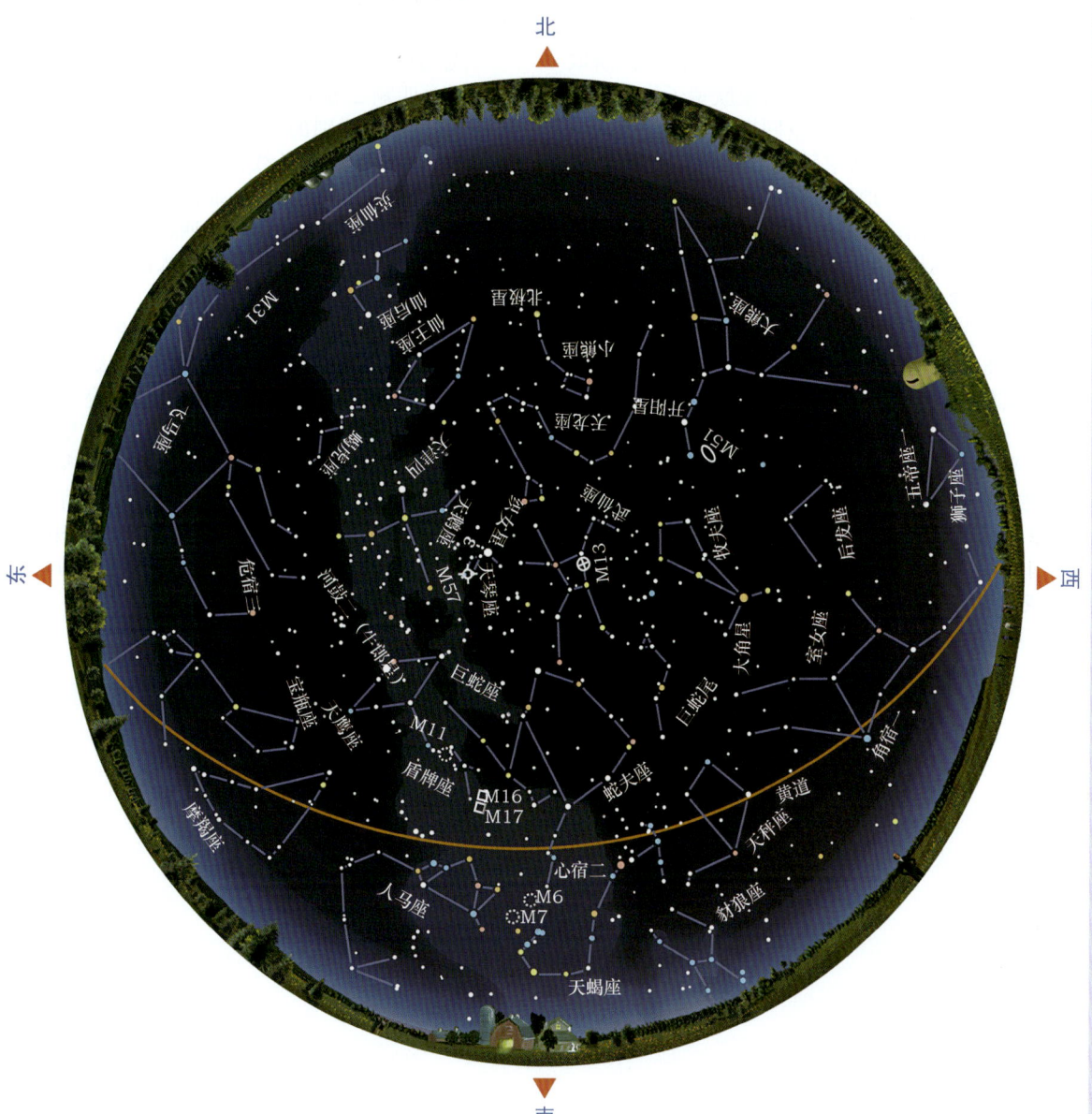

星图重绘许可© 2007，《天文杂志》（*Astronomy Magazine*），卡姆巴克出版社公司。

探索秋季夜空

凉爽的秋夜在这里提醒我们，寒冷的冬天已经不远了。伴着凉风，夏季大三角中灿烂的星星落到西方，被看起来很空旷的天区所取代。但是，不要让最初的表象欺骗了你，隐藏在天空中的是与夏季星空同样绚烂的宝石。

北斗七星在秋季转动到很低的地方，在美国南部的部分地区它会落到地平线以下。仙后座——由五颗亮星组成的"W"或"M"，位于头顶的最高点，就在六个月前北斗七星所在的位置。仙后座的东面是高高升起的英仙座。坐落在这两个星座之间的是奇妙的双星团 NGC 869 和 NGC 884——用双筒望远镜或小型天文望远镜就能看到。

银河的南侧是一个窗口，离开了我们的星系平面，并与我们春天看到的位置相反。这让我们可以看到本星系群。在仙后座的南面是仙女星系（M31），这是一个 4 等的小光斑，11月中旬晚上大约 9 点时几乎位于头顶。再往南，在仙女座和三角座之间，是 M33，这是一个盘面正对我们的旋涡星系，最适合用双筒望远镜或大视场的天文望远镜欣赏。

飞马座大四边形就在天顶的南面。这个四边形由四颗 2 等星或 3 等星组成，但四边形里面几乎看不到别的星。如果你沿四边形西侧的两颗星向南画一条线，你会看到一颗 1 等星——南鱼座的北落师门。北落师门是低垂于南方天空中的孤独亮星。利用四边形东侧的边作为指针，向南可以找到位于巨大的、朦胧的鲸鱼座中的土司空星。

四边形的东面是位于金牛座的昴星团（M45），这提醒我们冬天即将到来。从 10 月的后半夜一直到 12 月的前半夜，金牛座和猎户座都清晰地位于地平线上，双子座则从东北方向升起。看向西北方，与冬季星座的出现相呼应，我们发现夏季的天鹅座和天琴座即将要沉入地平线。不管是在地球上还是在夜空中，秋季都是伟大的过渡期，是体验这些星座的微妙之处的好时机。

秋季

9月1日凌晨1点；10月1日晚上11点；11月1日晚上9点。

星图重绘许可© 2007,《天文杂志》(Astronomy Magazine)，卡姆巴克出版社公司。

译者简介

高　健，理学博士，毕业于北京师范大学天文系，现为北京师范大学副教授、北京天文学会会员、中国天文学会会员和国际天文联合会会员。2002 年留校任教，教授天文专业课程《球面天文学》和《天体力学基础》，以及通识教育课程《行星科学初探》和《遨游太阳系》等。长期关注天文学的普及工作，多次参与天文奥林匹克竞赛培训及赛事工作；2005 年起在北京师范大学开设《行星科学初探》通识课程（学院路共同体校际课程），受到广大同学的欢迎，并因此获 2008 年北京师范大学"最受本科生欢迎的十佳教师"殊荣。曾主持和承担过多项国家和省部级项目，特别是曾参与中国科学院高能物理所的天文卫星 HMXT、中国科学院光电研究院有关神舟飞船定轨的工作，现主要从事星际 / 星周尘埃领域的科研工作。

詹　想，理学硕士，毕业于北京师范大学天文系，现为北京天文馆副研究员、北京天文学会会员、中国博物馆协会和北京博物馆学会会员。主要从事天文科普教育、天文观测和摄影、太阳系小天体等领域的研究。曾在《天文爱好者》杂志上连载"观测攻略"系列文章；是天文科普图书《跟我一起去追星——星空摄影指南》的作者和《相约星空下》的主要作者；为北京地区户外观星组织"星缘山风队"创始人和队长，长期带领队员在京郊各地赏美景和星空。致力于让所有人知道：在你身边就有壮美的星空！微博账号 @北京天文馆詹想，有 4.3 万粉丝，在中国天文科普界有很大的影响力。

PEARSON   ALWAYS LEARNING

教学支持申请表

为了确保您及时有效地申请培生整体教学资源，请您务必完整填写如下表格，加盖学院的公章后传真给我们，我们将会在2-3个工作日内为您处理。

需要申请的资源（请在您需要的项目后划"√"）：

- □ 教师手册、PPT、题库、试卷生成器等常规教辅资源
- □ MyLab学科在线教学作业系统
- □ CourseConnect整体教学方案解决平台

请填写所需教辅的开课信息：

采用教材			□中文版 □英文版 □双语版
作 者		出版社	
版 次		ISBN	
课程时间	始于 年 月 日	学生人数	
	止于 年 月 日	学生年级	□专科 □本科1/2年级 □研究生 □本科3/4年级

请填写您的个人信息：

学 校			
院系/专业			
姓 名		职 称	□助教 □讲师 □副教授 □教授
通信地址/邮编			
手 机		电 话	
传 真			
Official E-mail(必填) (eg:xxx@ruc.edu.cn)		E-mail (eg:xxx@163.com)	
是否愿意接受我们定期的新书讯息通知： □是 □否			

系/院主任：_____（签字）

（系/院办公室章）

__年__月__日

100037　北京市西城区百万庄大街22号　机械工业出版社高教分社　张金奎
电话：(010)88379722
传真：(010)68997455

Please send this form to:　jinkui_zhang@163.com
Website: www.pearson.com